"十三五"国家重点出版物出版规划项目
现代机械工程系列精品教材

逆向工程技术

成思源　杨雪荣　等　编著

U0241069

机械工业出版社

本书综合和归纳了反求设计与3D打印中的关键技术及常用和新兴的软、硬件系统。包括数据采集技术、数字化反求设计技术、快速制造及3D打印技术和逆向工程技术综合应用四部分共15章，对各软、硬件系统的基本原理、系统构成和操作流程进行了介绍，并通过典型实例为读者提供了一个全面的反求设计与3D打印技术综合实践平台。本书配有二维码视频资源，读者可用手机微信扫码后免费观看。

本书可供高等院校本科和专科机械、汽车、模具及工业设计等相关专业的学生作为实践教材、培训教程或参考书，对相关领域的专业工程技术人员和研究人员也具有很高的参考价值。

图书在版编目（CIP）数据

逆向工程技术/成思源等编著 . —北京：机械工业出版社，2017.10（2025.1重印）

"十三五"国家重点出版物出版规划项目　现代机械工程系列精品教材

ISBN 978-7-111-57972-4

Ⅰ.①逆…　Ⅱ.①成…　Ⅲ.①工业产品–设计–高等学校–教材　Ⅳ.①TB472

中国版本图书馆 CIP 数据核字（2017）第 221751 号

机械工业出版社（北京市百万庄大街22号　邮政编码100037）
策划编辑：余　皞　责任编辑：余　皞　王　良　刘丽敏
责任校对：刘志文　封面设计：张　静
责任印制：郜　敏
三河市宏达印刷有限公司印刷
2025 年 1 月第 1 版第 10 次印刷
184mm×260mm·17 印张·419 千字
标准书号：ISBN 978-7-111-57972-4
定价：59.80 元

电话服务　　　　　　　　　网络服务

客服电话：010-88361066　　机 工 官 网：www.cmpbook.com
　　　　　010-88379833　　机 工 官 博：weibo.com/cmp1952
　　　　　010-68326294　　金 书 网：www.golden-book.com
封底无防伪标均为盗版　　机工教育服务网：www.cmpedu.com

前　言

本书综合和归纳了逆向工程中的关键技术以及常用和新兴的软硬件系统，全书共 15 章，分为数据采集技术、数字化反求设计技术、快速制造与 3D 打印技术和逆向工程技术综合应用四部分，对各软、硬件系统的基本原理、系统构成和操作流程进行了介绍，并通过典型实例为读者提供了一个良好的反求设计与 3D 打印技术综合实践平台。

本书基于二十大报告中关于"深入实施科教兴国战略、人才强国战略、创新驱动发展战略"的要求，在详细讲授基础理论知识的同时融入探索性实践内容，以增强学生的自信心和创造力，即用学科理论知识促进学生活跃思维、敢于创新，尽可能地将新思路在实践中进行创造性的转化，推动科学技术实现创新性发展。

逆向工程技术目前已广泛应用于产品的复制、仿制、改进及创新设计，是消化吸收先进技术和缩短产品设计开发周期的重要支撑手段。现代逆向工程技术除广泛应用于汽车、摩托车、模具、机械、玩具、家电等传统领域之外，在多媒体、动画、医学、文物与艺术品的仿制和破损零件的修复、面向人体的个性化设计等方面的应用也在发展。

特别是随着 3D 打印技术的兴起，逆向工程技术可以自动、直接、快速、精确地将设计思想转变为具有一定功能的原型或直接制造零件，从而为零件原型制作、新设计思想的校验等提供一种高效低成本的实现手段，现已逐步应用于航天、军工、医疗等多个领域。因此，本书专门介绍了与 3D 打印技术相关的数据处理、软硬件系统等方面的内容，顺应产业界对人才培养的最新需求，有助于加深学生对先进设计和制造技术的了解和掌握，对于培养掌握先进数字化技术的未来工程师有着重要的意义。

本书第 1 章对反求设计的流程进行了概述，第 2 ~ 5 章对数字化测量技术，包括接触式三坐标测量、光学非接触扫描测量以及同时具有两种测量方式的关节臂测量进行了介绍。第 6 ~ 9 章对反求设计中的数据处理技术进行了介绍，包括基于 Geomagic Studio 的曲面反求设计和新兴的基于 Geomagic Design Direct 的实体反求设计，基于 Geomagic Qualify 的计算机辅助检测技术，以及基于 ThinkDesign 的变形再设计技术。第 10 ~ 14 章对快速制造及 3D 打印技术进行了介绍，包括了 FDM 快速成型制造、数控雕刻快速成型制造和最新的 3D 打印技术，以及基于面向 3D 打印技术的数字化点云设计技术，通过 Freeform 触觉设计系统和 3- matic 数字化设计技术实现反求设计与 3D 打印技术的集成。最后分别给出了基于反求设计和计算机辅助检测技术的工程应用案例，以及高校学生完成的反求创新设计案例。

本书获得了广东省精品资源共享课建设项目及广东省研究生示范课程建设项目的支持。

本书由成思源、杨雪荣等编著。其中第 1 章、3 章、4 章、6 章、7 章、8 章、9 章、10 章、12 章、14 章由广东工业大学成思源编写，第 2 章、5 章、11 章、13 章、15 章由广东工业大学杨雪荣编写。全书由成思源进行统稿。

本书还凝聚了广东工业大学先进设计技术重点实验室历届研究生的心血，他们在反求设计与 3D 打印技术的研究与应用方面做了卓有成效的工作。其中余国鑫、吴问霆、梁仕权、吴艳奇、邹付群、黎波、刘军华、刘俊、蔡敏、王学鹏、罗序利、周小东、蔡闯、从海宸、林泳涛、冯超超、孟欢等研究生参与了部分章节的实验操作的文字整理工作，在此谨向他们表示衷心的感谢！

面对社会推广逆向工程技术的迫切需求和培训逆向工程专业人才的需求，我们编写了这本《逆向工程技术》。本书突出逆向工程应用型人才工程素质的培养要求，系统性、实用性强。本书可供高等学校和高等职业学校机械、汽车、模具以及工业设计等相关专业的学生作为教材、培训教程或参考书，同时，对相关领域的专业工程技术人员和研究人员也具有重要的参考价值。

由于编者水平及经验有限，加之时间紧迫，书中难免存在不足之处，欢迎各位专家、同仁批评指正。编者衷心地希望通过同行间的交流促进逆向工程技术的进一步发展！

编　者

目 录

第2篇 数字化反求设计技术

第4篇　逆向工程技术综合应用

第1章

绪　　论

1.1　逆向工程技术概述

　　逆向工程是近年来发展起来的消化、吸收先进技术的一系列分析方法以及应用技术的组合，其主要目的是为了改善技术水平，提高生产率，增强经济竞争力。世界各国在经济技术发展中，应用逆向工程消化吸收先进技术经验。据统计，各国 70% 以上的技术源于国外，逆向工程作为掌握新技术的一种手段，可使产品研制周期缩短 40% 以上，可以极大地提高生产率。综上所述，研究逆向工程技术，对我国国民经济的发展和科学技术水平的提高，具有重大的意义。20 世纪 90 年代初，逆向工程的技术开始引起各国工业界和学术界的高度重视，特别是随着现代计算机技术及测量技术的发展，利用 CAD/CAM 技术、先进制造技术来实现产品实物的逆向工程，已成为 CAD/CAM 领域的一个研究热点，并成为逆向工程技术应用的主要内容。

　　逆向工程以产品设计方法学为指导，以现代设计理论、方法和技术为基础，运用各领域专业人员的工程设计经验、知识和创新思维，通过对已有产品进行数字化测量、曲面拟合重构产品的 CAD 模型，在探询和了解原设计意图的基础上，掌握产品设计的关键技术，实现对产品的修改和再设计，达到设计创新、产品更新及新产品开发的目的。

　　逆向工程（Reverse Engineering，RE）也称反求工程、反向工程等，是相对于传统正向工程而言的。它起源于精密测量和质量检验，是设计下游向设计上游反馈信息的回路。传统的产品开发过程遵从正向设计的思想进行，即从市场需求中抽象出产品的概念描述，据此建立产品的 CAD 模型，然后对其进行数控编程和数控加工最后得到产品的实物原型。概括的说，正向设计工程是由概念到 CAD 模型再到实物模型的开发过程；而逆向工程则是由实物模型到 CAD 模型的过程。在很多场合产品开发是从已有的实物模型着手，如产品的泥塑和木模样件或者是缺少 CAD 模型的产品零件。逆向工程是对实物模型进行三维数字化测量并构造实物的 CAD 模型，然后利用各种成熟 CAD/CAE/CAM 的技术进行再创新的过程。正向工程与逆向工程的流程图如图 1-1 所示。

　　逆向工程的重大意义在于，逆向工程不是简单地把原有物体还原，它还要在还原的基础上进行二次创新，所以逆向工程作为一种新的创新技术现已广泛应用于工业领域并取得了重大的经济和社会效益。

　　我国是最大的发展中国家，消化、吸收国外先进产品技术并进行改进是重要的产品设计手段。逆向工程技术为产品的改进设计提供了方便、快捷的工具，它借助于先进的技术开发

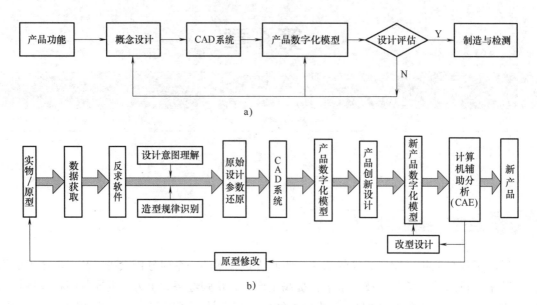

图 1-1　正向工程与逆向工程

a）正向工程流程　b）逆向工程流程

手段，在已有产品基础上设计新产品，缩短开发周期，可以使企业适应小批量、多品种的生产要求，从而使企业在激烈的市场竞争中处于有利的地位。逆向工程技术的应用对我国企业缩短与发达国家的技术差距具有特别重要的意义。

　　传统的产品实现通常是从概念设计到图样，再制造出产品，我们称之为正向工程，而产品的逆向工程是根据零件（或原型）生成图样，再构造产品。广义的逆向工程是消化、吸收先进技术的一系列工作方法的技术组合，是一项跨学科、跨专业的、复杂的系统工程。它包括影像逆向、软件逆向和实体逆向三方面。目前，大多数关于逆向工程的研究及应用主要集中在几何形状，即重建产品实物的 CAD 模型和最终产品的制造方面，称为"实物逆向工程"。

　　实物逆向工程的需求主要有两方面：一方面，作为研究对象，产品实物是面向消费市场最广、最多的一类设计成果，也是最容易获得的研究对象；另一方面，在产品开发和制造过程中，虽已广泛使用了计算机几何造型技术，但是仍有许多产品，由于种种原因，最初并不是由计算机辅助设计模型描述的，设计和制造者面对的是实物样件。为了适应先进制造技术的发展，需要通过一定途径将实物样件转化为 CAD 模型，再通过利用 CAM、RPM/RT、PDM、CIMS 等先进技术对其进行处理或管理。同时，随着现代测试技术的发展，快速、精确地获取实物的几何信息已变为现实。由此，我们可以将为逆向工程定义为：逆向工程是将实物转变为 CAD 模型相关的数字化技术、几何模型重建技术和产品制造技术的总称。

　　逆向工程的过程大致分为：首先由数据采集设备获取样件表面（有时需要内腔）数据，其次导入专门的数据处理软件或带有数据处理能力的三维 CAD 软件进行前处理，然后进行曲面和三维实体重构，在计算机上复现实物样件的几何形状，并在此基础上进行修改或创新设计，最后对再设计的对象进行实物制造。其中从数据采集到 CAD 模型的建立是反求工程中的关键技术。图 1-2 所示为逆向工程领域应用最为广泛的工作流程图。

　　从逆向工程流程图可以看出，逆向工程系统主要由三部分组成：产品实物几何外形的数

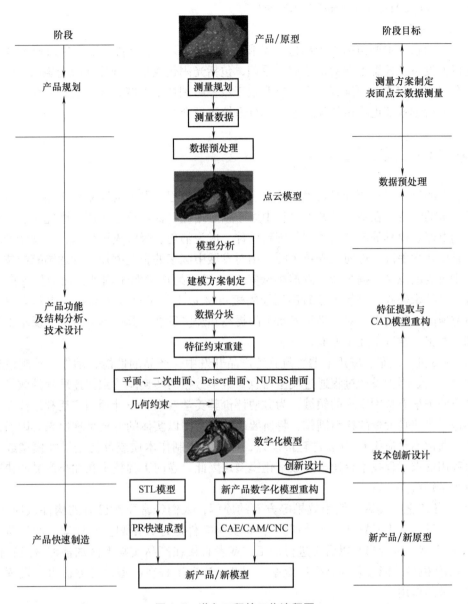

图 1-2 逆向工程的工作流程图

字化、数据处理与 CAD 模型重建、产品模型与模具的成型制造。组成系统的软硬件主要有：

1. 数据采集系统

数据获取是逆向工程系统的首要环节。根据测量方式的不同，数据采集系统可以分为接触式测量系统与非接触式测量系统两大类。接触式测量系统的典型代表是三坐标测量机，非接触式测量主要包括各种基于光学的测量系统等。

2. 数据处理与模型重建系统

数据处理与模型重建软件主要包括两类：一是集成了专用逆向模块的正向 CAD/CAM 软件，如包含 Pro/Scan-tools 模块的 Pro/E、集成快速曲面建模等模块的 CATIA 及包含 Point cloudy 功能的 UG 等；第二是专用的逆向工程软件，典型的如 Imageware、Geomagic Studio、

Polyworks、CopyCAD、ICEMSurf 和 RE-Soft 等。

3. 成型制造系统

成型制造系统主要包括用于制造原型和模具的 CNC 加工设备，以及生成模型样件的各种快速成型设备。根据不同的快速成型原理，包括光固化成型、选择性激光烧结、熔融沉积制造、分层实体制造、三维打印等，以及基于数控雕刻技术的减式快速成型系统。

本书的后续章节也将主要围绕这三部分系统进行介绍。

1.2 逆向工程技术的应用

随着新的反求工程原理和技术的不断引入，逆向工程已经成为联系新产品开发过程中各种先进技术的纽带，在新产品开发过程中居于核心地位，被广泛地应用于摩托车、汽车、飞机、家用电器、模具等产品的改型与创新设计，成为消化、吸收先进技术，实现新产品快速开发的重要技术手段。逆向工程技术的应用对发展中国家的企业缩短与发达国家的技术差距具有特别重要的意义。据统计，发展中国家 65% 以上的技术源于国外，而应用逆向工程消化吸收先进技术经验，可使产品研制周期缩短 40% 以上，可极大提高生产率和竞争力。因此，研究逆向工程技术，对科学技术水平的提高和经济发展，具有重大意义。反求工程技术的应用主要集中在以下几个方面。

1）在飞机、汽车、家用电器、玩具等产品开发中，产品的性能、动作、外观设计显得特别重要，这是因为设计过程通过模型信息与数字数据的转换能达到快速准确的效果。在对产品外形的美学有特别要求的领域，为方便评价其美学效果，设计师们广泛利用油泥、木头等材料进行快速且大量的模型制作，将所要表达的意图以实体的方式呈现出来。因而，产品几何外形通常不是应用 CAD 软件直接设计，而是首先制作木质或油泥全尺寸模型或比例模型，再利用反求工程技术重建产品数字化模型。因此，逆向工程技术在此类产品的快速开发中显得举足轻重。

2）由于工艺、美观、使用效果等方面的原因，人们经常要对已有的构件做局部修改。在原始设计没有三维 CAD 模型的情况下，将实物零件通过数据测量与处理，产生与实际相符的 CAD 模型，进行修改以后再进行加工，或者直接在产品实物上添加油泥等进行修改后再生成 CAD 模型，能显著提高生产效率。因此，逆向工程在改型设计方面可以发挥正向设计不可代替的作用。

3）当设计需要制造通过实验测试才能定型的工件模型时，在工件模型定形后，通常采用逆向工程的方法进行设计。比如航天航空、汽车等领域，为了满足产品对空气动力学等的要求，首先要求在模型上经过各种性能测试建立符合要求的产品模型。此类模型必须借助逆向工程，转换为产品的三维 CAD 模型及其模具。

4）在缺乏二维设计图样或者原始设计参数的情况下，需要在对零件原型进行测量的基础上，将实物零件转化为计算机表达的 CAD 模型，并以此为依据生成数控加工的 NC 代码或快速成型加工所需的数据，复制一个相同的零件，或充分利用现有的 CAD/CAE/CAM 等先进技术，进行产品的创新设计。

5）一些零件可能需要经过多次修改才能定型。如在模具制造中，经常需要通过反复试冲和修改模具型面，方可得到最终符合要求的模具，而这些几何外形的改变却未曾反映在原始的 CAD 模型上。借助于逆向工程的功能和在设计、制造中所扮演的角色，设计者现在可以建立或修改在制造过程中变更过的设计模型。反求工程成为制造—检验—修正—建模—制造这一环节中重要的快速建模手段。

6）某些大型设备，如航空发动机、汽轮机组等，经常因为某一零件的缺损而停止运行，通过逆向工程手段，可以快速生产这些零部件的替代零件，从而提高设备的利用率和使用寿命。

7）很多物品很难用基本几何来表现与定义。例如流线型产品、艺术浮雕及不规则线条等，如果利用通用 CAD 软件、以正向设计的方式来重建这些物体的 CAD 模型，在功能、速度及精度方面都将异常困难。这种场合下，必须引入逆向工程，以加速产品设计，降低开发的难度。应用反求工程技术，还可以对工艺品、文物等进行复制，可以方便的生成基于实物模型的计算机动画，虚拟场景等。

8）在生物医学工程领域，人体骨骼、关节等的复制和假肢制造，特种服装、头盔的制造等，都需要首先建立人体的几何模型。采用反求工程技术，可以摆脱原来的以手工或者按标准制造为主的落后制造方法。通过定制人工关节和人工骨骼，保证重构的人工骨骼在植入人体后无不良影响。在牙齿矫正中，根据个人特点制作牙模，然后转化为 CAD 模型，经过有限元计算矫正方案，大大提高矫正成功率和效率。通过建立数字化人体几何模型，可以根据个人定制特种服装，如宇航服，头盔等。

9）在 RPM 的应用中，逆向工程的最主要表现为：通过逆向工程，可以方便地对快速成型制造产品进行快速、准确的测量，找出产品设计的不足，进行重新设计，经过反复多次迭代可使产品完善。

10）借助于工业 CT，逆向工程不仅可以产生物体的外部形状，而且可以快速发现、定位物体的内部缺陷，从而成为工业产品无损检测的重要手段。

11）产品制造完成以后，用反求工程方法测量出该产品的点云数据，与已有标准的 CAD 数据进行比较，分析误差，也称为计算机辅助检测。特别是在模具和快速成型等领域，工业界已用反求工程来定期地抽样检验产品，分析制造误差的规律，作为质量控制和分析产品缺陷的有力工具。

从反求工程的应用领域介绍可以看出，反求工程在复杂外形产品的建模和新产品开发中有着不可替代的重要作用。据资料报导和实例验证，应用反求工程技术后，产品的设计周期可以从几个月缩短为几周；反求工程也是支持敏捷制造、计算机集成制造、并行工程等的有力工具，是企业缩短产品开发周期、降低设计生产成本、提高产品质量、增强产品的竞争力的关键技术之一。因而，这一技术已成为产品创新设计的强有力的支撑技术。充分利用反求工程技术，并将其和其他先进设计和制造技术相结合，能够提高产品设计水平和效率，加快产品创新步伐，提高企业的市场竞争能力，为企业带来显著的经济价值。

1.3　逆向工程中的关键技术

1.3.1　数据采集技术

目前，用来采集物体表面数据的测量设备和方法多种多样，其原理也各不相同。测量方法的选用是逆向工程中一个非常重要的问题，不同的测量方式，不但决定了测量本身的精度、速度和经济性，还决定了测量数据类型及后续处理方式的不同。根据测量探头是否和零件表面接触，逆向工程中物体表面数字化数据的收集方法基本上可以分为接触式（Contact）和非接触式（Non-Contact）两种。接触式测量包括基于力-变形原理的触发式和连续式数据收集；而非接触式测量主要有激光三角测量法、激光测距法、光干涉法、结构光法、图像分析法等。这些方法都有各自的特点和应用范围，具体选用何种测量方法和数据处理技术应根据被测物体的形体特征和应用目的来决定。目前，还没有找到一种适用于所有工业设计逆向测量方法。各种数据收集方法如图 1-3 所示。

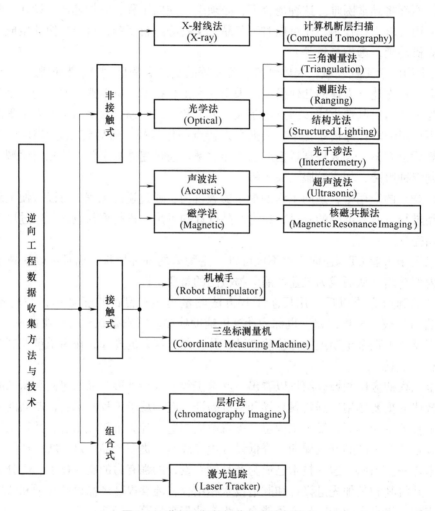

图 1-3　逆向工程数据收集方法与技术

在接触式测量方法中，三坐标测量机（CMM）是应用最为广泛的一种测量设备。CMM通常是基于力-变形原理，通过接触式探头沿样件表面移动并与表面接触时发生变形检测出接触点的三维坐标，按采样方式又可分为单点触发式和连续扫描式两种。CMM 对被测物体的材质和色泽没有特殊要求，可达到很高的测量精度（ $\pm 0.5\mu m$ ），对物体边界和特征点的测量相对精确，对于没有复杂内部型腔、特征几何尺寸多、只有少量特征曲面的规则零件反求特别有效。CMM 的主要缺点是效率低，测量过程过分依赖于测量者的经验，特别是对于几何模型未知的复杂产品，难以确定最优的采样策略与路径。随着电子技术、计算机技术的发展，CMM 也由以前的机械式发展到目前的计算机数字控制（CNC）型的高级阶段。目前，智能化是三坐标测量机发展的方向[2]。智能测量机的研究是利用计算机内的知识库与决策库确定测量策略，其关键技术包括零件位置的自动识别技术、测量决策智能化和测量路径规划、CAD/CAM 集成技术等。

随着快速测量的需求及光电技术的发展，以计算机图像处理为主要手段的非接触式测量技术得到飞速发展。该方法主要是基于光学、声学、磁学等领域中的基本原理，将一定的物理模拟量通过适当的算法转化为样件表面的坐标点。一般的，常用的非接触式测量方法分为被动视觉（Passive vision）和主动视觉（Active vision）两大类。被动式方法中无特殊光源，只能接收物体表面的反射信息，因而设备简单，操作方便，成本低，可用于户外和远距离观察中，特别适用于由于环境限制不能使用特殊照明装置的应用场合，但算法较复杂。主动式方法使用一个专门的光源装置来提供目标周围的照明，通过发光装置的控制，能使系统获得更多的有用信息，降低问题难度。

被动式非接触测量的理论基础是计算机视觉中的三维视觉重建。根据可利用的视觉信息，被动视觉方法包括由明暗恢复形状（shape from shading，SFS）、由纹理恢复形状（shape from texture）、光度立体法（photometric stereo）、立体视觉（shape from stereo）和由遮挡轮廓恢复形状（Shape from silhouette）等，其中在工程中应用较多的是后两种方法。

立体视觉（shape from stereo），又称为双目视觉或机器视觉。其基本原理是从两个（或多个）视点观察同一景物，以获取不同视角下的感知图像，通过三角测量原理计算图像像素间的位置偏差（即视差）来获取景物的三维信息，这一过程与人类视觉的立体感知过程是类似的。双目立体视觉的原理如图 1-4 所示。其中 P 是空间中任意一点，C_1、C_2 是两个摄像机的焦点，类似于人的双眼，p_1、p_2 是 P 点在两个成像面上的像点。空间中 P、C_1、C_2 形成一个三角形，且连线 C_1P 与像平面交于 p_1

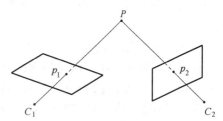

图 1-4　立体视觉原理图

点，连线 C_2P 与像平面交于 p_2 点。因此，若已知像点 p_1、p_2，则连线 C_1p_1 和 C_2p_2 必交于空间点 P，这种确定空间点坐标的方法称为三角测量原理。

一个完整的立体视觉系统通常由图像获取、摄像机标定、特征提取、立体匹配、深度确定和内插六个部分组成。由于它直接模拟了人类视觉的功能，可以在多种条件下灵活地测量物体的立体信息，而且通过采用高精度的边缘提取技术，可以获得较高的空间定位精度（相对误差 1%～2%），因此在计算机被动测距中得到了广泛地应用。但立体匹配始终是立体视觉中最重要也是最困难的问题，其有效性有赖于 3 个问题的解决，即：选择正确的匹配特征，寻找特征间的本质属性以及建立能正确匹配所选特征的稳定算法。虽然已提出了大量各具特色的匹配算法，但由于涉及场景中光照、物体的几何形状与物理性质、摄像机特性、噪声干扰和畸变等诸多因素的影响，至今仍未有很好地解决。

利用图像平面上将物体与背景分割开来的遮挡轮廓信息来重构表面，称为 shape from silhouette，其原理如图 1-5 中所示。将视点与物体的遮挡轮廓线相连，即可构成一个视锥体。当从不同的视点观察时，就会形成多个视锥体，物体一定位于这些视锥体的共同交集内。因此，通过体相交法，将各个视锥体相交便得到了物体的三维模型。

Shape from silhouette 方法通常由相机标定、遮挡轮廓提取和物体与轮廓间的投影相交三个步骤完成。shape from silhouette 方法在实现时仅涉及基本的矩阵运算，因此具有运算速度快、计算过程稳定、可获得物体表面致密点集的优点，缺点是精度较低，难以达到工程实用的要求，目前多用于计算机动画、虚拟现实模型、网上展示等场合，而且该方法无法应用于某些具有凹陷

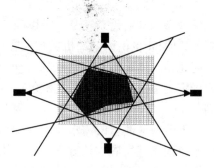

图 1-5　体相交法原理

表面的物体。美国 Immersion 公司开发了 Lightscribe 系统，该系统由摄像头、背景屏幕、旋转平台以及软件系统等组成。系统使用时首先对放置在自动旋转平台上的物体进行摄像，将摄得的图像输入软件后利用体相交技术可自动生成物体的三维模型。但对于物体表面的一些局部细节和凹陷区域，该系统还需要结合主动式的激光扫描进行细化。

随着主动测距手段的日趋成熟，在条件允许的情况下，在工程应用中更多地使用的是主动视觉方法。主动视觉是指测量系统向被测物体投射出特殊的结构光，通过扫描、编码或调制，结合立体视觉技术来获得被测物的 3D 信息。对于平坦的、无明显灰度、纹理或形状变化的表面区域，用结构光可形成明亮的光条纹，作为一种"人工特征"施加到物体表面，从而方便图像的分析和处理。根据不同的原理，主动视觉方法可主要分为主动三角法和投影光栅法两类。

激光三角法是目前最成熟，也是应用最广泛的一种主动式视觉方法。激光扫描的原理如图 1-6 所示。由激光源发出的光束，经过一组可改变方向的反射镜组成的扫描装置变向后，投射到被测物体上。摄像机固定在某个视点上观察物体表面的漫射点。图中激光束的方向角 α 和摄像机与反射镜间的基线位置是已知的，β 可由焦距 f 和成像点的位置确定。因此根据光源，物体表面反射点

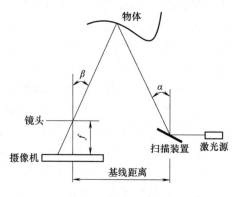

图 1-6　激光三角法原理

以及摄像机成像点之间的三角关系可以计算出表面反射点的三维坐标。激光三角法的原理与立体视觉法在本质上是一样的，不同之处在于在将立体视觉方法中的一个"眼睛"置换为光源，而且在物体空间中通过点、线或栅格形式的特定光源来标记特定的点，可以避免立体视觉中对应点匹配的问题。

激光三角法具有测量速度快，而且可达到较高的精度（±10μm）等优点。但存在的主要问题是对被测表面的粗糙度、漫反射率和倾角过于敏感，存在由遮挡造成的阴影效应，对突变的台阶和深孔结构易于产生数据丢失。在主动式方法中，除了激光三角法以外，也可以采用光栅或白光源投影法。

投影光栅法的基本思想是把光栅投影到被测物表面上，受到被测样件表面高度的调制，光栅投影线发生变形，变形光栅携带了物体表面的三维信息，通过解调变形的光栅影线，从而得到被测表面的高度信息，其原理如图 1-7 中所示。入射光线 P 照射到参考平面上的 A

点，在参考平面上，放上被测物体后，P 照射到物体上的 B 点，此时从图示方向观察，A 点就移到新的位置 C 点，距离 AC 就携带了物体表面的高度信息 $z = h(x, y)$，即高度受到了表面形状的调制。按照不同的解调原理，就形成了诸如莫尔条纹法、傅里叶变换轮廓法和相位测量法等多种投影光栅的方法。

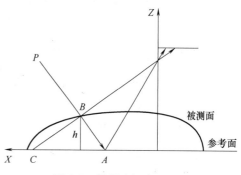

图 1-7 投影光栅法原理图

投影光栅法的主要优点是测量范围大，速度快，成本低，易于实现，缺点是精度较低（±0.02mm），只能测量表面起伏不大的较平坦物体，对于表面变化剧烈的物体，在陡峭处往往发生相位突变，使测量精度大大降低。

综上所述，精度与获取数据时间是数字化方法最基本的指标。数字化方法的精度决定了 CAD 模型的精度及反求的质量，测量速度也在很大程度上影响着反求过程的快慢。目前常用的各种方法在这两方面各有优缺点，且有一定的适用范围，所以在应用时应根据被测物体的特点及对测量精度的要求来选择合适的测量方法。在接触式测量方法中，三坐标测量机（CMM）是应用最为广泛的一种测量设备；而在非接触式测量方法中，结构光法被认为是目前最成熟的三维形状测量方法，在工业界得到广泛应用，德国 GOM 公司研发的 ATOS 测量系统及 Steinbicher 公司的 COMET 测量系统是这种方法的典型代表。表 1-1 对 CMM 与激光扫描数字化测量方法进行了全面比较，从表中可以清楚地看出，每一种测量方法都有其优势与不足，在实际测量中，两种测量技术的结合将能够为逆向工程带来很好的弹性，有助于逆向工程的进行。

表 1-1 三坐标测量和激光扫描测量优缺点比较

	三坐标测量 CMM Data Collection	激光扫描测量 Laser Scanning Data Collection
优点	数据收集精度高 可使用的技术广泛 具备在一定遮挡场合进行数据收集的能力 收集的离散点集使用 CAD 软件处理容易 不会破坏数字化对象	数字化速度快，整个测量过程时间短 收集的数据密度大，有助于改善建模的可视化和细节分析 无需过多的数据收集预先规划 不破坏数字化对象 可以对柔软或易碎对象进行测量
缺点	测量过程周期长，探头半径补偿烦琐 不能对物体内部实现测量 对软工件或易碎件实现测量的能力有限 测量前必须制定相应的测量规划和策略 探头的半径大小限制了对工件细部特征的测量	要实现对高反射光或发散光的工件表面进行测量，需要使用反差剂 不能对物体内部或者被遮挡的几何特征进行测量 测量所获取的高密度离散几何数据在许多 CAD 软件中很难被处理 技术成本高 扫描设备需要与被测对象隔开一定的距离，这减小了整个系统的工作空间

目前，除了充分发挥现有数字化方法的特点与优势外，一个重要的研究方向就是以测量传感器组合和信息融合为基础，开发多种数字化方法的联合使用方法与集成系统。其中CMM与视觉方法的集成由于在测量速度、精度以及物理特性等方面具有较强的互补性，是目前最具有发展前景的集成数字化方法。但如何提高集成过程中的自动化、智能化程度，以下是一些值得进一步研究关键问题①基于视觉技术的边界轮廓和物体特征的识别方法；②CMM智能化测量技术；③高效的多传感器数据融合方法；④考虑后续模型重建的要求，数字化过程与表面重构的集成化研究。

1.3.2 CAD 反求建模技术

产品的三维CAD建模是指从一个已有的物理模型或实物零件产生出相应的CAD模型的过程，包含物体离散测点的网格化、特征提取、表面分片和曲面生成等，是整个RE过程中最关键、最复杂的一环，也为后续的工程分析、创新设计和加工制造等应用提供数学模型支持。其内容涉及计算机、图像处理、图形学、计算几何、测量和数控加工等众多交叉学科及工程领域，是国内外学术界，尤其是CAD/CAM领域广泛关注的热点和难点问题。

在实际的产品中，只由一张曲面构成的情况不多，产品形面往往由多张曲面混合而成。根据组成曲面类型的不同，CAD模型重建的一般步骤为：先根据几何特征对点云数据进行分割，然后分别对各个曲面片进行拟合，再通过曲面的过渡、相交、裁剪、倒圆等手段，将多个曲面"缝合"成一个整体，即重建的CAD模型。

在逆向工程应用初期，由于没有专用的逆向软件，只能选择一些正向的CAD系统来完成模型的重建。后来，为满足复杂曲面重建的要求，一些软件商在其传统CAD系统里集成了逆向造型模块，如Pro/Scan-tools、Point Cloud等，而伴随着逆向工程及其相关技术理论研究的深入及其成果商业应用的广泛展开，大量的商业化专用逆向工程CAD建模系统涌现出来。当前，市场上提供了逆向建模功能的系统达数十种之多，较具代表性的有EDS公司的Imageware、Raindrop公司的Geomagic、Paraform公司的Paraform、PTC公司的ICEM Surf和DELCAM公司的CopyCAD软件等。

1. 逆向工程 CAD 系统的分类

（1）根据 CAD 系统提供方式的分类

以测量数据点为研究对象的逆向工程技术，其逆向软件的开发经历了两个阶段。第一阶段是一些商品化的CAD/CAM软件集成进专用的逆向模块，典型的如PTC公司的Pro/Scan-tools模块、CATIA的QSR/GSD/DSE/FS模块及UG的Point cloudy功能等。随着市场需求的增长，这些有限的功能模块已不能满足数据处理、造型等逆向技术的要求；第二阶段是专用的逆向软件开发，目前面世的产品类型已达数十种之多，典型的如Imageware、Geomagic、Polyworks，、CopyCAD、ICEMSurf和RE-Soft等。

（2）根据 CAD 系统建模特点与策略的分内类

方法（1）的分类多少显得有些笼统，难以为逆向软件的选型提供更为明确的指导。首先，因为逆向CAD建模通常都是曲面模型的构建，对CAD系统的曲面、曲线处理功能要求较高，其分类没有这方面的信息；其次，各种专用逆向软件建模的侧重点不一样，从而实现特征提取与处理的功能也有很大的不同，如Imageware主要功能是全，具有多种多样的曲线曲面创建和编辑方法，但是它对点云进行区域分割主要还是通过建模人员依据其特征识别的经验手动完成，而不能交由系统自动实现；Geomagic 区域分割自动能力很强，并可以完全自动地实现曲面的重建，但是创建特征线的方式又很单一，且重建的多个曲面片之间的连续程度不高。

依据逆向建模系统实现曲面重建的特点，可以将曲面重建的方式划分为传统曲面造型方式和快速曲面造型方式两类。传统曲面造型方式在实现模型重建上通常有两种方法：一是曲线拟合法，该方法先将测量点拟合成曲线，再通过曲面造型的方式将曲线构建成曲面（曲面片），最后对各曲面片直接添加过渡约束和拼接操作完成曲面模型的重建；二是曲面片拟合法，该方法直接对测量数据进行拟合，生成曲面（曲面片），最后对曲面片进行过渡、拼接和裁剪等曲面编辑操作，完成曲面模型的重建。与传统曲面造型方式相比，快速曲面造型方式通常是将点云模型进行多边形化，随后通过多面体模型进行 NURBS 曲面拟合操作来实现曲面模型的重建。两种方式实现曲面造型的基本作业流程如图 1-8 所示。

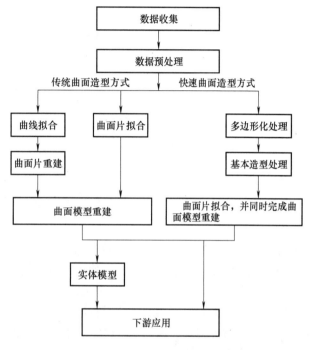

图 1-8 实现曲面造型的基本作业流程

传统曲面造型方式主要表现为由点——线——面的经典逆向建模流程，它使用 NURBS 曲面直接由曲线或测量点来创建曲面，其代表软件有 Imageware、ICEM Surf 和 CopyCAD 等。该方式下提供了两种基本建模思路，其一是由点直接到曲面的建模方法，这种方法是在对点云进行区域分割后，直接应用参数曲面片对各个特征点云进行拟合以获得相应特征的曲面基元，进而对各曲面基元进行处理获得目标重建曲面，如图 1-9a 所示；其二是由点到曲线再到曲面的建模方法，这种方法是在用户根据经验构建的特征曲线的基础上实现曲面造型，而后通过相应的处理以获得目标重建曲面的一个建模过程，如图 1-9b 所示。传统曲面造型延续了传统正向 CAD 曲面造型的方法，并在点云处理与特征区域分割、特征线的提取与拟合及特征曲面片的创建方面提供了功能多样化的方法，再配合建模人员的经验，容易实现高质量的曲面重建。但是进行曲面重建需要大量建模时间的投入和熟练建模人员的参与，并且在对基于 NURBS 曲面建模技术在曲面模型几何特征的识别、重建曲面的光顺性和精确度的平衡把握上，对建模人员的建模经验提出了很高的要求。

快速曲面造型方式是通过对点云的网格化处理，建立多面体化表面来实现的，其代表软件有 Geomagic 和 Re-soft 等。一个完整的网格化处理过程通常包括以下步骤：首先，从点云中重建出三角网格曲面；再对这个三角网格曲面分片，得到一系列有 4 条边界的子网格曲面；然后，对这些子网格逐一参数化；最后，用 NURBS 曲面片拟合每一片子网格曲面，得到保持一定连续性的曲面样条，由此得到用 NURBS 曲面表示的 CAD 模型，可以用 CAD 软

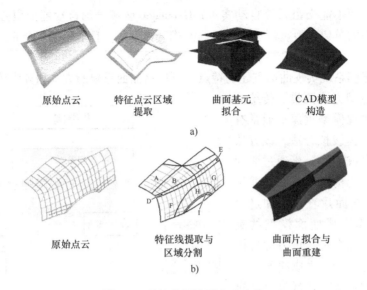

原始点云　　特征点云区域提取　　曲面基元拟合　　CAD模型构造

a)

原始点云　　特征线提取与区域分割　　曲面片拟合与曲面重建

b)

图1-9　传统曲面造型方式建模

a）基于曲面片直接拟合的曲面重建　　b）基于特征曲线的曲面重建

件进行后继处理。如图1-10所示的Geomagic的"三段法"便是快速曲面造型曲面重建的一个典型案例。快速曲面造型方式的曲面重建方法简单、直观、适于快速计算和实时显示的领域，顺应了当前许多CAD造型系统和快速成型制造系统模型多边形表示的需要，已成为目前应用广泛的一类方法。然而，该类方法同时也存在计算量大、对计算机硬件要求高，曲面对点云的快速适配需要使用高阶NURBS曲面等不足，而且面片之间难以实现曲率连续，难以实现高级曲面的创建。

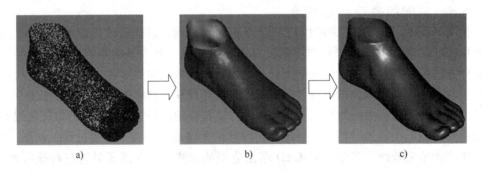

a)　　　　　　　　b)　　　　　　　　c)

图1-10　快速曲面重建的"三阶段"法

a）数据点阶段　　b）多边形阶段　　c）曲面造型阶段

2. 两类逆向建模技术的比较

总的说来，两种曲面造型方式的差异主要表现在处理对象、重建对象以及建模质量等方面。

（1）处理对象的异同

传统曲面造型方式的逆向系统中，所处理的点云涵盖了从低密度、较差质量（如Pro/Scan-tools）到高质量、密度适中（如ICEM Surf、CopyCAD等）和高密度整个范围。如

Imageware便可以接收绝大部分的 CMM、Laser Scan、X-ray Scan 的资料，并且没有点云密度和资料量大小的限制。但是在实际建模过程中，往往会先对密度较大的点云进行采样处理，以改善计算机内存的使用。

而对于快速曲面造型方式，为了获取较好的建模精度，往往要求用于曲面重建的点云具有一定的点云密度和比较好的点云质量。如在 Geomagic Studio 中，要实现点云的多边形化模型的创建，必须保证要处理的点云具有足够的密度和较好的质量，否则无法创建多边形模型或是创建的多边形模型出现过多、过大的破洞，严重影响后续构建曲面的质量。

（2）重建对象的异同

在适用的重建对象上，诸如工艺品、雕塑、人体设计等具有丰富特征模型的曲面重建，使用传统曲面造型的方法就显得非常的困难，而快速曲面造型的方法则能轻易胜任。此外，在实际的产品开发过程中，在产品的概念设计阶段，需要根据相应的手工雕刻模型进行最初的快速模型重建时，快速曲面造型方式便是一种最佳的选择。

而对于多由常规曲面构成的典型机械产品，或如汽车车体和内饰件造型等这些对曲面造型的质量要求很高（如 A 曲面）的场合，目前采用的主要还是传统曲面造型方式的逆向系统。

（3）建模质量的比较

逆向建模的质量表现在曲面的光顺性和曲面重建的精度两个方面。

从曲面的光顺性角度看，目前，尽管在一些领域快速曲面造型取得了令人满意的成果，但曲面重建中各曲面片之间往往只能实现 G^1 联系，无法实现 G^2 连续，从而无法构建高品质的曲面，这也限制了在产品制造上的应用。相比而言，传统曲面造型方式提供了结合视觉与数学的检测工具和高效率的连续性管理工具，能及时且同步地对构建的曲线、曲面作出检测，提供即时的分析结果，从而容易实现高品质的曲面构建。

在精度方面，两种方法均可获得较高精度的重建结果，但相对来说，快速曲面造型遵循相对固定的操作步骤，而传统曲面造型方式则更依赖于操作人员的经验。

3. 逆向工程 CAD 建模系统分类

通过综合分析当前典型商业逆向 CAD 建模系统（软件/模块）建模特点和策略，现将其按照传统曲面造型方式与快速曲面造型方式进一步分类，其结果见表 1-2。

目前虽然商用的逆向工程软件类型很多，但是在实际设计中，专门的逆向工程设计软件还存在着较大的局限性。例如，Imageware 软件在读取点云等数据时，系统工作速度较快，能较容易地进行海量点数据的处理，但在进行面拟合时，Imageware 所提供的工具及面的质量却不如其他 CAD 软件如 Pro /E、UG 等；但使用 Pro /E、UG 等软件读取海量点云数据时，却存在由于数据庞大而造成系统运行速度太慢等问题。在机械设计领域中，问题集中表现为软件智能化低；点云数据的处理方面功能弱；建模过程主要依靠人工干预，设计精度不够高；集成化程度低等问题。在具体工程设计中，一般采用几种软件配套使用、取长补短的方式。为此，在实际建模过程中，建模人员往往采用"正向 + 逆向"的建模模式，也称为混合建模，即在正向 CAD 软件的基础上，配备专用的逆向造型软件，如 Imageware、Geomagic 等。在逆向软件中先构建出模型的特征线，再将这些线导入到正向 CAD 系统中，由正向 CAD 系统来完成曲面的重建。

表 1-2　逆向工程 CAD 系统的分类

软件/模块类型	软件/模块名称	逆向曲面重建建模方式		建模特点与特点
		传统曲面造型方式	快速曲面造型方式	
专用逆向软件	Imageware	■	□	逆向流程遵循由点——线——面曲面创建模式，并具有由点云直接拟合曲面的功能。曲线、曲面创建和编辑方法多样，辅以即时的品质评价工具，可实现高质量曲面创建
	Geomagic	□	■	遵循点阶段——多边形阶段——成型阶段三个阶段作业流程，可以轻易地从点云创建出完美的多边形模型和样条四边形网格，并可自动转换为 NURBS 曲面，建模效率非常高。新增的 Fashion 模块可以通过定义曲面特征类型来捕获物理原型的原始设计意图，并拟合成准 CAD 曲面
	CopyCAD	■	□	遵循由点云$\xrightarrow{三角形化}$构造线——特征线$\xrightarrow{网格构造}$曲面的逆向流程，整个进程基本上是交互式完成的，具有一定的快速式曲面造型的特点
	Rapidform	■	■	遵循由点云——多边形化模型——曲线网格——NURBS 曲面的逆向流程，提供了自动和手动两种曲面构建的方式和类似正向 CAD 平台的曲面建模工具，允许从 3D 扫描数据点创建解析曲面
	ICEM Surf	■	□	逆向作业流程为点云——测量线——曲面片，支持按键式和互动式两种准自动化的曲面重建方法。基于 BEZIER 和 NURBS／B-Spline 两种数学方法，可以在两种曲线/曲面之间灵活的相互转换。A 级曲面造型的效率较高；可以快速、动态地修改和重用曲面上的特征
	Polyworks	□	■	遵循的逆向工作流程是：点云获取和处理——创建多边形化模型——构造特征曲线——创建曲线网格——用 BEZIER 或 NURBS 曲面拟合曲面片——添加曲面片连续性约束——生成曲面模型。软件具有自动检测边界、自动缝合等快速建模功能
	RE-Soft	■	■	遵循特征造型的理念，提供了基于曲面特征和基于截面特征曲线两种建模策略，在实际应用上，两种策略相互约束和渗透。也提供了由点云——三角剖分模型——Bezier 曲面拟合的自动化曲面重建方法
提供逆向处理模块的正向 CAD/CAE/CAM 软件	DSE&QSR&GSD&FS	■	□	在 Catia 建模系统中，4 个模块均可用于逆向工程建模，曲面模型的生成符合一般产品建模的基本要求，产品设计和检验流程遵循逆向工程建模的一般流程，即扫描点云——特征线——曲面，具有较为丰富全面的曲面建模功能
	Pro/Scan-tools	■	□	是集成于 Pro/Engineer 软件中的专用于逆向建模的工具模块，具有基于曲线（型曲线）和基于曲面（常规的 Pro/Engineer 曲面和型曲面）两种方式独立或者结合的曲面重建方式，可以根据扫描数据建立光滑曲面
	PointCloud	■	□	该模块是集成在 UG 软件中的用于逆向工程建模的工具模块，其逆向造型遵循：点——线——面一般原则，对具有单值特征的曲面直接拟合成曲面，与专业的逆向工程软件相比，其功能较为有限

注：1　■ 表示项目被选中； □ 表示项目未被选中。

　　2　DSE：Digitized Shape Editor（数字编辑器）；QSR：Quick Shape Reconstruction（快速曲面重建）；GSD：Generative Shape Design（创成式曲面设计）；FS：Freestyle（自由曲面设计）。

1.3.3　3D 打印技术

1. 3D 打印的历史

当前，3D 打印、3D 打印机、三维打印、快速成型、快速制造、数字化制造等名词，如同一股旋风，仿佛一夜之间就席卷了学术界、政界、传媒界、金融界和制造界。然而至今还没见到有文章能够全面、完整地对这些名词进行解析，让人们真正地认识和了解"什么是3D 打印""什么是快速制造"。

快速成型（Rapid Prototyping，RP），是一种用材料逐层或逐点制造出制件的制造方法。分层制造三维物体的思想雏形，最早出现在制造技术并不发达的 19 世纪，直到 20 世纪80 年代后期，RP 技术才慢慢发展成熟，进入 21 世纪后快速成型技术的市场才被真正打开。所以可以说快速成型是 19 世纪的思想，20 世纪的技术，21 世纪的市场。

快速制造（Rapid Manufacturing，简称 RM），有狭义和广义之分。狭义上是基于激光粉末烧结快速成型技术的全新制造理念，实际上属于 RP 快速成型技术的其中一个分支，它是指从电子数据直接自动地进行快速的、柔性并具有较低成本的制造方式。快速制造与一般的快速成型技术相比，在于可以直接生产最终产品，能够适应从单件产品制造到批量的个性化产品制造。而广义上，RM 快速制造可以包括"快速模具"技术和 CNC 数控加工技术，因此可以与 RP 快速成型技术分庭抗礼。

3D 打印技术是基于"离散/堆积成型"的成型思想，用层层加工的方法将成型材料"堆积"而形成实体零件，专业术语也称为"快速成型技术"或者"叠加制造技术"。目前国内传媒界习惯把快速成型技术叫做"3D 打印"或者"三维打印"，显得比较生动形象，但是实际上，"3D 打印"或者"三维打印"只是快速成型的一个分支，只能代表部分快速成型工艺。

从快速成型到快速制造再到 3D 打印，可以很明显地发现三者之间理论原理有很多相似之处，只是在各个不同的地点不同的时间名称不同而已。从 2012 年 3 月 9 日，美国总统奥巴马在卡内基梅隆大学宣布创立美国"制造创新国家网络"计划，4 月 17 日，"增材制造创新中心"被确定为美国首个制造业创新中心，到 4 月 21 日英国《经济学人》杂志封面文章推出《3D 打印推动第三次工业革命》，推动 3D 打印发展的政治、经济力量正式形成，3D打印技术不出意外地迅速吸引了全世界的眼球。自那以后"3D 打印"术语在网络、商业、教育和其他地方以其宽泛的意义获得了广泛传播。3D 打印国际标准术语应该叫"增材制造"，而 3D 打印技术已成为公认的"工业"术语，并且比"增材制造"更受欢迎。2012 年10 月，来自麻省理工学院（MIT）的团队成立 Formlabs 公司并发布了廉价且高精度的 SLA消费级 3D 打印机 Form1，引起了业界的重视。此后在著名众筹网站 Kickstarter 上发布的 3D打印呈现百花齐放的盛况，国内也开始了基于 SLA 技术的桌面级 3D 打印机研发。同期，中国 3D 打印技术产业联盟正式宣告成立。各类媒体开始铺天盖地报道 3D 打印的新闻。由于上述原因，我们现在把基于"离散/堆积成型"的成型技术统称为 3D 打印技术。

国际标准委员会（ISO）用"Additive Manufacturing"（简称 AM）来囊括 RP、RM 和 3D打印技术，国内翻译为增材制造。2009 年美国 ASTM 将 AM 定义为："Process of joining materials to make objects from 3d model data，usually layer upon layer，as opposed to subtractive manufacturing methodologies."即：一种与传统的材料去处加工方法截然相反的，通过增加材料、

基于三维 CAD 模型数据，通常采用逐层制造方式，直接制造与相应数学模型完全一致的三维物理实体模型的制造方法。

2. 3D 打印的典型工艺

20 世纪 80 年代末，3D 打印才开始了真正意义上的发展。1988 年，3D Systems 公司在成立两年后，推出了世界上第一台基于 SLA（立体光刻）技术的 3D 工业级打印机 SLA-250。同年，Scott Crump 发明了另一种更廉价的 3D 打印技术——熔融沉积成型（FDM）技术。1989 年，美国得克萨斯大学奥斯汀分校的 C. R. Dechard 发明了选择性激光烧结工艺（SLS）。1991 年，Helisys 推出分层实体制造（LOM）系统。1993 年，美国麻省理工学院（MIT）的 Emanual Sachs 教授发明了三维打印技术（3DP），类似与已在二维打印机中运用的喷墨打印技术。1998 年，Optomec 成功研发 LENS 激光烧结技术。到目前为止，已经发明出很多种 3D 打印工艺，根据采用的材料形式和工艺实现方法的不同，目前应用比较广泛且典型的工艺可归纳为如下 5 大类：

1）丝材挤出热熔成型。如熔融沉积制造（Fused Deposition Modeling，FDM）等。

2）片/板/块材粘接成型。如分层实体制造（Laminated Object Manufacturing，LOM）等。

3）液态树脂光固化成型。如光固化成型（Stereo Lithography Appearance，SLA）等。

4）粉末/丝状材料高能束烧结或融化成型。例如激光选区烧结（Selective Laser Sintering，SLS）、激光选区熔化（Selective Laser Melting，SLM）、电子束熔化（Electron Beam Melting，EBM）、激光近净成型（Laser Near Net Shaping，LNNS）等。

5）液体喷印成型。如立体喷印（Three Dimensional Printing，3DP）

下面分别介绍上面 5 类工艺里面比较具有代表性的 5 种工艺。

（1）熔融沉积制造（FDM）

FDM 是通过熔融沉积成型喷头将熔融材料（如塑性纤维、尼龙等）熔化后挤出，在特定环境下和指定位置处完成沉积、冷却凝固成型，其粘合性来源于熔融材料和基体材料之间的热传递。FDM 工艺技术优点是成本低、加工体积小巧、操作简单；缺点是凝固成型的实体表面粗糙，需要浪费材料来支撑，结合强度也不能保证。

（2）分层实体制造（LOM）

在 LOM 工艺加工中，供料机构将底面涂有热熔胶的纸卷材料逐段送至工作台上，这时，驱动激光切割系统，按照接收的计算机层面轮廓信息使用激光光束（如 CO_2 激光束）对纸卷材料层进行轮廓切割，将轮廓外的无用材料切成小方块去除。LOM 工艺技术优点是制造成本低，无需填充材料，产品成型率高；缺点是表面质量较差，另外材料利用率很低。

（3）立体光刻（SLA）

SLA 方法是基于液态光敏树脂的光固化原理形成的。它主要通过采用紫外波长的激光束对液态光敏树脂进行扫描，激光束经过的地方，液体就固化形成一个特定厚度的薄层，自下而上逐层加工，直到整个三维实体模型加工过程结束。SLA 工艺技术的优点是原材料利用率很高，接近完全利用，加工出的实体表面光滑，质量优良；缺点是成本高，成型件多为树脂类，强度、刚度、耐热性有限，不利于长时间保存。

（4）选区激光烧结（SLS）

SLS 工艺技术与 3D 打印原理最为相似，都是采用粉末材料成型，如陶瓷粉末、金属粉末等。不同之处在于，SLS 是采用较高功率的激光束，把材料粉末通过烧结的方式连接形成实体零件。SLS 工艺技术优点是可选择的打印原材料种类比较多，打印出的机械性能优异；缺点是成本较高，粉末成型度不好，需要后处理，在后处理期间难以保证制件尺寸精度，后期处理工艺复杂。

（5）立体喷印（3DP）

立体喷印（3DP）是一种利用微滴喷射技术的增材制造方法，过程类似于打印机。喷头在计算机的控制下，按照当前分层截面的信息，在事先铺好的一层粉末材料上，有选择地喷射黏结剂，使部分粉末黏结，形成一层截面薄层；一层成型完后，工作台下降一个层厚，进行下层铺粉，继而选区喷射黏结剂，成型薄层并与已成型的零件黏结为一体；不断循环，直至零件加工完为止。还有另外一种工艺，利用喷头喷印成型材料、光敏树脂和粉末材料，利用紫外线照射实现固化，与光固化工艺相比，无需高能束激光，成本更低，且效率更高。3DP 技术的优点是无须激光器等高成本元器件，成型过程不需要支撑，适合做内腔复杂的原型，并且可以直接彩色打印，无须后期上色；缺点就是打印出来的模型强度低不宜做功能性试验，另外由于粉末是粘接在一起的，所以模型表面手感稍微有些粗糙。5 种工艺性能的对比见表 1-3。

表 1-3　五种工艺性能的对比

成型工艺	成型精度	制造效率	主 要 材 料	优势/劣势
FDM	低	高	塑性纤维、尼龙等	成本低，操作简单，但强度不够
LOM	低	高	纸、塑料薄膜等	成本低，但材料利用率低
SLA	高	低	液态光敏树脂等	表面质量高，但材料有限，成本高
SLS	低	高	粉末材料，如金属	强度高，但设备贵，后处理工艺复杂
3DP	低	高	光敏树脂、粉末材料	成本低，但强度低

3. 3D 打印的主要应用领域

虽然对于产品开发和制造来说，3D 打印技术能够带来无限的可能性，但是大部分的 3D 打印技术应用主要分成概念模型、功能原型、工具制造、制成品四类。随着技术的发展，3D 打印的应用领域在不断扩展。

（1）医学领域

由于人体器官存在很大的差异性，不适合采用常规的模具来制造人工假肢等器官，此时，3D 打印的个性化特点就展现出来了，只需获取病人的数据就可以完成器官的制造。在人造骨骼材料、心脏瓣膜、人体心脏支架乃至人体器官的制造方面，3D 打印已经拥有很多成功的应用案例。

（2）航空、汽车和电子制造领域

3D 打印技术适应用于多品种、小批量、结构复杂、原材料昂贵的结构制造，因此在航空、汽车和电子制造领域有很广泛的应用。该技术在航空领域的应用主要集中在外形验证、直接产品制造和精密熔模具铸造的成型制造。

（3）服装和首饰等设计领域

2011 年，荷兰时尚设计师 Iris van Herpen 在巴黎时装周上展示了由 3D 打印技术完成的服装，开辟了全球时尚界的新时代。3D 打印技术不仅使以往布料难以诠释的立体造型得以完成，更实现了服装的完全服贴身形订制。除服装设计外，讲求时尚外形的家装、制鞋和艺术创作都可成为 3D 打印的用武之地。

（4）军事领域

3D 打印技术应用到军事领域，一方面可在军事装备开发阶段获取设计的即时反馈信息，有助于降低成本和提高作战性能；另一方面在军事领域的应用集中在对受损部件的修复、复杂结构部件的生产以及小批量部件生产等方面，与传统制造工艺形成了较好的互补关系。

（5）个性化产品创作领域

3D 打印技术可以打印各种日常小模型，这些模型不同于大批量的流水化产品，它可以完成随心所欲的个性化设计。

4. 3D 打印的技术特点

3D 打印技术具有以下优势：

（1）适合复杂结构的快速制造

与传统机加工和模具成型等制造工艺相比，增材制造技术将三维实体加工变为若干二维平面加工，大大降低了制造的复杂度。就原理而言，只要在计算机上设计出结构模型，都可以应用该技术在无需刀具、模具及复杂工艺条件下快速地将设计变为现实。制造过程几乎与零件的结构复杂性无关，可实现"自由制造"，这是传统加工无法比拟的。利用增材制造技术可制造出传统方法难加工（如自由曲面叶片、复杂内流道等）的产品，在航空航天、汽车、模具及生物医疗等领域具有广阔的应用前景。

（2）适合个性化定制

与传统大规模、批量生产需要做大量的工艺技术准备以及大量的工装、复杂而昂贵的设备和刀具等制造资源相比，增材制造在快速生产和灵活性方面极具优势，适合于珠宝、人体器官、文化创意等个性化定制生产、小批量生产以及产品定型之前的验证性制造，可大大降低个性化定制、生产和创新设计的加工成本。

（3）适合于高附加值产品制造

现在大多数增材制造工艺的加工效率低、零件加工尺寸受限、材料种类有限，主要应用于成型单件、小批量和常规尺寸制造，在大规模生产、大尺寸和微纳尺度制造等方面不具备优势。因此，增材制造技术主要用于航空航天、生物医疗及珠宝设计等高附加值产品大规模生产前的研发与设计验证。

当然 3D 打印也有自己的瓶颈和技术难关。

首先，在制造精度和制造效率方面，二者是成反比的，精度和效率只能选其一，二者之间的平衡有待进一步的解决。

其次，在材料的应用方面，3D 打印使用的材料品种局限性大，在已有材料的使用上存在一定的安全隐患，材料的物理化学性能也不能很好地满足要求。

最后，在能源方面，在当前技术条件下，与传统制造相比，在制造相同质量的零部件过程中，使用聚合物材料 3D 打印机的耗电量是传统制造的数倍。工业规模 3D 打印机使用激光器（或高温）凝固粉末状聚合物，与注塑机的注压成型过程相比，产生更多的废弃注塑材料。资源浪费与环境污染会加剧对自然环境的破坏，这是 3D 打印亟待解决的问题。

5. 3D 打印的未来发展

3D 打印技术的发展已有 30 多年的历史，无论是在材料、技术、设备还是应用上，到目前为止都取得了很大的进展。总的来说，未来 3D 打印的发展趋势可以归纳为以下几点：

（1）打印设备的两型化、智能化

未来 3D 打印设备将向着小型化和巨型化方向发展。小型打印设备既可以满足家庭和办公的使用要求，又可以在提供 3D 打印服务的打印店内实现很好的应用；巨型打印机可以满足大型制造工厂诸如航空航天、汽车制造企业的使用需求。3D 打印也在向智能化方向发展，3D 打印软件可以依据材料、结构和制造环境等因素的变化来实现不同的响应方式，实现制造的智能化。

（2）材料的多元化

目前，3D 打印的材料仍局限在很少一部分，与传统制造业上可用材料种类相比，3D 打印仍有很大的局限性。但是随着技术的进步，未来适用于 3D 打印的基础材料也将会大幅增加，而且会产生多元材料的混合制造，实现复杂物体的制造。

（3）与新能源产业的融合

目前制造业使用加工设备的原动机多以电能驱动的方式运转，随着地球资源的枯竭以及环境污染的压力，新能源取代传统能源的趋势已成必然。3D 打印设备的自身优势为与新能源的融合提供了有利支持，太阳能、风能、核能等新能源都可以为 3D 打印设备提供能源动力，实现制造业的能源换代，实现"绿色、低碳"制造。

（4）云制造时代

伴随着互联网高新技术产业的前进步伐，3D 打印技术和新型化设计将推动"云制造"模式的发展，即向着小规模、分布式方向转变。现行的大规模制造模式存在投入多、风险大等诸多弊端，而 3D 打印产业将会扭转这种局面，将一个个的小型制造企业组成大规模的分布式集成网络，规模堪比一个大型的制造企业。各个组成部分既独立又互联，降低了传统产业模式的风险。3D 打印技术将推动制造商、小型企业和消费者进入"蚂蚁工厂"时代，应运而生的云平台将整合资源，提升服务与效率。同时云制造也会降低制造业准入门槛，推进技术创新。

1.4 逆向工程技术的发展

逆向工程在数据处理、曲面处理、曲面拟合、规则特征识别、专用商业软件和三维扫描仪的开发等方面已取得非常显著的进步。但在实际应用中，缺乏明确的建模指导方针，整个过程仍需大量的人工交互，操作者的经验和素质影响着产品的质量，自动重建曲面的光顺性难以保证，对建模人员的经验和技术技能依赖较重。而且目前使用的逆向工程 CAD 建模软件大多仍以构造满足一定精度和光顺性要求的 CAD 模型为最终目标，没有考虑到产品创新需求。因此逆向工程技术依然是目前 CAD/CAM 领域一个十分活跃的研究方向。

逆向工程 CAD 建模的研究经历了以几何形状重构为目的逆向工程 CAD 建模、基于特征的逆向工程 CAD 建模和支持产品创新设计的逆向工程 CAD 建模三个阶段。以现有产品为原型，还原产品设计意图，注重重建模型的再设计能力已成为当前逆向工程 CAD 建模研究的重点。各发展阶段的特点如下：

1. 以几何形状重构为目的的 CAD 建模

在当前的一些比较常用的以几何形状重构为目的的逆向工程 CAD 建模软件中，仍以构造满足一定精度和光顺性要求，与相邻曲面光滑拼接的曲面 CAD 模型为最终目标。

以几何形状重构为目的逆向工程 CAD 建模方法对于恢复几何原形是有效的，但建模过程复杂，建模效率低，交互操作多，难以实现高精度产品的精确建模。而且这种建模方法缺乏对特征的识别，丢失了产品设计过程中的特征信息，与产品的造型规律不相符合，无法表达产品的原始设计意图。因此，这种建模方法和模型表示对于表达产品设计意图和创新设计是不适宜的。

2. 基于特征的 CAD 建模

基于特征的逆向工程 CAD 建模是将正向设计中的特征技术引入逆向工程形成的一种 CAD 建模思路，通过抽取蕴含在测量数据中的特征信息，重建基于特征表达的参数化 CAD 模型，表达原始设计意图。该方法具有的优势为：①表达了原始设计信息，可以重建更为精确的 CAD 模型，提高 CAD 模型重建的效率；②特征包含了高层次的表达产品设计意图的工程信息，通过对特征参数的修改和优化，可以得到不同参数的系列化新产品 CAD 模型，从而加快新产品的开发速度。

但基于特征的模型重建研究主要集中在特征识别，包括边界线和曲面特征，研究对象主要是规则特征，在 CAD 模型重建方面，都存在着这样一个缺陷，即将模型重建分割为孤立的曲面片造型，忽略了产品模型的整体属性。

3. 支持产品创新设计的 CAD 建模

从应用领域来看，逆向工程的应用可分为两个目标：原型复制和设计创新。对于复杂曲面外形产品的逆向工程 CAD 建模而言，其主要目的不是对现有产品外形进行简单复制，而是要建立产品 CAD 的模型，进而实现产品的创新设计。具备进一步创新功能的逆向工程包含了三维重构与基于原型的再设计，真正体现了现代逆向工程的核心与实质。

要进行基于原型或重建 CAD 模型的再设计，逆向工程 CAD 建模应满足以下要求：

（1）满足内部结构要求，反映产品原始设计意图。

（2）模型可方便地进行修改。

逆向工程作为吸收和消化现有技术的一种先进设计理念，其意义不仅仅是仿制，而应该从原型复制走向再设计。简而言之就是以现有产品为原型，对逆向工程所建立的 CAD 模型进行改进得到新的产品模型，实现产品的创新设计。CAD 模型是实现创新设计的基础，还原实物样件的设计意图，注重重建模型的再设计能力是当前逆向工程 CAD 建模研究的重点。三维重建只是实现产品创新的基础，再设计的思想应始终贯穿于逆向工程的整个过程，将逆向工程的各个环节有机结合起来，集成 CAD/CAE/CAM/CAPP/CAT/RP 等先进技术，使之成为相互影响和制约的有机整体，并形成以逆向工程技术为中心的产品开发体系。

理解设计意图、识别造型规律是逆向工程 CAD 建模的精髓，支持创新设计是逆向工程的灵魂。但从目前的发展水平来看，现有的技术还远不能支持这种高层次的逆向工程需求。目前根据测量数据点云生成曲面模型，在模型分割与特征识别方面是公认的薄弱环节，并且缺乏创新设计手段。在这种情况下，从数字化测量数据点云的区域分割及特征识别入手，理解原有产品的设计意图，建立便于产品创新设计的 CAD 模型，就显得十分迫切。

在人员素质要求方面，逆向工程技术的应用仍是一项专业性很强的工作，各个过程都需要专业人才，需要经验丰富的工程师，特别是对三维模型重建人员有更高的要求，除需了解产品特点、制造方法和熟练使用 CAD 软件、逆向造型软件外，还应熟悉上游的测量设备，甚至必须参与测量过程，以了解数据特点，另外还应了解下游的制造过程，包括制造设备和制造方法等。

在目前工作的基础上，逆向工程技术尚有诸多问题需要进一步的探讨和研究，主要包括以下几个方面：

1）发展面向工程应用的专用测量系统，使之能高速、高精度地实现实物数字化，并能根据样件几何形状和后续应用选择测量方式及路径，能进行路径规划和自动测量。

2）以数据点云隐含的特征和约束等几何信息的自动识别和推理为出发点，进一步研究复杂曲面离散数据点云的几何理解，建立基于特征的反求建模的指导性图解，减少逆向工程 CAD 建模中的交互操作，降低设计人员的劳动强度。

3）针对特定的应用领域如汽车设计、人体建模等，制定基于模板匹配或定制的自动化反求建模策略，对其中的自由形状特征建立参数化表达形式，实现真正的基于参数匹配的特征重构。

4）发展基于集成的逆向工程技术，包括测量技术、基于特征和集成的模型重建技术，基于网络的协同设计和数字化制造技术等。

5）将参数化技术引入到反求工程当中，建立参数化的反求工程模型，以方便模型的修改。同时与主流商业 CAD/CAM 软件无缝集成，充分发挥后者强大功能。

6）研究基于特征分割和约束驱动的精确变形技术，提高逆向工程重建 CAD 模型的改型设计和创新设计能力。

"两弹一星"功勋科学家：最长的一天

1

数据采集技术

第 2 章

三坐标数据采集系统

2.1 三坐标测量系统

三坐标测量机（Coordinate Measuring Machining，CMM）是 20 世纪 60 年代发展起来的一种新型高效的精密测量仪器。它的出现，一方面是由于自动机床、数控机床高效率加工以及越来越多复杂形状零件的加工需要有快速可靠的测量设备与之配套；另一方面是由于电子技术、计算机技术、数控技术以及精密加工技术的发展为三坐标测量机的产生提供了技术基础。1960 年，英国 FERRANTI 公司研制成功世界上第一台三坐标测量机，到 20 世纪 60 年代末，已有近十个国家的三十多家公司在生产 CMM，不过这一时期的 CMM 尚处于初级阶段。进入 20 世纪 80 年代后，以 ZEISS、LEITZ、DEA、LK、三丰、SIP、FERRANTI、MOORE 等为代表的众多公司不断推出新产品，使得 CMM 的发展速度加快，出现了各种三坐标测量系统。

1. 三坐标测量机的分类

根据分类标准的不同，三坐标测量机主要有以下四种不同的分类方法：

按 CMM 的技术水平可以分为：数字显示及打印型、带有计算机进行数据处理型、计算机数字控制型。

按 CMM 的测量范围可以分为小型坐标测量机 ｛CMM 在其最长一个坐标轴方向（一般为 X 轴方向）上的测量范围小于 500mm｝、中型坐标测量机（测量范围为 500～2000mm）、大型坐标测量机（测量范围大于 2000mm）。

按 CMM 的精度分为精密型 CMM，中、低精度 CMM。精密型 CMM 的单轴最大测量不确定度小于 $1 \times 10^{-6}L$（L 为最大量程，单位为 mm），空间最大测量不确定度小于（2～3）× $10^{-6}L$，一般放在具有恒温条件的计量室内，用于精密测量。中等精度 CMM 的单轴最大测量不确定度约为 $1 \times 10^{-5}L$，空间最大测量不确定度为（2～3）× $10^{-5}L$，低精度 CMM 的单轴最大测量不确定度大体在 $1 \times 10^{-4}L$ 左右，空间最大测量不确定度为（2～3）× $10^{-4}L$，这类 CMM 一般放在生产车间内，用于生产过程检测。

按 CMM 的结构形式可以分为以下几种：悬臂式、桥式、龙门式等，如图 2-1 所示。

2. 三坐标测量工作原理

本节以触发式测头为例对三坐标测量的工作原理进行说明。三坐标测量机的基本原理是将被测零件放入它的测量空间，精密地测出被测零件在 X、Y、Z 三个坐标位置的数值，根据这些点的数值经过计算机数据处理，拟合形成测量元素，如圆、球、圆柱、圆锥、曲面

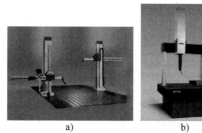

a)　　　　　　　　b)　　　　　　c)

图 2-1　三坐标测量机的主要结构类型

a）悬臂式　b）桥式　c）龙门式

等，经过数学计算得出形状、位置公差及其他几何量数据。如图 2-2 所示，要测量工件上一圆柱孔的直径，可以在垂直于孔轴线的截面 I 内，触测内孔壁上三个点（点 1、2、3），根据这三点的坐标值就可计算出孔的直径及圆心坐标 OI；如果在该截面内触测更多的点（点 1，2，…，n，n 为测点数），则可根据最小二乘法或最小条件法计算出该截面圆的圆度误差；如果对多个垂直于孔轴线的截面圆（I，II，…，M，M 为测量的截面圆数）进行测量，则根据测得点的坐标值可计算出孔的圆柱度误差以及各截面圆的圆心坐标，再根据各圆心坐标值又可计算出孔轴线位置；如果再在孔端面 A 上触测三点，则可计算出孔轴线对端面的位置

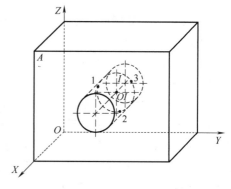

图 2-2　坐标测量原理

度误差。由此可见，CMM 的这一工作原理使其具有很大的柔性与通用性。从理论上说，它可以测量工件上的任何几何元素的任何几何参数。

　　三坐标测量机是在三个相互垂直的方向上有导向机构、测长元件、数显装置，有一个能够放置工件的工作台，测头可以以手动或机动方式轻快地移动到被测点上，由读数设备和数显装置把被测点的坐标值显示出来的一种测量设备。有了测量机的这些基本结构，在测量容积里任意一点的坐标值都可通过读数装置和数显装置显示出来。

　　测量机的采点发讯装置是测头，在沿 X、Y、Z 三个轴的方向装有光栅尺和读数头。其测量过程就是当测头接触工件并发出采点信号时，由控制系统去采集当前机床三轴坐标相对于机床原点的坐标值，再由计算机系统对数据进行处理。

　　在测头内部有一个闭合的有源电路，该电路与一个特殊的触发机构相连接，只要触发机构产生触发动作，就会引起电路状态变化并发出声光信号，指示测头的工作状态；触发机构产生触发动作的唯一条件是测头的测针产生微小的摆动或向测头内部移动，当测头连接在机床主轴上并随主轴移动时，只要测针上的触头在任意方向与工件（任何固体材料）表面接触，使测针产生微小的摆动或移动，都会立即导致测头产生声光信号，指明其工作状态。

　　在测量过程中，当测针的触头与工件接触时，测头发出指示信号，该信号是由测头上的灯光和蜂鸣器鸣叫组成，这种信号主要是向操作者指明测头的触头与工件已经接触。对于具有信号输出功能的测头，当触头与工件接触时，测头除发出上述的指示信号外，还通过电缆向外输出一个经过光电隔离的电压变化状态信号。

3. 三坐标测量机的功能及应用

（1）三坐标测量机的功能

1）柔性定位。三坐标测量机探头柔性强，能手动或自动实现 X、Y、Z 轴移动，探针带有角度旋转功能，能实现对坐标系的找正。

2）几何元素测量。通过改变探头角度及软件编程可实现点、直线、平面、圆、圆柱、圆锥、球、相交、距离、对称、夹角等几何元素的测量。

3）几何公差的评定。包括位置、位置度、距离、角度、同心度、同轴度、圆度、圆柱度、直线度、垂直度、平行度、全跳动、径向跳动、曲面轮廓度、线轮廓度和对称度误差评定。

4）脱机编辑功能。包括自学习编程、脱机编程、自检纠错功能、CAD 导入系统功能等。

5）支持多种数据输出方式。包括传统的数据输出报告、图形化检测报告、图形数据附注、数据标签输出等。

（2）三坐标测量机在工业中的应用

1）在检测中的应用。随着现代科学技术的发展，工业生产自动化程度的日益提高，对产品的可靠性及质量的要求越来越高，要求有测量效率高、精度高的检测手段与之相匹配。但长期以来测量的手段和工具都制约着工业生产率的提高。作为近 30 年发展起来的一种高效率的新型精密测量仪器，三坐标测量机已广泛应用于机械制造、电子、汽车和航空航天等领域中。它可以进行零件的尺寸、形状及相互位置的检测，例如箱体、导轨、涡轮、叶片、缸体、凸轮、齿轮、形体等空间型面的测量。此外，还可用于划线、定中心孔、光刻集成线路等，并可对连续曲面进行扫描。由于它的通用性强、测量范围大、精度高、效率高、性能好、能与柔性制造系统相连接，已成为一类大型精密仪器，故有"测量中心"之称。

2）在逆向工程中的应用。高效、高精度地实现样件表面的数据采集，是逆向工程实现的基础和关键技术之一，也是逆向工程中最基本、最不可缺少的步骤。因此，逆向工程对数据采集仪器提出了极高的要求。三坐标测量机一直以测量精度高成为逆向工程中的重要的三维数字化工具，同时其具有噪声低、重复性好、不受物体表面颜色和光照的限制等优点。对于不具有复杂内部型腔、特征几何尺寸多、只有少量特征曲面的零件，三坐标测量机是一种非常有效且可靠的三维数字化手段。

2.2 三坐标测量系统的操作流程

三坐标测量机系统的操作流程如图 2-3 所示：

1. 测头的选择与校准

根据测量对象的形状特点选择合适的测头。在对测头的使用上，应注意以下几点：

1）测头长度尽可能短。测头弯曲或偏斜越大，精度将越低，因此在测量时，应尽可能采用短测头。

2）连接点最少。每次将测头与加长杆连接在一起时，就额外引入了新的潜在弯曲和变形点，因此在应用过程中，应尽可能减少连接的数目。

3）使测球尽可能大。主要原因有两个：使得球/杆的空隙最大，这样减少了由于"晃动"而误触发的可能；测球直径较大可削弱被测表面未抛光对精度造成的影响。

系统开机、程序加载后，须在程序中建立或选用一个测头文件。在测头被实际应用前，进行校验或校准。

测头校准是三坐标测量机进行工件测量前必不可少的一个重要步骤。因为一台测量机配备有多种不同形状及尺寸的测头和配件，为了准确获得所使用测头的参数信息（包括直径、角度等），以便进行精确的测量补偿达到测量所要求的精度，必须要进行测头校准。一般步骤为：

1）将探头正确地安装在三坐标测量机的主轴上；

2）将探针在工件表面移动，看待测几何元素是否均能测到，检查探针是否清洁，一旦探针的位置发生改变，就必须重新校准；

3）将校准球装在工作台上，要确保不移动校准球，并在球上打点，测点最少为 5 个；测完给定点数后，可以得到探针的半径值，从而在测量的过程中利用这个探针的半径值进行补偿。

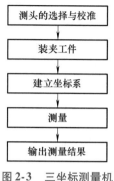

图 2-3　三坐标测量机
系统操作流程

测量过程所有要用到的探针都要进行校准，而且一旦探针改变位置，或取下后再次使用时，要重新进行校准。

2. 装夹工件

CMM 对被测产品在测量空间的安装基准无特别要求，但要方便工件坐标系的建立。由于 CMM 的实际测量过程是在获取测量点的数据后，以数学计算的方法还原出被测几何元素及它们之间的位置关系，因此测量时应尽量一次装夹完成所需数据的采集，以确保工件的测量精度，减少因多次装夹而造成的测量换算误差。一般选择工件的端面或覆盖面大的表面作为测量基准，若已知被测件的加工基准面，则应以其作为测量基准。

3. 建立坐标系

在测量零件之前，必须建立精确的测量坐标系，以便于零件测量及后续的数据处理。测量较为简单的几何尺寸（包括相对位置）时使用机器坐标系就可以了。而在测量一些较为复杂的工件，需要在某个基准面上投影或要多次进行基准变换时，测量坐标系（或称为工件坐标系）的建立在测量过程中就显得尤为重要了。

建立坐标系的方式决于零件类型及零件所拥有的基本几何元素情况。其中最基本的通过面、线、点特征来建立测量坐标系有三个步骤，并且有其严格的顺序。具体是：

1）确定空间平面，即选择基准面；通过测量零件上的一个平面来找正被测零件，保证 Z 轴垂直于该基准面。

2）确定平面轴线，即选择 X 或 Y 轴；

3）设置坐标原点。

实际操作中先测量一个面将其定义为"基准面"，也就是建立了 Z 轴的正方向；再测一条线将其定义为"X 轴"或"Y 轴"；最后选择或测一个点将其设置为坐标原点，这样一个测量坐标系就建立完成了。以上是测量中最常用的测量坐标系的建立方法，通常称为 3-2-1 法。若同时需要几个测量坐标系，可以将其命名并存储，再以同样的方法建立第二个、第三个测量坐标系,测量时灵活调用即可。

4. 测量

三坐标测量机所具有的测量方式主要有手动测量和自动测量方式。手动测量是利用手控盒手动控制测头进行测量,常用来测量一些基本元素。所谓基本元素是直接通过对其表面特征点的测量就可以得到结果的测量项目,如:点、线、面、圆、圆柱、圆锥、球、环带等。如手动测量圆,只需测量一个圆上的三个点,软件会自动计算这个圆的圆心位置及直径,这就是所谓的"三点确定一个圆",为提高测量准确度也可以适当增加点数。

某些几何量是无法直接测量得到的,必须通过对已测得的基本元素进行构造得出(如:角度、交点、距离、位置度等)。同一面上两条线可以构造一个角度(一个交点),空间两个面可以构造一条线。这些在测量软件中都有相应的菜单,按要求进行构造即可。

自动测量是在 CNC 测量模式下,执行测量程序控制测量机自动检测。

5. 输出测量结果

三坐标测量机进行检测需要出具检测报告时,根据要求可以输出多种检测报告的格式。

逆向工程中用三坐标测量机完成零件表面数字化后,为了转入主流 CAD 软件中继续完成数字几何建模,需要把测量结果以合适的数据格式输出,不同的测量软件有不同的数据输出格式。

2.3 PC-DMIS 软件介绍

2.3.1 PC-DMIS 软件简介

先进的通用 PC-DMIS 测量软件是由全球最大的测量软件开发商美国 WILCOX 公司开发的,该公司隶属瑞典 Hexagon 计量集团。该软件是基于 DMIS 编程规范开发的,不仅具备强大的测量和公差计算评价功能,同时还具备强大的 CAD 接口功能,能够利用原始的 CAD 数据,进行脱机编程和零件检测程序的模拟运行,并可以将测量数据利用通用的 CAD 格式导出。

PC-DMIS 软件正是基于 DMIS 编程规范开发的测量软件,在 PC-DMIS 软件下编写的零件程序具有通用性,只要稍加修改就可以在不同厂家生产的测量机(前提是使用的测量机测量软件必须支持 DMIS 语言)上运行。

下面是 PC-DMIS 软件测量圆功能自动生成的一段程序,该程序是根据 DMIS 语言规范编写的。

```
CIRCLE 1          = FEAT/CONTACT/CIRCLE,CARTESIAN,IN,LEAST_SQR
          THEO/ <15,85,0> , <0,0,1> ,10
          ACTL/ <14.936,84.874,-0.002> , <0,0,1> ,9.992
          TARG/ <15,85,0> , <0,0,1>
          START ANG =0,END ANG =360
          ANGLE VEC = <1,0,0>
          DIRECTION = CCW
          SHOW FEATURE PARAMETERS = NO
```

```
        SHOW CONTACT PARAMETERS = YES
            NUMHITS = 5 , DEPTH = 3 , PITCH = 0
            SAMPLE HITS = 1 , SPACER = 0
            AVOIDANCE MOVE = BOTH , DISTANCE = 20
            FIND HOLE = DISABLED , ONERROR = NO , READ POS = NO
        SHOW HITS = NO
        MOVE/CLEARPLANE
```

以下是对上面一段程序的解释。

圆 1　　　　　= 特征/触测/圆,直角坐标,内,最小二乘方

理论值/ < 15,85,0 > , < 0,0,1 > ,10

实际值/ < 14. 936,84. 874, -0. 002 > , < 0,0,1 > ,9. 992

目标值/ < 15,85,0 > , < 0,0,1 >

起始角 = 0,终止角 = 360

角矢量 = < 1,0,0 >

方向 = 逆时针

显示特征参数 = 否

显示相关参数 = 是

测点数 = 5,深度 = 3,螺距 = 0

样例点 = 1,间隙 = 0

自动移动 = 两者,距离 = 20

查找孔 = 无效,出错 = 否,读位置 = 否

显示触测 = 否

移动/安全平面

　　了解了 PC-DMIS 软件的编程特点以后,再来熟悉下 PC-DMIS 软件用户界面。用户界面主要分为以下几个区域(见图 2-4),可以完成各种功能或显示必要信息。以下为每个屏幕区域的简要描述。

　　1)标题栏:显示当前零件程序的标题。

　　2)菜单栏:包括 PC-DMIS 应用程序中的大多数可用选项。

　　3)工具栏:包括常用指令的工具栏。

　　4)编辑窗口:显示零件的程序,允许用户查看零件程序的指令和进行必要的修改。

　　5)图形显示窗口:显示零件的图形。

　　6)状态条:显示有关当前操作的重要提示信息和触测的次数。

　　7)对话框:是 PC-DMIS 和用户之间的主要交流通道。可用的特征将显示在对话框,而且大多数的输入也是在对话框进行的。

2.3.2　PC-DMIS 软件用户界面主要工具栏

　　在编写程序之前,有必要对 PC-DMIS 软件中的主要的工具栏有所了解,以便在编程时快速找到。下面简要介绍一下一些常用的工具栏。

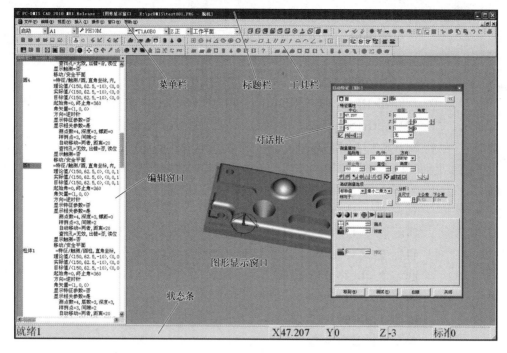

图 2-4   PC-DMIS 软件用户界面

1. 测头模式工具栏（Probe Mode）

测头模式工具栏：如图 2-5 所示。可以用于测头在不同模式下的切换，方便用户进行测量。

1）  手动模式（Manual Mode）：用于 CMM 手动测量。

2）  程序模式（DCC Mode）：用于 CMM 自动测量。

3）  自动点触发模式（Point Auto Trigger Mode）：当测

图 2-5   测头模式工具栏

头经过测量位置的公差带区域范围内的时候，测头会触发。用于手动三坐标测量设备中，如：Romer、Leica、BackTalk、Faro、Garda、GOM（Krypton）、Axila、Polar 和 SMXLaser（已修改）。

4）  自动面触发模式（Plane Auto Trigger Mode）：当测头经过与特征所在平面的法向距离公差带平面的时候测头会触发。用于手动三坐标测量设备中，如：Romer、Leica、Back-Talk、Faro、Garda、GOM（Krypton）、Axila、Polar 和 SMXLaser（已修改）。

5）  在 CAD 模型上查找理论值（Find Nominals From CAD）：用于控制 PC-DMIS 处理触测的方式。如果选中此模式，PC-DMIS 将自动考虑每次测头接触，以找到与该接触最接近的 CAD 标称值。然后，它将继续累加触测，直到按 END 键为止，此时将计算特征类型并应用 CAD 标称值。

6）  仅点模式（Point Only Mode）：用于控制 PC-DMIS 如何对测头的每次触测作出响应。如果选中此模式，PC-DMIS 会自动将测头的每次触测当做单点测量，并自动创建一个自动矢量点。如果未选中此模式，PC-DMIS 将累加测头触测，直到按 END 键为止。只有

在此时，它才确定刚才测量的特征的类型。

2. 测定特征工具栏（Measured features）

测定特征工具栏：如图 2-6 所示。可以用于手动对点、直线、面、圆等特征的测量。

图 2-6　测定特征工具栏

1）点（Measured Point）：用于手动测量点，最少测量点数为 1。

2）直线（Measured Line）：用于手动测量直线，最少测量点数为 2。

3）面（Measured Plane）：用于手动测量面，最少测量点数为 3。

4）圆（Measured Circle）：用于手动测量圆，最少测量点数为 3。

5）圆柱（Measured Cylinder）：用于手动测量圆柱，最少测量点数为 6。

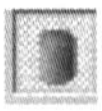

6）圆锥（Measured Cone）：用于手动测量圆锥，最少测量点数为 6。

7）球（Measured Sphere）：用于手动测量球，最少测量点数为 4。

8）圆槽（Measured Round Slot）：用于手动测量圆槽，最少测量点数为 10。

9）方槽（Measured Square Slot）：用于手动测量方槽，最少测量点数为 8。

10）自动识别特征（Measured Guess）：根据测量的点，自动判断特征。

3. 自动特征工具栏（Auto Features）

自动特征工具栏，如图 2-7 所示。可以用于对点、直线、平面、圆、圆柱、圆锥、球等特征的自动测量。

图 2-7　自动特征工具栏

1）（自动）点（Auto Point）：用于对指定点的自动测量。

2）（自动）直线（Auto Line）：用于对指定直线的自动测量。

3）（自动）平面（Auto Plane）：用于对指定平面的自动测量。

4）（自动）圆（Auto Circle）：用于对指定圆的自动测量。

5）（自动）圆柱（Auto Cylinder）：用于对指定圆柱的自动测量。

6）（自动）圆锥（Auto Cone）：用于对指定圆锥的自动测量。

7) ⚫ （自动）球（Auto Sphere）：用于对指定球的自动测量。

4. 构造特征工具栏（Constructed Features）

构造特征工具栏，如图2-8所示。可以通过对测量的信息进行点、直线、圆等特征的构造，辅助几何公差的评价。

图2-8　构造特征工具栏

1) 🔵 构造点（Constructed Point）：用于点的构造。构造点的方法有自动、相交、原点、垂射、套用、中点、隅角点、投影、刺穿、偏置点和指定理论值。

2) 🖋 构造直线（Constructed Line）：用于直线的构造。构造的方法有：套用、相交、中分、平行、垂直、投影、翻转、扫描段和指定理论值。

3) 🔺 构造平面（Constructed Plane）：用于平面的构造。构造方法有：套用、中分线、垂直、平行、翻转、高点、偏置和指定理论值。

4) 🔘 构造圆（Constructed Point）：用于圆的构造。构造圆的方法有：自动、最佳拟合、最佳拟合重新补偿、相交、套用、投影、翻转、两条线公切、3条线公切、扫描段、扫描最低点、圆锥和指定理论值。

5) 🔘 构造椭圆（Constructed Point）：用于椭圆的构造。构造椭圆的方法有：自动、最佳拟合、最佳拟合重新补偿、相交、套用、投影、翻转和指定理论值。

6) 🔲 构造槽（Constructed Slot）：用于槽的构造。槽的构造方法有：圆、最佳拟合、最佳拟合重新补偿和指定理论值。

7) 🔧 构造曲线（Constructed Cure）用于曲线的构造：曲线的构造有两种类型：独立曲线和从属曲线。所有曲线都需要将一个特征组用作输入，此特征组可以是测量特征组、构造特征组或扫描。输入组必须至少包含4个特征（或是对于扫描需要与输入点数保持相同）。

8) 🗄 构造圆柱（Constructed Cylinder）：用于圆柱的构造，构造圆柱的方法有：自动、最佳拟合、最佳拟合重新补偿、投影、套用、翻转和指定理论值。

9) 🔺 构造圆锥（Constructed Cone）：用于圆锥的构造，构造圆锥的方法有：自动、最佳拟合、最佳拟合重新补偿、投影、套用、翻转和指定理论值。

10) 🔵 构造球（Constructed Sphere）用于球的构造：构造球的方法有：自动、最佳拟合、最佳拟合重新补偿、投影、套用、翻转和指定理论值。

11) 🖐 构造曲面（Constructed Surface）用于曲面的构造：曲面的构造有两种：独立曲

面和从属曲面。曲面所需的唯一输入是片区扫描。扫描必须至少包含两行点（每行 4 个点）。

12） 构造特征组（Constructed Feature set）：用于一个特征集合的构造。

13）构造过滤器（Constructed Filter）：允许用扫描、某些构造的特征或是另一些过滤特征组构造过滤特征组。

14）构造一般特征（Constructed Generic）：用于一般特征的构造。

15）构造调整过滤器（Constructed Adjust Filter）：用于调整扫描，围绕球体、圆锥、圆柱几何特征进行扫描数据。

5. 尺寸工具栏（Dimension）

尺寸工具栏：如图 2-9 所示。可以进行对特征几何公差的评价。

图 2-9 尺寸工具栏

1）位置（Location Dimension）：用于计算从特征到 X、Y、Z、原点且平行于相应轴的距离。

2）位置度（True Position Dimension）：用于计算从特征到 X、Y、Z、原点且平行于相应轴的位置度。计算中还包括特征的直径、角度和矢量。

3）距离（Distance Dimension）：用于计算两个特征之间的距离。

4）角度（Angle Dimension）：用于计算特征之间的二维夹角。

5）同心度（Concentricity Dimension）：用于计算两个圆、柱体、锥体或球体的同心度。

6）同轴度（Coaxiality Dimension）：用于计算柱体、锥体或直线与基准特征的同轴度。

7）圆度（Circularity Dimension）：用于确定圆的圆度、球体的圆球度和锥体的圆锥度。

8）圆柱度（Cylindricity Dimension）：用于确定圆柱的圆柱度。

9）直线度（Straightness Dimension）：用于计算直线的直线度。

10）平面度（Flatness Dimension）：用于确定平面的平面度。

11）垂直度（Perpendicularity Dimension）：用于计算两个特征之间的垂直度。

12) **∥** 平行度（Parallelism Dimension）：用于计算两个特征之间的平行度。

13) **Ø** 全跳动（Total Runout Dimension）：确定第一个特征相对于第二个特征（即第二个特征成为基准特征）的跳动值。全跳动用于圆柱、圆锥与平面。

14) **↗** 圆跳动（Circular Runout Dimension）：确定第一个特征相对于第二个特征（即第二个特征成为基准特征）的跳动值。圆跳动用于圆、圆锥、圆柱与球。

15) **◠** 曲面轮廓度（Surface Profile Dimension）：用于计算三维的面轮廓误差。

16) **◠** 线轮廓度（Line Profile Dimension）：用于计算二维的线轮廓误差。

17) **∠** 倾斜度（Angularity Dimension）：用于计算平面或直线相对于基准平面或直线的倾斜度误差。

18) **⩵** 对称度（Symmetry Dimension）：用于计算一个点特征组与基准特征的对称度。

19) **①** 手动键入尺寸（Manual Keyin Dimension）：用于通过键盘"键入"其他方式获得的非 CMM 测量的数据（例如，添加用卡尺测量的尺寸）。利用此选项，可以打印输出检测报告上的指定检验结果（不仅仅是用 CMM 测量的特征）。当收集用于统计分析的数据时，也可以使用此选项。

2.4 三坐标测量实例

采用意大利 COORD3 公司生产的 ARES 7-7-5 三坐标测量机进行实训，如图 2-10 所示。ARES 7-7-5 测量范围为 X 方向 700mm，Y 方向 650mm，Z 方向 500mm，测量精度为 $(3.0+3.5L)\ \mu m$。测量机采用铝合金结构，在获得高刚性的同时，也具有十分出色的热传导性能。测量机测头下面有足够的测量空间，容易装卸工件，方便操纵，可以方便地在手动和自动模式之间切换。

测量系统配备的软件 PC-DMIS CAD 是一种基于最新版本 DMIS 语言的交互式测量软件，既适合于实体零件的检测，也适用于曲面的检测。软件可读入 CAD 设计数模，在数模上直接编程或测量，同时具有丰富的输出格式和强大的图形报告功能可以满足客户的多种输出要求。

测量软件具有三种编程方式：自学习联机编程、脱机代码编程和基于 CAD 数模脱机编程。自学习联机编程是一种最基本的方法，需要在联机状态下在实际工件上完成。代码编程可以脱机进行，但是对编程人员的要求很高。编程人员必须精通编程语言，要键盘输入程序文本，还要进行

图 2-10 ARES 7-7-5 三坐标测量机

语法检查才能执行。基于 CAD 数模编程大大提高了零件编程的技术，可以对测量过程进行仿真模拟，不仅可以检查测头的干涉，也可验证程序逻辑和功能的正确性。自学习联机编程一般用于没有 CAD 数模的情况下，可以应用于零件检测和逆向工程。基于 CAD 数模编程一般用于有 CAD 数模的情况下，应用于零件的检测。

2.4.1 基于 CAD 数模的零件检测实例

下面以在 CAD 软件中设计并通过数控雕刻机雕刻出来的工件为例子，利用基于 CAD 数模编程完成一个工件的测量与检测的全过程。在脱机状态下完成程序的编写，通过动态仿真模拟，检查无误后，完成实际工件测量，然后得到测量结果。

Step 1. 新建一个文件，命名为 test_01，详细操作如下：

1）在桌面上双击 PC-DMIS 的 offline（离线测量）图标进入 PC-DMIS 界面。

2）单击工具栏中的【文件】→【新建】按钮。

3）系统弹出【新建零件程序】对话框（见图 2-11），在【零件名：】文本框输入"test01"，【修订号：】文本框和【序列号：】文本框输入分别"01"，设置修订号和序列号可以区别同一批次的单个零件，如果只是测量单个零件，也可以不输入。测量单位单选框选择【毫米（MM）】，单击对话框中的【确定】按钮。

Step 2. 定义及校验测头，相关操作如下：

1）进入 PC-DMIS 软件界面以后，选择下拉菜单【插入（I）】→【硬件定义（H）】→【测头（P）】命令，弹出【测头工具框】对话框（见图 2-12）。

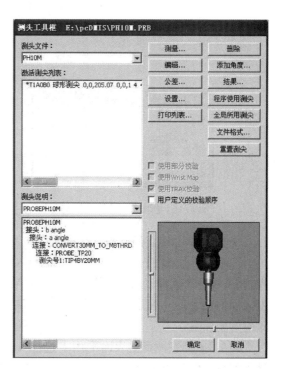

图 2-11 【新建零件程序】对话框　　　　图 2-12 【测头工具框】对话框

2）根据 CMM 测头配置，定义测头文件。

为整个测头文件命名，在【测头文件：】对话框中输入"PH10M"；

选择测座的型号，在【测头说明：】菜单中选择"PROBEPH10M"；

选择转接头的型号，在【测头说明：】菜单中继续选择【CONVERT30MM_TO_M8THRD】连接；

选择加长杆的型号，在【测头说明：】菜单中选择【PROBE_TP20】连接；

选择测尖的型号，选择【TIP4BY20MM】测尖。

将光标放在加长杆【PROBE_TP20】处双击，弹出【编辑测头组件】对话框（见图2-13），把【显示整个组件】复选框的勾选取消，单击【确定】按钮。加长杆以上部分隐藏。图形窗口只显示测针，以免遮挡视线。

3）添加测头角度。单击【添加角度】按钮，弹出【添加新角】对话框（见图2-14）。在【添加单个角度】组合框的A角和B角文本框中分别输入A角和B角的角度，指定测头在测量过程中可旋转的角度，然后单击【添加】按钮。例如（0，0）、（90，-90）、（90，0）、（90，90）、（90，180）。所有角度添加完以后，单击【确定】按钮。通过添加角度，可以让测头旋转的合适的位置，对特征进行测量。

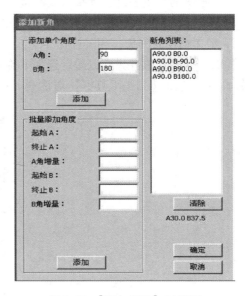

图2-13 【编辑测头组件】对话框　　　　图2-14 【添加新角】对话框

Step 3. 手动建立坐标系，详细操作如下：

1）选择【文件】→【导入】命令，导入测试工件的CAD模型test.igs文件。CAD模型导入到PC-DMIS软件以后在图形窗口就可以看到如图2-15的初始零件坐标系，原点位于零件上表面的左下角。根据初始零件坐标系，测量一个平面和两条直线，通过"3-2-1"法建立对应的坐标系。

2）用鼠标在图形上表面平面上选择3点，按键盘上结束（End）键，测量一个平面，该平面自动命名为平面1（图2-15）。单击【插入】→【坐标系】→【新建】命令，弹出【坐标系功能】对话框（见图2-16），在左下角列表框选择平面1，点击【找正】按钮，然后单击【确定】按钮，退出【坐标系功能】对话框。单击工具栏的【设置】里的【工作平面】

命令，将平面 1 设置为工作平面。

3）在工件的前侧从左到右依次单击两点，按 end 键生成直线 1（见图 2-15）。

4）在工件的左侧从前往后依次选择两点，按 end 键生成直线 2（见图 2-15）。

5）单击【插入】→【坐标系】→【新建】命令，弹出【坐标系功能】（见图 2-16）对话框，此时开始建立坐标系。根据"3-2-1"原则建立坐标系。首先选择平面 1，在【找正】下拉列表框里选择【Z 正】，单击【找正】按钮；然后选择直线 1，在旋转组合框里的【旋转到：】下拉列表框中选择【X 正】，单击【旋转】，即确定了 X 正轴；选择平面 1，在原点组合框里的【自动】复选框前勾选，单击【原点】按钮，即确定了平面 1 作为 Z 轴原点，同样方法确定直线 1 为 Y 轴原点，确定直线 2 为 X 轴原点；最后单击【CAD = 工件】按钮，此按钮的功能是将模型的坐标系与 CAD 数模的坐标系对齐，以后机器测量的元素都会与 CAD 模型上的位置相对应。在建立坐标系的时候，测量坐标系的元素一定要与 CAD 模型上的坐标系一致，如果要改变工件的坐标系，在导入 CAD 模型的时候就要把 CAD 的坐标系转换到想要建立坐标系的地方。单击【确定】按钮，完成坐标系的建立（见图 2-15）。

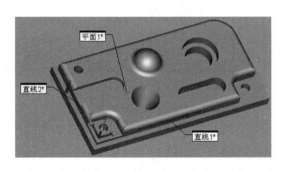

图 2-15　建立坐标系

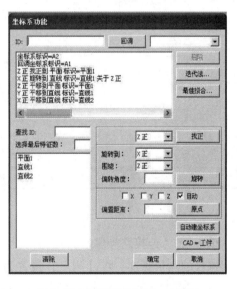

图 2-16　【坐标系功能】对话框

Step 4. 为了提高测量的精度，可以将手动建立坐标系的过程复制到自动模式下，CMM 自动测量以上元素并建立坐标系。详细操作如下：

1）单击工具栏【程序模式】按钮，程序切换到自动模式。

2）按 F10 键，弹出【参数设置】对话框（见图 2-17）。选择【安全平面】选项卡，在【激活平面】选项组【轴：】下拉列表框中选择"Z 正"，【值：】设置为"40"，并勾选上【激活安全平面（开）】复选框，单击【应用】、【确定】按钮，完成安全平面设置。在完成每个元素测量以后，测头后退 40mm 移动到安全平面上，在安全平面上移动到下一个测量元素，避免测针与工件发生碰撞。

3）将图 2-16 中左边编辑窗口的程序中从测量平面 1 到建立完成坐标系的一段程序复制下来，然后粘贴在编辑窗口中。为了避免元素的命名重复，把光标放在粘贴的程序中的平面

1 上，将其改为平面 1-1，用同样方法将其他相同元素名称改过来。

    Step 5. 测量元素。对测试工件的指定特征进行测量，如图 2-25 所示。详细操作如下：

    1）测量圆。单击【自动特征】工具栏的【（自动）圆】按钮，弹出如图 2-18 所示对话框。

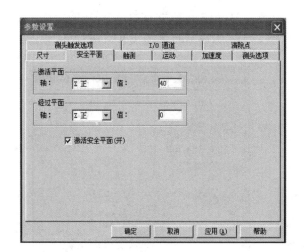

图 2-17　【参数设置】对话框

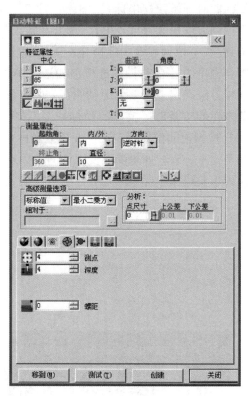

图 2-18　自动特征测圆

    单击 ⊕【连接路径属性】按钮（见图 2-19），通过该对话框可以设置测量元素的测点数和探针的测量深度。将【测点】设置为"4"，【深度】设置为"4"。

    单击 ❉【关联样例点属性】按钮（见图 2-20），可以设置样例点，样例点的作用是通过触测至少 3 个点，构建一个平面，然后将所要测量的元素投影到该平面上。将【采样例点】设置为"3"。

    单击 ❖【关联自动移动属性】按钮（见图 2-21），可以设置测量完元素前后测针是否移动到一定的高度和移动的高度，可以避免在自动测量下一元素时发生测针碰撞。【自动移动】设置为"两者"，指定测针在每测量一点前后均回到初始位置，【距离】设置为"20"。

　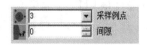　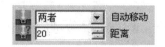

图 2-19　【连接路径属性】　　图 2-20　【关联样例点属性】　　图 2-21　【关联自动移动属性】

选择图 2-18 中的"圆 1"，点击【创建】、【关闭】按钮，完成自动测圆功能。采用同样的方法完成圆 2 到圆 5 的测量，如图 2-25 所示。

2）测量圆柱。单击【自动特征】工具栏的【（自动）圆柱】按钮，弹出如图 2-22 所示对话框。单击 ⊕【连接路径属性】按钮，将【每层测点】设置为"4"，【深度】设置为"4"，【结束偏置】设置为"0"，【层】设置为"3"。

单击 ✦【关联样例点属性】按钮，将【采样例点】设置为"3"。

单击 ⬆【关联自动移动属性】按钮，【自动移动】设置为"两者"，【距离】设置为"20"。

选择图 2-22 中的柱 1，单击【创建】、【关闭】按钮，完成自动测量圆柱 1 的功能。同样方法完成圆柱 2 的测量，如图 2-25 所示。

3）测量圆锥。单击【自动特征】工具栏的【圆锥】按钮，弹出如图 2-23 所示对话框。

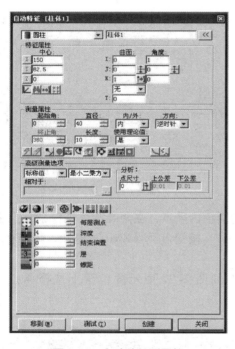

图 2-22　自动特征测圆柱

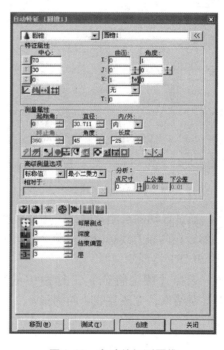

图 2-23　自动特征测圆锥

单击 ⊕【连接路径属性】按钮，将【每层测点】设置为"4"，【深度】设置为"4"，【结束偏置】设置为"3"，【层】设置为"3"。

单击 ✦【关联样例点属性】按钮，将【采样例点】栏设置为"3"。

单击 ⬆【关联自动移动属性】按钮，【自动移动】设置为"两者"，【距离】设置为"20"。

选取图 2-23 中圆锥 1，单击【创建】、【关闭】按钮，完成自动测量圆锥 1 的功能，如图 2-25 所示。

4）测量球体。单击【自动特征】工具栏的【（自动）球】按钮，弹出如图 2-24 所示对话框。由于球体是半球形，所以将【起始角 2:】设置为"30"，【终止角：2】设置为"160"。

单击 ⊕【连接路径属性】按钮，将【总测点数】设置为"12"，【行】设置为"3"。

单击 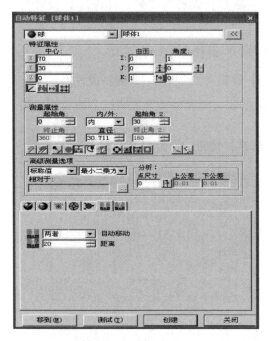 【关联自动移动属性】，【自动移动】设置为"两者"，【距离】设置为"20"。

选取图 2-24 中球体 1，点击【创建】、【关闭】按钮，完成自动测量球体 1 功能。自动测量完成以后的特征如图 2-25 所示。

图 2-24   自动特征测球体

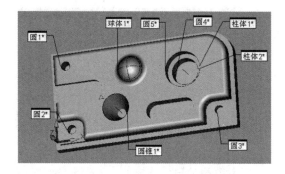

图 2-25   自动测量特征

5）通过自动测点测量圆槽。用鼠标在零件的圆槽内采点，在两端圆弧处分别任意采集 3 点，然后在两条直线边分别采集 2 点（见图 2-26），按键盘上【END】键，结束测量，完成圆槽 SLTR1 特征测量。

6）选择【测定特征】工具栏中的直线，在如图 2-27 所示的位置上选择 4 点，按【END】键结束，完成直线 4 的测量。

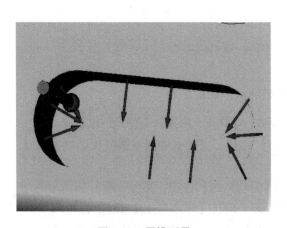

图 2-26   圆槽测量

图 2-27   直线测量

7）选择【测定特征】工具栏中的平面，在如图 2-28 所示的位置上选择 4 点，按【END】键结束，完成平面 1-2 的测量。

Step 6. 测试程序，对以上的程序进行路径干涉检查。详细操作如下：

1）将光标放在编辑窗口的"模式/自动"这一行程序上，单击右键选择【从光标处执行】命令，运行程序。

2）运行完程序以后可以选择【视图】→【查看路径线】命令，可以查看程序运行时，测头走过的路径线，如果发现路径线有与数模干涉的地方，就要修改程序，然后再运行程序直到没有干涉为止。

Step 7. 构造特征，为几何公差评价做准备。详细操作如下：

1）在【构造特征】工具栏中选择【直线】，此时将显示如图 2-29 所示的【构造线】对话框。在特征列表中选择圆 2、圆 4。构造方法选择【2 维直线】、【最佳拟合】，单击【创建】按钮，由此构造了一条通过圆 2 和圆 4 圆心的连线直线 3。单击【关闭】按钮。

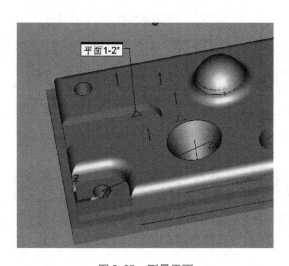

图 2-28　测量平面

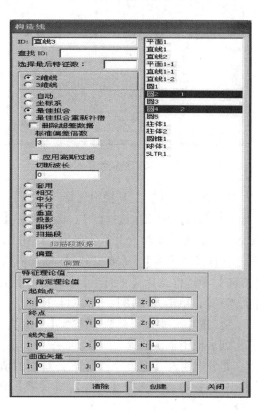

图 2-29　【构造线】对话框

2）在【构造特征】工具栏中选择【直线】，此时将显示构造直线对话框，在特征列表中选择柱体 1。构造方法选择【套用】，单击【创建】按钮，由此构造了一条柱体 1 的旋转轴的直线 5。单击【关闭】按钮。

Step8. 几何公差评价，对以上测量的特征进行几何公差评价。详细操作如下：

1）在【尺寸】工具栏中选择【位置】，此时将显示如图 2-30 所示【特征位置】对话框。在特征列表中选择计算位置的特征元素，例如：圆 1。在【上公差】、【下公差】文本框中按图纸几何公差要求分别输入"0.05"，在【坐标轴】复选框中选择【X】、【Y】选项，完成对 X 和 Y 轴坐标的位置评价。在【单位】单选框中选择【毫米】，在【输出到：】单选框中，选择【两者】，单击【创建】按钮，此时特征位置创建成功。单击【关闭】按钮。

2）在【尺寸】工具栏中选择【位置度】，此时将显示如图 2-31 所示【位置度形位公差】对话框，选择【定义基准...】，弹出【基准定义】对话框，在【特征】列表框中选择平面 1-1，定义为基准 A，关闭【基准定义】对话框。在【特征】列表框中选择评价位置度的特征元素，如圆 3，在特征控制编辑器里面可以修改公差、实体准则、基准等，修改完成以后，单击【创建】，然后单击【关闭】按钮。

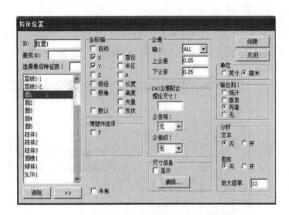

图 2-30　特征位置对话框

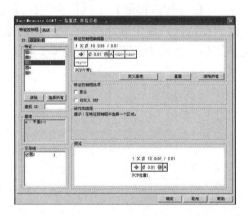

图 2-31　【位置度形位公差】对话框

3）在【尺寸】工具栏中选择【距离】，此时将显示如图 2-32 所示【距离】对话框，在【特征】列表框中依次选择圆 1、圆 2，在【上公差】、【下公差】框中按图纸几何公差要求输入公差，如分别输入上下公差值"0.01"，【距离类型】单选框中选择【2 维】，【单位】单选框选择【毫米】，【输出到：】单选框选择【两者】，【关系】单选框选择【按 X 轴】，【方向】单选框选择【平行于】，确定用于定义平行于 X 轴的距离，【圆选项】单选框选择【无半径】，单击【创建】，【关闭】按钮。

4）在【尺寸】工具栏中选择【角度】，此时将显示如图 2-33 所示角度对话框。在【特征】列表框中依次选择直线 4、直线 6，在【公差】文本框中按图纸几何公差要求输入公差，如分别输入【上公差】、【下公差】的值为"0.01"，【角度类型】单选框选择【2 维】，【输出到：】单选框选择【两者】，【关系】单选框选择【按特征】，按指定的直线特征进行评价，单击【创建】、【关闭】。

5）在【尺寸】工具栏中选择【同心度】，此时将显示如图 2-34 所示【同心度形位公差】对话框。选择【定义基准...】，弹出【基准定义】对话框，在特征列表中选择圆 4，定义为基准 C，关闭【定义基准】对话框。在【特征】列表框中依次选择圆 4、圆 5，在【特征控制框编辑器】中按图纸几何公差要求修改公差，选择基准 C（圆 4），单击【创建】、【关闭】。

6）在【尺寸】工具栏中选择【同轴度】，此时将显示如图 2-35 所示【同轴度形位公差】对话框。选择【定义基准...】，弹出【基准定义】对话框，在特征列表中选择直线 5，定义为基准 B，关闭【定义基准】对话框。在【特征】列表框中依次选择柱体 1、柱体 2，在【特征控制框编辑器】中按照图纸几何公差要求修改公差，选择基准 B（直线 5），单击【创建】、【关闭】按钮。

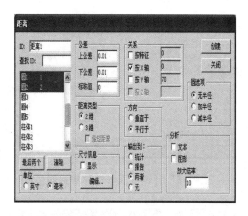

图 2-32　【距离】对话框

图 2-33　【角度】对话框

图 2-34　【同心度形位公差】对话框

图 2-35　【同轴度形位公差】对话框

7）在【尺寸】工具栏中选择【圆度】，此时将显示如图 2-36 所示【圆度形位公差】对话框。在【特征】列表框中选择圆 2，在【特征控制框编辑器】中修改公差，单击【创建】、【关闭】。

8）在【尺寸】工具栏中选择【圆柱度】，此时将显示如图 2-37 所示【圆柱度形位公差】对话框。在【特征】列表框中选择柱体 1，在【特征控制框编辑器】中按图纸几何公差要求修改公差，单击【创建】、【关闭】按钮。

9）在【尺寸】工具栏中选择【直线度】，此时将显示如图 2-38 所示【直线度形位公差】对话框。在【特征】列表框中直线 4，在【特征控制框编辑器】中按图纸几何公差要求修改公差，单击【创建】、【关闭】按钮。

10）在【尺寸】工具栏中选择【平面度】，此时将显示如图 2-39 所示【平面度形位公差】对话框，在【特征】列表框中选择平面 1-2，在【特征控制框编辑器】中按图纸几何公差要求修改公差，单击【创建】、【关闭】按钮。

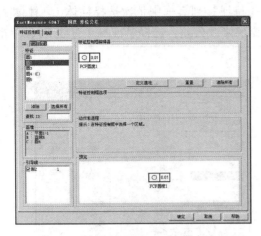

图 2-36 【圆度形位公差】对话框

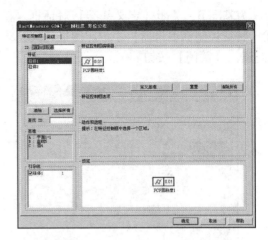

图 2-37 【圆柱度形位公差】对话框

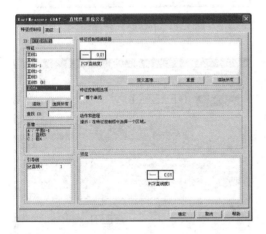

图 2-38 【直线度 形位公差】对话框

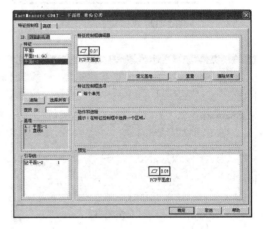

图 2-39 【平面度 形位公差】对话框

11）在【尺寸】工具栏中选择【垂直度】，此时将显示如图 2-40 所示【垂直度 形位公差】对话框。在【特征】列表框中选择柱体 2，在【特征控制框编辑器】中按图纸几何公差要求修改公差，基准，单击【创建】、【关闭】按钮。

12）在【尺寸】工具栏中选择【平行度】，此时将显示如图 2-41 所示【平行度 形位公差】对话框。选择【定义基准…】，弹出【基准定义】对话框，在【特征】列表框中选择直线 1-1，定义为基准 D，关闭【定义基准】对话框。在【特征】列表中选择直线 4，在【特征控制框编辑器】中按图纸几何公差要求修改公差，选择基准 D（直线 1-1），单击【创建】、【关闭】按钮。

13）在【尺寸】工具栏中选择【全跳动】，此时将显示如图 2-42 所示【全跳动 形位公差】对话框。在【特征】列表框中选择柱体 2，在【特征控制框编辑器】中按图纸公差要求修改公差，基准为 A（平面 1-1）、B（直线 5），单击【创建】、【关闭】按钮。

14）在【尺寸】工具栏中选择【圆跳动】，此时将显示如图 2-43 所示【圆跳动 形位公差】对话框。在【特征】列表框中选择圆 4，在【特征控制框编辑器】中按图纸几何公差要求修改公差，选择基准 B（直线 5），单击【创建】、【关闭】按钮。

图 2-40　【垂直度 形位公差】对话框

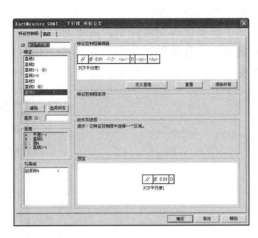

图 2-41　【平行度 形位公差】对话框

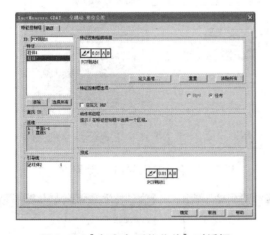

图 2-42　【全跳动 形位公差】对话框

图 2-43　【圆跳动 形位公差】对话框

Step9. 在线运行程序，详细操作如下：

1）检查三坐标测量机，确定没有问题以后打开气源，启动三坐标测量机，并打开 PC-DMIS软件。此时弹出如图 2-44 所示对话框，单击【确定】，完成三坐标测量机初始化。

2）将校准球固定在工作台的中间。打开离线编写好的程序 test1。在编辑窗口，将光标定位到测头程序一行，按【F9】键，弹出【测头工具框】对话框（见图 2-45），单击【测量...】按钮，弹出【校验测头】（见图 2-46）对话框。将测量模式设置为"Man + Dcc"模式，然后单击【添加工具...】按钮，弹出【添加工具】对话框（见图 2-47），按照图示设置各参数，设置校准球位置和直径大小，单击【确定】即可。此时回到【校验测头】对话框，单击【测量】按钮，即可进行测头校验。单击后弹出如图 2-48 所示对话框，按对话框提示内容，操纵手柄，让测头在校准球的顶端打一个点，接着 CMM 就开始自动校验测头。校验完成以后，可以单击【测头工具框】的【结果...】按钮查看校验结果。校验结果如图 2-49所示。在测量结果窗口中，理论值是在测头定义时输出的值，测定值是校验后得出的结果。其中"X、Y、Z"是测针的实际位置，由于这些位置与测座的旋转中心有关，所以它们与理论值的差别不影响测量精度。"D"是测针校验后的等效直径，由于测点延迟原因，这个值要比理论值要小，由于它与测量速度、测针的长度、测杆的弯曲变形有关，在不同的情况下会有区别，当同等条件下，相对稳定。"stdDev"是本次校验的形状误差，从某种意义上反映了校验的精度，这个误差越小越好。

图 2-44　机器初始化提示　　　　　　图 2-45　【测头工具框】对话框

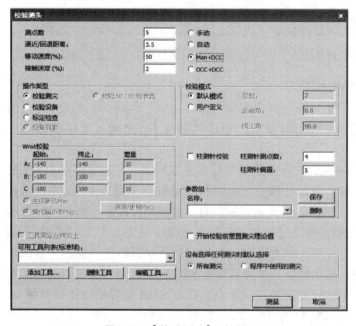

图 2-46　【校验测头】对话框

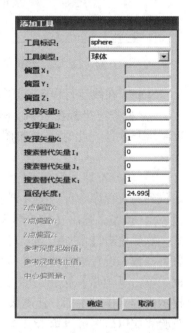

图 2-47　【添加工具】对话框

3）将校准球移走，并将要测量的工件固定在工作台上，将光标放在编辑窗口中建立坐标系开始的程序的程序头，按 Ctrl + Q 键，程序开始执行，并弹出如图（见图 2-50）对话框。按照对话框的提示，操纵手柄让测头在对应的位置上采点，完成一个特征以后，按操作手柄的【DONE】按钮即可完成一个特征的测量。按照提示（见图 2-50）依次完成平面 1、直线 1、直线 2 的测量。在机器的提示下通过操纵手柄，完成手动采集建立坐标系所需的元素，此时程序会自动建立坐标系。完成坐标系建立以后，CMM 就开始自动测量元素，如果程序没有错误，CMM 会自动运行完成程度。

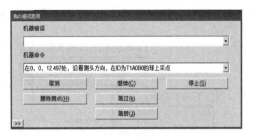

图 2-48　在校准球上采点提示

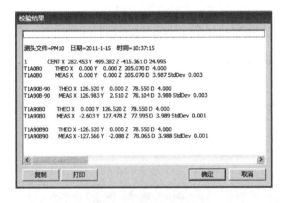

图 2-49　校验结果

图 2-50　平面采点提示

Step10. 查看测量结果

选择【视图】→【报告窗口】命令，此时会出现报告窗口。报告可以有 6 种形式的输出选择：Text Only（文本格式）、Text And CAD（文本和 CAD 图形格式）、CAD Only（CAD 图形格式）、Graphical Analysis（误差分析图）CAD Only_Landscape（CAD 图形和尺寸评价标注格式）和 PPAP 文件（Production Part Approval Process 生产件批准程序），可以根据需要选择报告输出的形式。图 2-51 所示为 CAD Only_Landscape 输出的样式，通过观察下方的颜色条可以判断出零件的公差是否合格。CAD Only_Landscape 输出的样式和 PPAP 的输出样式见附表。

2.4.2　基于三坐标测量机的曲面数字化实例

零件表面数字化是逆向工程中的关键技术，需要利用专用设备从实体中采集数据。用 CMM 进行实物表面的数字化进行点云数据采集的流程如图 2-52 所示，其中每一步骤都会影响测量的效率及测量结果的精度。

以鼠标模型为例进行逆向工程数字化，实物模型如图 2-53 所示。根据测头选择原则选择测头并进行校准，采用 3-2-1 的方法建立零件坐标系。然后进行数据采集规划，数据采集规划是指确定数据采集的方法及该采集哪些数据点，其目的一是在一定采样点数目下尽可能真实地反映曲面原始形状，二是在给定一定采样点精度下选取最少的采样点。测量路径规划的任务包括：测头和测头方向的选择、测量点数的确定及其分布等。一般原则是：

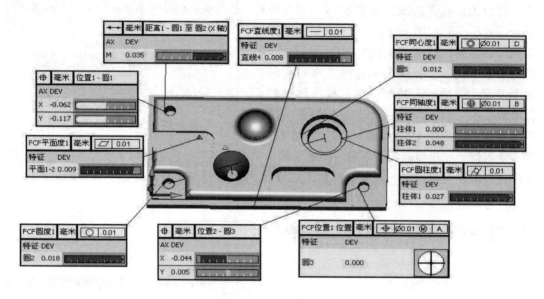

图 2-51　CAD Only_Landscape 输出的样式

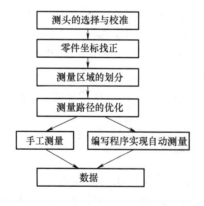

图 2-52　三坐标测量机实现数字化流程图

图 2-53　测量实物

1）顺着特征方向走，沿着法线方向采集。

2）重要部位精确多采，次要部位适当取点。

3）复杂部位密集取点，简单部位稀疏取点。

4）先采外廓数据，后采内部数据。

由于反求对象的几何形状受诸多因素的影响，所以在采集数据时，不仅应考虑形状特征，还应考虑产品形状的变化趋势。对于直线，最少采集点数为 2，要注意方向性；对于圆柱、圆锥和球，最少采集点数为 4，要注意点的分布。对平面部分，可以只测量几条扫描线即可，如螺旋锥齿轮的形位尺寸，对孔、槽等部分单独测量。对非规则形状特别是复杂自由形状，数据采集用扫描式测头、非接触式测头或组合式测头，要特别注意工件的整体特征和趋势，测点顺着特征走，法向特征扫描。离散点数据应和自由曲面的特征分布一致，即在曲率变化大的区域测量点的分布较密，在曲面曲率变化小的地方测量点的分布应较为稀疏。若产品型面由多张曲面混合而成，则必须在充分分析曲面构成的基础上，分离出多个曲面的控制点和角点，在容易出现曲面畸变的角点位置密集取样，在平滑曲面处稀疏取样。实际测量中，每个样件依据其表面曲率变化的不同，其测量区域的划分是不同的。如图 2-53 所示的鼠标模型表面的大部分曲率变化不大，但在上部有两个明显的特征凹陷处曲率变化较大。为了提高反求的精度，用手动方式测量出凹陷部分的边界，把测量区域划分成 6 个部分，如图 2-54 所示。在每一测量区域内测量点数应随曲面的曲率而定，曲率变化较大的测量区域，测量点数取得密集一些，如区域 3、5；曲率变化较小的测量区域，测量点数取得稀疏一些，如区域 1、2、4、6。

除此之外还包括测量路径的规划。在测量路径规划中，如何减少测头运转的空行程和测头的旋转，提高三坐标测量机的测量效率，是主要考虑的问题。在具体的工艺规划中，测量路径优化可分为两种情形：一种是测面的测量顺序优化，以减少测头在测面间移动的路径长度；第二种是同一测面上测点的路径优化，以减少测头在测点间移动的路径长度。在具体的工件测量规划过程中，为了防止在测量过程中发生碰撞，有时需要旋转一定的角度进行测量，测头要完成从一个方向到另一个方向的旋转。在完成旋转一系列动作中，解锁和锁定占有相当一部分时间，且这段时间在整个检测时间中所占比重也相当可观，所以在生成测头路径时要尽可能的减少测头旋转的次数。由此可见，仅仅生成最短的检测路径并不能达到测量时间最少的要求，因此在测量路径规划中，要综合考虑这些因素。如图 2-54 所示的测量区域的测量顺序为 1 →2 →3 →4 →5 →6。在每一测量区域内采取沿生长线往复扫描路径，如图 2-55 所示。进行测量规划后，用 CMM 的 DIMS 语言编制程序，完成 CMM 的自动测量。在测量过程中采用微平面法进行测头半径补偿，使测头顺着法向方向测量，以提高点云数据的精度。

在 CMM 得到实物表面数字化的点云数据后进行曲面重构。用 Geomagic 软件对点云数据进行处理，得到实物表面的曲面模型，如图 2-56 所示。

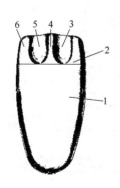  

图 2-54 测量区域规划　　　图 2-55 测量路径规划　　　图 2-56 实物表面反求结果

附表：基于 **PC-DIMS** 的三坐标检测报告

1. **CAD Only_Landscape** 输出的样式

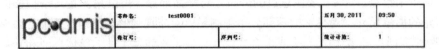

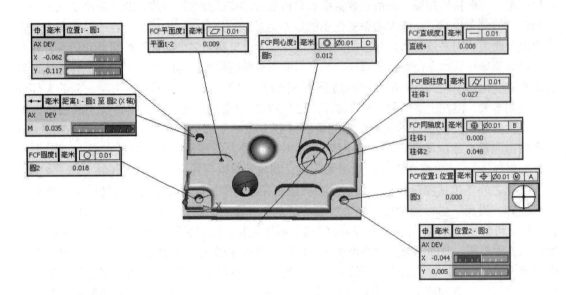

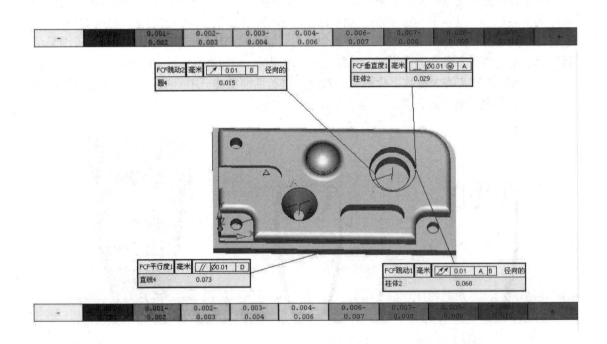

2. 检测文件的 PPAP 的输出样式

	Production Part Approval Process Dimensional Results						
Supplier:			**Part Number:**				
	<Supplier>			<Part Number>			
Inspection Facility:			**Part Name:**				
	<Inspection Facility>			test0001			
Sample Identification:			**Revision:**				
	<Identification>						
Item	**Specification**	**+Tol**	**-Tol**	**Measurement**		**OK**	**Reject**
1	15.000 (位置1-X)	0.050	0.050	14.939			⊘
2	85.000 (位置1-Y)	0.050	0.050	84.883			⊘
3	185.000 (位置2-X)	0.050	0.050	184.955		✓	
4	15.000 (位置2-Y)	0.050	0.050	15.005		✓	
5(1)	1XØ10 0.01/0.01 (FCF位置1-Size)	0.010	0.010	9.967			⊘
5(2)	⊕ Ø0.01 Ⓜ A (FCF位置1-POS)	0.010		0.000		✓	
5(3)	185.000 (FCF位置1-X)			185.000			
5(4)	15.000 (FCF位置1-Y)			15.000			
6	0.000 (距离1-M)	0.010	0.010	0.035			⊘
7	◎ Ø0.01 C (FCF同心度1-POS)	0.010		0.012			⊘
8	⊕ Ø0.01 B (FCF同轴度1-POS)	0.010		0.000		✓	
9	○ 0.01 (FCF圆度1-POS)	0.010		0.018			⊘
10	⌭ 0.01 (FCF圆柱度1-POS)	0.010		0.027			⊘
11	— 0.01 (FCF直线度1-POS)	0.010		0.008		✓	
12	▱ 0.01 (FCF平面度1-POS)	0.010		0.009		✓	
13(1)	1XØ40 0.01/0.01 (FCF垂直度1-Size)	0.010	0.010	39.960			⊘
13(2)	⊥ Ø0.01 Ⓜ A (FCF垂直度1-POS)	0.010	0.000	0.029			⊘
14	∥ Ø0.01 D (FCF平行度1-POS)	0.010	0.000	0.073			⊘
15	⌮ 0.01 A B 径向的 (FCF跳动1-POS)	0.010		0.068			⊘
16	↗ 0.01 B 径向的 (FCF跳动2-POS)	0.010		0.015			⊘

Signature:	Title:	Date:

1 / 1

"两弹一星"功勋科学家：王大珩

51

第3章

光栅式扫描测量

3.1 光栅投影三维测量技术

在对物体三维轮廓非接触式测量技术中，光学测量具有高精度、高效率、易于实现等特点，其应用前景也将日益广阔。光学测量根据测量原理分为飞行时间法、结构光法、相位法、干涉法、摄影法等等。考虑到本章主要介绍以 COMET 为代表的测量系统，以下介绍的是光栅投影相移法。

光栅投影相移法是基于光学三角原理的相位测量法。将正弦的周期性光栅图样投影到被测物表面（典型光路图如图3-1所示），形成光栅图像。由于被测物体高度分布不同，规则光栅线发生畸变，其可看作相位受到物面高度的调制而使光栅发生变形，通过解调包含物面高度信息的相位变化，最后根据光学三角原理确定出相位与物面高度的关系。

在图3-1中，投影点射出的光源在没有放置被测物体时应照射到 A 点，在 CCD 上对应的像点为 A' 点。放置被测物体后，照射到被测物体 C 点，在 CCD 上对应的像点为 B' 点，即在放置被测物体前后所拍摄的两幅图像中，对同一像

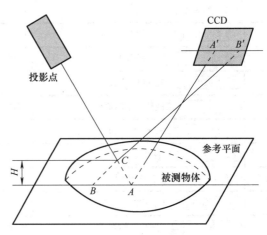

图 3-1 光栅扫描测量系统光路图

点由于物体高度的影响使得其记录的发光强度分别为参考平面上 B、A 点的发光强度。而由于投射到参考平面的光栅线呈正弦分布且周期固定，则发光强度的变化就体现在正弦函数的相位变化中，从相位变化可计算高度信息 H。

解调相位变化必须对相位进行检测。根据相位检测方法的不同，主要有莫尔轮廓术、移相法、变换法等。移相法是利用对已知相移后的被测光波多次采样获得的发光强度分布进行处理以求得相位的方法。移相法可再分为时间相移法和空间相移法，时间相移法即在时间上引入多次相位增量以解出相函数；而空间相移法则是在一个光路结构中从不同空间获得不同相位增量，可同时解出相函数，因而可用于动态测量。

光栅投影测量的特点是：适宜较大测量范围，便于实时测量，宜用于表面光滑物表面测

量，精度高，但对光栅制作要求高、难于加工、计算量大，对计算机要求高。

3.2　COMET 系统

3.2.1　COMET 系统组成

德国 Steinbichler 公司开发的 COMET 测量系统由测量头（Sensor）、控制台（Rack）、校准盘（Calibration Plate）、旋转台（Rotary Table）、Aicon 数字摄影测量系统（Photogrammetry）和支架（Optional Stand）等相关部件组成，如图 3-2 所示：

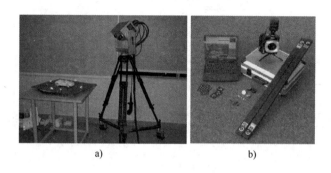

a)　　　　　　　　　　　　　b)

图 3-2　COMET 测量系统

a）Comet 光学扫描系统　b）Aicon 数字摄影测量系统

测量头（Sensor）：是一个白光投影系统，它包括一个 CCD 摄像机（Camera）和一个光栅投影仪（Projector）。

控制台（Rack）：它是这个测量系统另一个非常重要的部件，包括控制器（Comet IV Controller）和计算机（Comet IV PC）两部分。控制器（Controller）控制着系统电源供应及相关通讯。计算机装有 COMET 测量系统专用的软件 COMET plus6.50，用来对数据显示及处理。

如图 3-3 所示即为系统各部分之间的连接图。

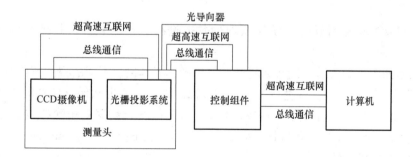

图 3-3　COMET 测量系统组成框图

校准盘（Calibration Plate）：是用来校准及标定系统的部件，针对每一个测量范围都有不同的校准盘。

系统另外还有一些辅助测量组件，如旋转台（Rotary Table）、Aicon 数字摄影测量系统

（Photogrammetry）、支架（Optional Stand）等。旋转台（Rotary Table）是将被测对象放在其上面转动，便于整体测量。Aicon 数字摄影测量系统（Photogrammetry）是在测量大型工件时，用以将工件分割成多个数据提取区域，然后由多幅图像拼接，完成测量。支架（Optional Stand）是便于固定测量头（Sensor）并方便以较好角度和距离完成测量。

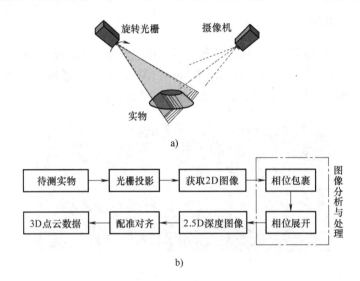

图 3-4 COMET 光栅投影测量系统

a）光栅投影及摄像系统 b）系统原理

COMET 测量系统采用的是前面所述的投影光栅相移法，其光栅投影系统及原理的示意图如图 3-4 所示。它采用单光栅旋转编码方式进行测量，在测量过程中光栅进行相位移动并自动旋转，这弥补了通常测量方法中光栅直线移动时光栅条纹方向与特征的方向平行或接近时测量数据会残缺不全的缺点，可实现对工件的边界、表面细线条特征的准确测量。而且这种编码方式不影响光栅节距，光栅条纹可以做得非常细，极大地提高了分辨率和精度。COMET 测量系统用单摄像头，消除了同步误差。在数据拼接方面，系统除了提供参考点转换拼接、联系点拼接和自由拼接方法外，还提供最终全局优化拼接，使各数据点云拼接达到全局最优化。

COMET plus6.50 是对硬件系统所获取的数据进行处理的软件，其操作界面如图 3-5 所示。

软件界面如图 3-5 所示，包括标题栏、菜单栏、工具栏、不同的视图窗口等。

在下拉菜单【File】里，可进行各种格式数据的输入、输出和保存任务等工作；在下拉菜单【Edit】里，可对当前数据进行各种处理，如优化点云数据、删除杂点、三角网格处理、点云自动预处理、全局优化拼接、撤销上一步等；在下拉菜单【Calculate】里可计算出网格面的横截面和特征线；在下拉菜单【Service】里可进行各种校准工作；在下拉菜单【View】里可定制用户界面和工具等；下拉菜单【Sensor】里的命令基本上是工具栏中的一些常用命令，如执行扫描，执行拼接等；在下拉菜单【Settings】里，可进行横截面设置、3D-Viewer 设置、拼接设置、数据预精简分析、测量头和 CCD 参数设置、测量模式设置、测量策略设置、关闭硬件等工作，也可以直接单击工具栏上面的命令同样实现操作；在下拉菜

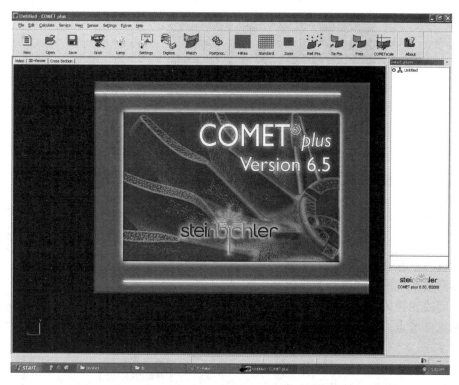

图 3-5 COMET plus 6.5 软件界面

单【Extras】里可启动 Aicon 数字摄影测量系统;【Help】下拉菜单则是关于此软件的一些帮助信息。

工具栏中则包括一些常用的命令,如文件的新建、打开和保存等,还有拼接方法设置、测量头设置、测量区域设置、开始数字化测量等命令。

视图窗口有三种:在【Video】视图中显示的是测量头所摄取的实景,用于观察测量的范围和测量的角度;在【3D-Viewer】中显示的是测量后所得到实际点云数据;在【Cross Section】中可以用某一平面去观察点云数据的横截面情况。

3.2.2 COMET 系统测量策略

为了适应于不同测量应用,COMET 测量系统中整合了参考点转换、联系点曲面拼接、自由拼接等几种用于实现产品数字化的测量策略,从而极大地提高了该系统的应用弹性和适应能力。

1. 参考点转换

当测量较大工件时,COMET 系统采用摄影测量与光栅测量相结合的方法进行测量。测量前,通常在被测物体表面贴上两种类型的参考点,一类是经过数字编号的编号参考点,另一类是没有固定编号的标志参考点,如图 3-6 所示。其中图 3-6 中上面所示是编号参考点,下面所示为标志参考点。对于编号参考点,由 Aicon 摄影测量系统来识别其在图像中的特征、中心位置和具体的编号代码;对于标志参考点则一般由光栅测量系统来识别其在图像中的特征和中心位置。

图 3-6　COMET 系统采用的参考点

摄影测量与光栅测量相结合测量法基本的工作流程如图 3-7 示。首先获取不同图像中编号参考点和标志参考点的像坐标，利用图像处理及摄影测量技术，根据不同图像之间编号参考点的像坐标来确定相机的空间变换，得到一个确定的摄影测量系统的空间坐标系；然后根据空间的变换关系对不同图像中的同一标志参考点进行匹配，得到所有标志参考点在统一坐标系下的坐标，读入 COMET 光栅测量系统作为全局定位和分片扫描数据拼接的基准点。

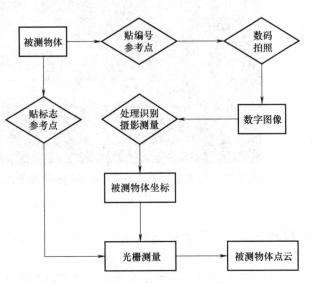

图 3-7　摄影测量与光栅测量相结合的测量流程

2. 联系点曲面拼接

所谓联系点，就是标志参考点直接通过 COMET 的光栅测量装置在对产品表面进行数字化过程中所确定的数据点。其基本的工作流程如图 3-8 所示。测量时，首先在被测物体上按照一定规则的样式布置标志参考点，在测量过程中它们将通过 COMET 系统的测量传感器决定出具体的位置，这就是联系点了。在每次采集的数据中必须至少含有 3 个参考点，也即在匹配先后采集的数据时，至少需要使用 3 个联系点。联系点用于对每次采集的数据进行位置预调整，如果调整的位置大致合理，COMET 系统将会通过自动的曲面拼接进程来计算出其准确的位置。

图 3-8　联系点曲面拼接数字化策略的测量流程

联系点用来对数据集进行粗略定位，所以该测量特别适用于工件较大、曲面结构显示不充分的场合使用。而与参考点转换的数字化策略相比较，该策略不需要使用摄影测量系统，而是直接通过 COMET 光栅测量系统来完成被测物体的测量。从空间坐标系的角度看，参考点转换策略所采集的被测物体点云位于由编号参考点所决定的摄影测量系统空间坐标系下，而联系点曲面拼接策略所采集的被测物体点云则落在 COMET 光栅测量系统的空间坐标系下。

3. 自由拼接

自由拼接指的是使用先后采集的两份含有重叠区域数据集上所包含的表面结构特征来实现数据集的匹配，所以也被称为特征点匹配。

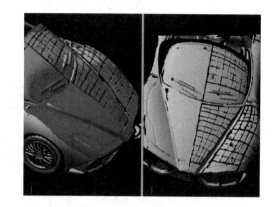

首先需要在两数据集上粗略指定一个或数个位置大致对应的点，称为点对，如图 3-9 中所示；随后，COMET 系统将会启动自动的曲面拼接进程，以其中的一个数据集为参考，将另一个数据集调整到准确的位置。

该策略特别适用于曲面结构特征丰富的小型工件，也可以作为前面两种策略的补充方案进行使用。

图 3-9　自由拼接示意图

在实际测量过程中，操作者可以根据具体情况交互使用上述测量方法以达到最佳效果。

3.2.3　COMET 测量系统的操作流程及方法

COMET 测量系统的操作流程因采用不同的拼接方法而有所不同，各种测量方法适用于不同的被测对象，针对一般对象的操作流程如图 3-10 所示。

1）着色处理。如果被扫描的模型表面反射光的能力较弱，则无法正常进行扫描。但可以通过喷施显像剂来增强模型表面的反射，使 CCD 较好地工作。显像剂的喷施以均匀且尽量薄为宜。

2）分析将要采用的测量策略并进行相应处理。首先看被测对象的外观尺寸、表面特征，如果尺寸较大或是表面特征不明显，则应贴标记点，采用参考点转换的测量策略。如果尺寸适中且特征明显，采用自由拼接即可，因为各种拼接方法的精度主要由被测对象的表面特征及尺寸决定。当然也可混合应用以上几种测量策略，提高效率及精度。

3）启动软硬件，调整测量角度及距离，设置各种参数。打开硬件电源及 COMET plus6.50，根据显示效果调整测量角度及距离，设置曝光度（Exposure Time）、亮度（Brightness），使视图既不泛红也不泛蓝，并且测距用的两红点尽量集中，并在【Quality Settings】栏中单击【Test Quality】，进行初步检测测量质量，可调整【Test Quality】中的值使杂点少且数据尽量完整。

4）开始扫描并进行相应数据处理。单击【Digitizing】开始扫描，扫描结束后即可在【3D- Viwer】中查看扫描的结果，如贴有标志参考点，则系统会自动识别并给出相应坐标，也可手动选取并编号。可以用相同的步骤执行多次扫描后，或者每次扫描后都与上一次扫描结果用相应的拼接方式进行拼接，最终将得到被测物体的完整表面数据。

5）最终数据处理并输出数据。数据处理主要在下拉菜单【Edit】里进行，如可以进行优化点云数据、删除杂点、三角网格处理、点云自动预处理、全局优化拼接、撤销上一步操作等。数据输出则在下拉菜单【File】里进行，可以用"*.cdb"格式保存当前任务，或用"*.LST"格式保存参考点信息，也可以用其他通过数据格式进行测量数据的输出，如"*.AC""*.IGS""*.STL""*.VDA""*.TXT"等格式。

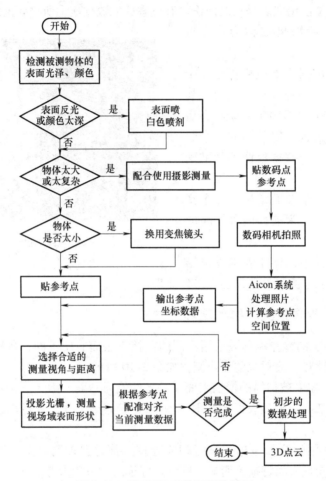

图 3-10　COMET 系统测量流程图

3.3　光栅投影扫描测量实例

此实例的被测对象为一玩具汽车的外表面，表面呈红色，细节特征较为明显。初步选择自由特征拼接的测量策略，这样也可达到较好的测量精度，所以暂不需要贴任何标记点，只需要喷射显像剂即可。

1）此玩具汽车表面为红色，不利于光的反射，对模型喷射显像剂，使模型表面呈白色。如图 3-11 所示。

2）启动计算机，打开 COMET plus6.50 软件。

3）开启扫描仪设备，在【3D-Viewer】视图中可看到有两束光源射在模型上，调节测量头和模型之间的距离及角度，使之达到较好的测量方位，并使两个亮点的距离尽量靠近，如图 3-12 所示。

图 3-11　喷射显像剂

图 3-12　3D-Viewer 视图

4）根据模型的大小，利用【standard】【zoom】等焦距设置命令来调节视野的大小，使得物体在屏幕窗口上能够大范围的显示出来。

5）单击工具栏上的【Settings】命令，出现设置窗口。调节右边的曝光度（Exposure Time）、亮度（Brightness）等设置，使得激光点亮且集中，并不出现泛红或者泛蓝。然后单击【Test Quality】命令进行质量预检测。设置好了以后单击【OK】按钮完成设置。

6）单击数字化【Digitize】按钮，开始数字化扫描并得到如图 3-13 所示的点云数据。

7）改变测量角度后，重复以上步骤，得到第二个点云据，如图 3-14 所示。

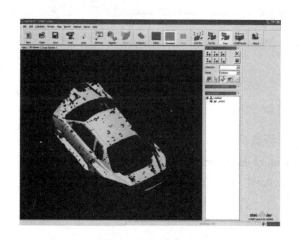

图 3-13　获得点云数据

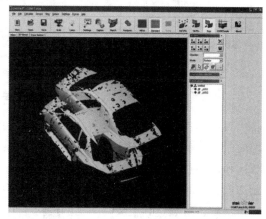

图 3-14　获得不同测量角度的点云数据

8）拼接。此模型较小且外部特征非常明显，所以采用的是自由特征拼接。先确定工具栏中的测量策略选择的是"Free Surface Matching"，再单击工具栏中的【Matching】命令，即得到如图 3-15 所示的拼接模型。

针对不同的点云数据情况，可先进行拼接设置。单击【Start matching】右边的 ⊡ 设置命令，出现图 3-16 所示的对话框。

"Subsampling for pointclouds"是指对点云采样的设置，主要影响拼接时需要的额外内存情况，但也影响算法执行的时间，通常设置为 2 到 4 之间一个数。"Maximun search distance"

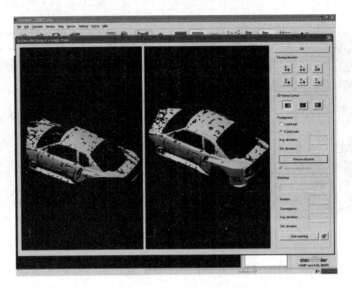

图 3-15　点云拼接对话框

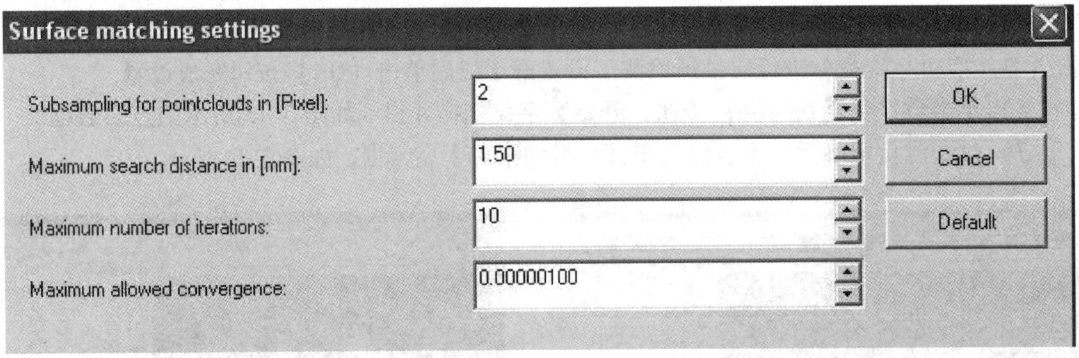

Surface matching settings		
Subsampling for pointclouds in [Pixel]:	2	OK
Maximum search distance in [mm]:	1.50	Cancel
Maximum number of iterations:	10	Default
Maximum allowed convergence:	0.00000100	

图 3-16　"拼接设置"对话框

是指点云和点云拼接时寻找的最大距离，一般选择数为 1.0～20.0，更大的值只能在拼接情况非常不理想的情况下选择。"Maximun allowed number of iterations"是指系统自动执行拼接算法执行的最大次数。"Maximun allowed convergence"是指在拼接时，如果有一片点云移动距离超过此时的设定值，那么拼接算法将再次执行，直到所有点云移动距离都不超过设定值或算法执行次数达到上限。本实例按图 3-15 设置即可。

设置好后，单击【OK】按钮返回点云拼接界面。先在左边视图中选择特征明显部位的点，然后以相同的顺序在右边选择相应部位的点，如图 3-17 所示。

需注意的是选择对应点时应在点云上尽量分布广，而且一定要是特征非常明显的部位，虽然系统不是以它们作为精确的拼接基点，但它确实影响着拼接质量，可以在右边的"Pre-alignment"对话框中看到初选对应点后的点云的偏差情况，即预调整数据，如图 3-18 所示。

一般选 3～5 对对应点即可，如图 3-19，箭头所指的是所选择的特征部位点。对应点选择完成后，单击【Start matching】命令，系统即可自行拼接，为了达到较好的效果，可多次执行【matching】命令，直至【Avg. deviation】和【Standard deviation】中的值达到最小。如图 3-20 所示。

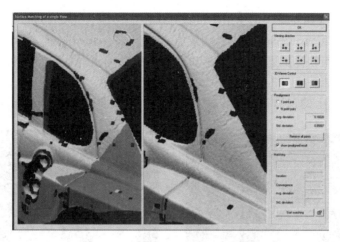

图 3-17　指定特征部位的对应点

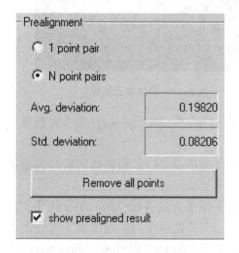

图 3-18　选对应点后的预调整数据

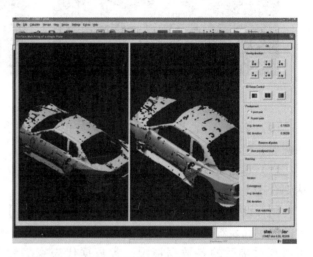

图 3-19　点云拼接设置对话框（已选对应点）

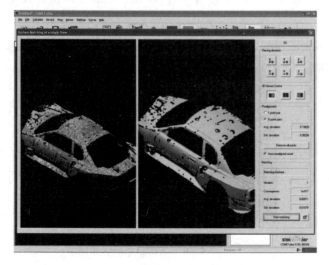

图 3-20　点云拼接对话框（拼接结果）

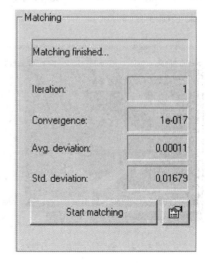

图 3-21　拼接结果数据

在图 3-21 中 "Matching" 选项组中可看到拼接的结果，"Iteration" 代表系统自动执行拼接算法的次数，"Convergence" 代表收敛值，"Avg. deviation" 和 "Std. deviation" 分别代表拼接后的平均偏差和标准差，如图 3-20 所示。然后单击【OK】按钮，即可完成此次拼接。点云拼接后的结果如图 3-22 所示。

9）不断重复以上的扫描和拼接步骤，直至得到完整点云数据，如图 3-23 所示。

图 3-22　点云拼接结果　　　　图 3-23　整体点云数据

10）删除杂点。即通过单击下拉菜单【Edit】里的【Interactive clipping】命令，删除一些明显非要求的杂点数据。

11）单击【Group Matching】进行全局的拼接优化（见图 3-24），使整体的拼接偏差值达到合理。

同样设置好拼接参数后，单击【Start matching】按钮系统自动进行全局的拼接优化，图中的颜色代表着偏差大小，颜色越鲜艳偏差越大，图 3-25 即是拼接后的结果图，在右边的可看到拼接后的各数据情况，各数据代表意义和前述是一样的，同样有 "Convergence" "Avg. deviation" 和 "Std. deviation" 等（图 3-26）。单击【OK】按钮，完成整体拼接优化。结果如图 3-27 所示。

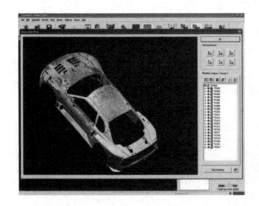 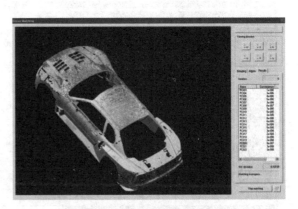

图 3-24　全局的拼接优化窗口　　　　图 3-25　全局的拼接优化结果

图 3-26　全局的拼接优化结果数据　　　图 3-27　全局的拼接优化后得到点云数据

12）单击【Edit】→【Automatic postprocessing】命令，得到如图 3-28 所示的对话框，它是对整体点云数据进行优化后处理，包括对标记点部位的优化、点云数据的合并和网格化操作，只要设置好参数后，系统自动运行，并不需要人工干预。

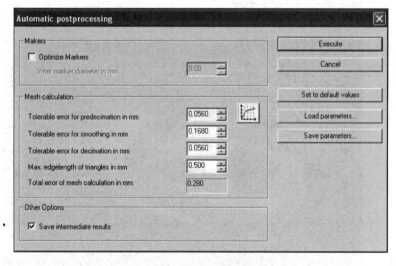

图 3-28　数据预处理对话框

如扫描时贴有标记点，则在图 3-28 的对话框中选中"Optimize Markers"复选框，系统会自动对这些缺失的数据进行优化。在本例中不需选择。【Mesh calculation】选项组中各参数代表各自处理后的数据和原数据所允许的最大偏差值。"Tolerable error for predecimation in mm"中的数值需单击其右边的分析命令才能确定，因为它确定的是各分片点云网格化后要合并到整体网格面所需要预精简的参数。单击其右边的 ╬ 命令图标，出现如图 3-29 所示的窗口。切换到合适的视角后，再按一下空格键，即可用多边形在点云上选择一小块点云数据进行分析，应尽量选在点云重叠的部位，同时若选太多，会耗很多内存。单击【Start data analysis】按钮开始进行分析。分析完毕后，"Recommended value"值会出现在右下角。单击【OK】按钮后返回到图3-28所示的对话框，"Recommended value"值也会自动赋给"Tolerable error for predecimation in mm"。"smoothing"和"decimation"分别是代表整体网格面的光滑和精简。若噪点较多，值应设置大些。此时默认即可。

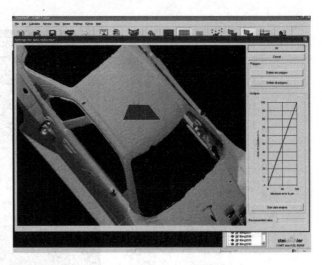

图 3-29　数据预精简对话框

　　设置完毕后，单击【Execute】命令开始优化处理，即可得到最终扫描结果。

　　13）最后以".STL"或".ASC"等格式输出点云数据，完成对玩具汽车外形的数字化扫描（图3-30）。

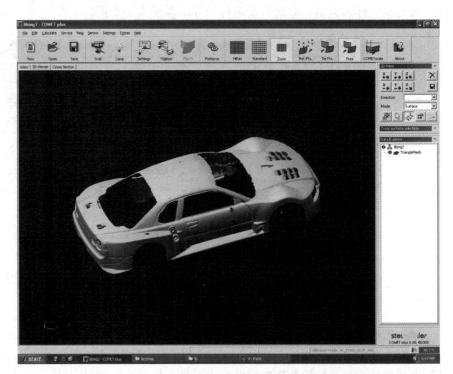

图 3-30　完整点云数据

"两弹一星"功勋
科学家：王希季

第4章

手持式激光扫描测量

4.1 手持式激光扫描测量系统

4.1.1 手持式激光扫描测量技术

在逆向工程实施进程中，实物原型的3D数字化信息即点云数据的采集是最为基础的一个关键环节。点云数据的采集直接影响到后期数字模型曲面质量、精度以及曲面成型的效率。目前，逆向工程使用的测量工具根据数据获取方式的不同分为接触方法和非接触方法两种，见表4-1。

"两弹一星"功勋
科学家：孙家栋

表4-1 逆向工程使用的测量分类

数据获取方法										
接触方法				非接触方法						
机械手	CMMS	声波	电磁	光学					声波	电磁
				三角法测量	距离	结构光	干涉	图像分析		

激光三角法测量的原理是用一束激光以某一角度聚焦在被测物体表面，然后从另一角度对物体表面上的激光光斑进行成像，物体表面激光照射点的位置高度不同，所接收散射或反射光线的角度也不同，用CCD光电探测器测出光斑像的位置，就可以计算出主光线的角度，从而计算出物体表面激光照射点的位置高度。激光三角法测量是逆向工程中采集曲面数据时运用最广泛的方法。它具有数据采集速度快、能对松软材料的表面进行数据采集、能很好地测量复杂轮廓等特点。

手持式激光扫描系统即是采用激光三角法测量的原理对物理模型的表面进行数据采集。本章使用的手持式激光扫描仪是Creaform公司的REVscan扫描仪，它是新一代的手持式激光三维扫描仪，是继三坐标测量机激光扫描系统、柔性测量关节臂的激光扫描系统之后的"第三代"三维激光扫描系统。该扫描仪无需任何关节臂的支持，只需通过数据线与普通计算机或者笔记本计算机相连接，就可以手持该扫描仪任意自由度地对待测零件、文物、汽车内饰件、鞋模、玩具等进行扫描，从而快速、准确并且无损地获得物体的整体三维数据模型，达到质量检测、现场测绘与逆向CAD造型、模拟仿真和有限元分析的目的。其特点有：

1）无需其他外部跟踪装置，如CMM、便携式测量臂等。

2）利用反射式自粘贴材料进行自定位。

3）采用便携式设计，具有质量和体积小，运输方便的特点，因而不受扫描方向、物件大小及狭窄空间的局限，可实现现场扫描。

4）扫描过程在计算机屏幕上同步呈现三维数据，边扫描边调整；通过对定位点的自动拼接，可以做到整体360°扫描一次成型，同时避免漏扫盲区。

5）直接以三角网格面的形式录入数据，由于没有使用点云重叠分层，避免了对数据模型增加噪声点；采用基于表面最优运算法则的技术，因此扫描得越多，数据获取就越精确。

6）数据输出时，自动生成高品质的STL多边形文件，可以立即读入CAD软件以及快速成型机和一些加工设备；同时兼容多种逆向软件，可以生成各种CAD格式文件。

4.1.2 手持式激光扫描测量系统的组成

以REVscan手持式激光扫描测量系统为例，它分为硬件系统和软件系统。硬件系统主要是指REVscan手持式激光扫描仪，软件系统是指与硬件系统相配套的数据处理软件VXscan。下面分别对硬件系统和软件系统进行介绍。

1. 硬件系统

REVscan手持式激光扫描仪的相关技术参数见表4-2。

表4-2　REVscan手持式激光扫描仪技术参数

重量	980g
尺寸	160mm×260mm×210mm
扫描速度	18000个测量/s
精度	75μm
ISO（CCD的感光度）	20μm + 0.2/1000L

REVscan手持式激光扫描仪实物如图4-1所示。该扫描仪的下端小圆孔为十字激光发射孔，激光由该孔中发射出；中间黑色按钮是触发器，按住此按钮系统开始接收数据；上端两个大圆孔是CCD镜头，接收反射回来的激光；每一个CCD镜头的周围是四个LED发光点，用于屏蔽周围环境光对扫描数据的影响。

REVscan手持式激光扫描测量硬件系统包括以下配件：火线PCMCIA数据采集卡、数据线、电源适配器、支撑架

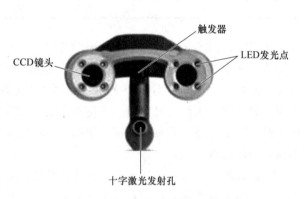

图4-1　REVscan手持式激光扫描仪

以及计算机。由以上配件和REVscan手持式激光扫描仪组配成一个完整的激光扫描硬件系统，如图4-2所示。

由于REVscan手持式激光扫描测量系统属于便携式测量系统，所以每一次使用都要按照图4-2所示进行组配。

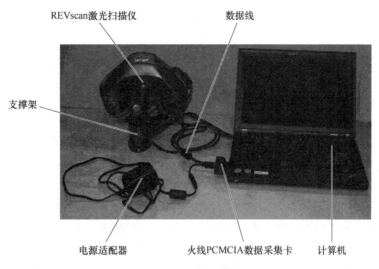

REVscan激光扫描仪　　数据线

支撑架

电源适配器　　火线PCMCIA数据采集卡　　计算机

图4-2　完整的数据采集系统

2. 软件系统

与硬件系统相配套的软件系统是 VXscan 数据处理软件。VXscan 软件可将扫描仪扫描得到的数据进行保存，并可以直观显示当前工作进度等操作。VXscan 的操作界面如图 4-3 所示。

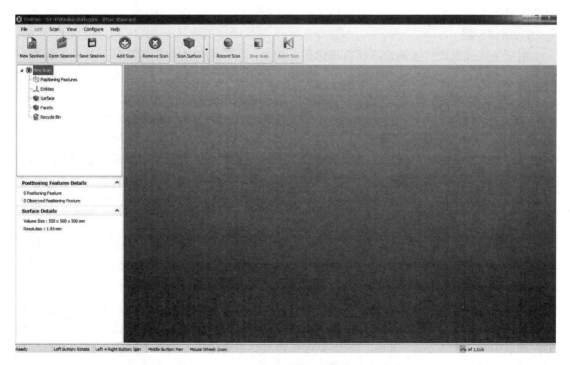

图4-3　VXscan 的操作界面

如图4-3 所示，VXscan 软件与其他软件界面类似，从上至下分别标题栏、菜单栏、工具栏、视窗以及状态栏，左边树形控制栏显示的是下拉菜单【View】下的命令，可通过单击树形控制栏内的项目直接对命令进行操作。以下对菜单栏和工具栏中命令进行说明和介绍。

在菜单下拉【File】里，可新建一个任务（Session）或者打开一个已经存在的任务，并保存文档，分别可以用 Session、Facets、定位点三种形式进行保存；在下拉菜单【Scan】里，可对当前任务进行开始扫描或者停止扫描等操作；在下拉菜单【View】里，分别可进行设置体积柱（体积柱是指软件内录入数据的虚拟空间）大小、扫描精度、平滑度、曲率衰减、自动移除孤岛以及移动体积柱等操作；在下拉菜单【Configure】里，可进行配置扫描的颜色、精度校正、测试软件以及选项配置等操作。在下拉菜单【Help】里，可显示当前VXscan 软件的版本以及帮助文档等信息。

工具栏中是一些常用命令，用户可以直接单击工具栏上面的命令实现操作而不需要通过菜单栏实现。如图4-3 所示，工具栏中从左至右的命令分别是：新建一个任务、打开一个已存在的任务、保存、添加扫描、移除扫描、扫描曲面、开始扫描、停止扫描和重新开始新的扫描。用户在使用软件的过程中，直接单击工具栏上面的命令会使操作更加快捷，可以相应地提高效率。

4.2 手持式激光扫描测量的操作流程及扫描方法

手持式激光扫描测量系统可对扫描的模型表面进行自定位，即测量系统与模型之间的相对位置可以变化，所以可一次性录入整个模型数据。以下对操作流程和扫描方法进行介绍。

1. 操作流程

由于手持式激光扫描测量系统自动化程度较高，所以操作流程较为简单，其主要的流程如下：

1）着色处理和配置颜色。如果扫描的模型是反射效果较为强烈的塑料、金属等材质，CCD 无法正确捕捉到反射回来的激光，也就无法正常进行扫描。通过喷施着色剂可增强模型表面的漫反射，使 CCD 正常工作。着色剂的喷施不可以太薄或者不均匀，因为这样会影响到最终点云数据的完整程度；着色剂的喷施不可以太厚，因为太厚不仅会覆盖掉一些细节特征处，而且会因此增大零件的外形，影响到点云数据的准确性。较好的着色方法是进行多次喷施，直到各个部位都均匀着色为止。如果扫描的模型不是反射效果强烈的材质，通过软件对颜色的配置可完成对模型的扫描。

2）贴标记点。通过在模型表面粘贴标记点的方法进行空间定位，可以实现对不同角度扫描数据的拼接。标记点表面拥有很好的反射效果，以便于扫描仪能够准确定位该点的空间位置，从而在扫描仪自身的系统空间中表达出来，并通过激光对可识别定位点之间物体表面的探测，实现物体模型转换为数字模型。但是由于系统无法识别标记点自身的表面情况，由系统自动以平面的形式填充，所以标记点不能贴在零件的特征处或曲率变化较大的位置。贴标记圆点的一般距离是 8 ~ 20cm，规则是在平面或曲率变化较小的区域贴较少的标记点，在特征处或曲率变化较大的区域贴较多的标记点。

3）组配硬件系统。按照上一节的内容对硬件系统进行组配。由于扫描仪比较轻巧，所以在组配和测量时拿住它测量比较轻松。需要注意的是，因为 REVscan 扫描仪是高精密的光学设备，所以在组配和测量过程中避免碰撞扫描仪，否则会降低扫描的精度，甚至可能损坏扫描仪。

4）启动 VXscan 软件。如果系统没有提示"没有找到扫描仪设备",则说明测量系统已正确组配。启动 VXscan 软件,并处于接收数据状态。按住触发器,十字激光发射孔发射十字激光,LED 发射红色屏蔽光。如图 4-4 所示,至少有 3 个定位点在系统的识别范围之内,系统才开始接收数据。激光从发射孔发出,由 CCD 镜头接收,并在 VXscan 软件中以直观的曲面模型的形式表现出来。

5）扫描。在进行扫描工作之前,先确定模型的大小、颜色,并对相关参数进行设置。在扫描过程中,扫描仪的激光发射器与激光"十"字照射的相应零件区域保持在 250 ~ 300mm 的距离,使扫描仪达到最佳的数据输入状态;如果两者的距离过近或过远,系统将自动提示。最佳的扫描方向为激光十字的两个相邻边的角平分线方向。如图 4-5 所示为模型正在扫描的过程当中,为了减少环境的干扰,扫描过程中,扫描仪会发出红色的屏蔽光。

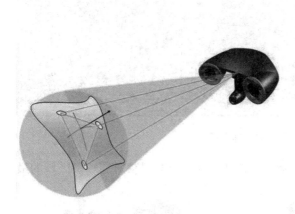

图 4-4　REVscan 扫描仪系统工作示意图

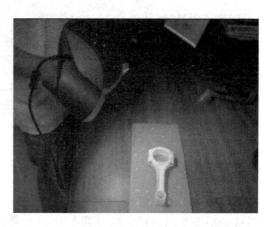

图 4-5　扫描模型

扫描时一般从曲率变化较小的面开始,当一个面扫描完转至相邻面时,必须保证至少有三个标记点在扫描范围之内,否则系统将停止输入数据。如果多次翻转至相邻面均失败,可适当增加两个面的标记点,使扫描工作顺利进行。在完成整个零件大部分的数据点后,再对细节处进行扫描。由于仪器的扫描精度和激光反馈原理的限制,对于较小的零件细节,要达到较好的扫描效果需要多角度和长时间的扫描。在扫描的过程当中,可单击鼠标右键,使用"锁定区域"功能将特定区域进行锁定扫描;使用"缩放功能"可以更仔细的观察模型的扫描状况,并可以使用"锁定视图"功能将当前模型的视图大小进行锁定,以便于扫描的同时观察模型。在如图 4-6 所示计算机上显示的参照标志点代表它们正在扫描的区域中,该区域正在被采集到计算机中。通过在计算机显示屏上的观察,可以获得点云的质量,以根据显示来判断扫描的质量是否符合要求,并且可以针对点云残缺的部分进行进一步的扫描。

6）保存文档。文档的保持分为三种形式:只保存定位点文件,即所粘贴的标记点的空间位置;保存为 *.CSF 格式可以实现阶段性测量,即可分为几次完成模型的扫描;保存为 *.STL 文件格式,即已经进行点云三角化的多边形结构形式,包含点云和线框信息,从而可以更直观地观察数字模型。

2. 扫描方法

扫描顺序是扫描方法中最基础的一环,按照一定的扫描顺序可使系统的表面最优运算法

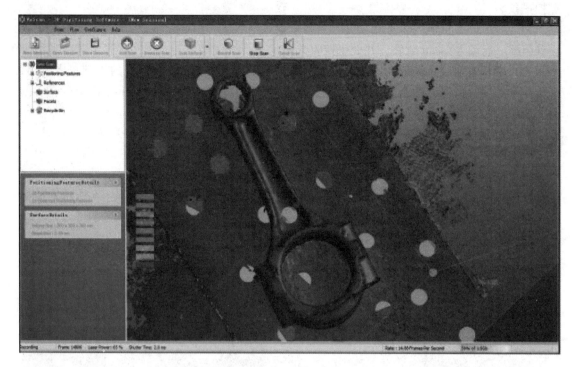

图 4-6　扫描过程中的软件界面

则发挥最佳的作用，可以因此获得最为准确的数据。图 4-7 所示是扫描仪对同一块区域的最佳扫描顺序。图中黑色指示箭头是扫描仪的扫描方向，粗的指示箭头分别是八个扫描顺序的步骤指示。

由于扫描模型的多样性，所以针对按照一般操作流程无法进行扫描的模型需要使用到辅助件或者其他工具协助完成对整个模型的扫描。以下两种类型的模型是用一般操作流程难以解决的模型：

1）模型尺寸较小。尺寸较小的模型由于不能贴足够的标记点，也就无法完成扫描仪的邻边翻转测量的过

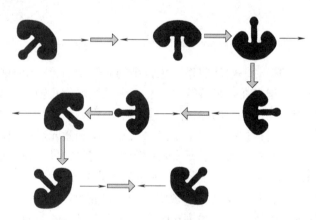

图 4-7　最佳扫描顺序

程。对于此类零件的扫描需要增加辅助工具来完成测量，比如可以通过增加一块辅助平面板来进行测量。在辅助板面上按照贴标记点的规则均匀贴满标记点，而模型本身可以不贴标记点，通过辅助板上的定位点就可以完成对小尺寸模型的测量。图 4-8 所示是汽车连杆通过添加辅助平板来完成扫描。

2）薄壁件。薄壁件由于厚度小，也就无法完成扫描仪的邻边翻转测量的过程。同样需要通过辅助工具完成翻转过程。图 4-9 所示为薄壁壳体添加辅助工具完成扫描。

图 4-8　汽车连杆与带标记点的辅助板

图 4-9　薄壁件与带标记点的辅助工具

4.3　手持式激光扫描测量实例

本节的实训案例分为两部分,一部分是对维纳斯头部工艺品的扫描;另一部分是对汽车连杆部件的扫描。第一部分的扫描工作按照一般流程即可完成,第二部分的扫描工作涉及辅助板的使用。下面分别对两种扫描方法进行介绍。

1. 维纳斯头部工艺品扫描实例

由于工艺品的外形复杂,往往使用三维光学扫描设备进行点云数据采集。按照上一节介绍的操作流程对该模型进行实际扫描操作。

1) 由于模型是石膏制品,系统默认配置的颜色是白色,而且石膏不是反射效果强烈的材质,所以不需要对模型进行着色处理和配置颜色。如需配置颜色,单击下拉菜单【Configure】→【Sensor Configuration】,可对配置参数 "Laser Power"(激光强度)和 "Shutter"(快门)进行设置,如图 4-10 所示。启动扫描仪对模型表面进行扫描,直至 "Reliable"(可靠性)超过 "Saturated"(饱和度)的 95%,就可以认为系统已经比较良好的认知该材质的颜色。系统获得该颜色的数据后,单击【Save】按钮,并将该颜色设置为当前色,单击【Apply】按钮。

2) 贴标记点。按照操作流程中说明对模型粘贴标记点。维纳斯模型粘贴标记点完毕后如图 4-11 所示。

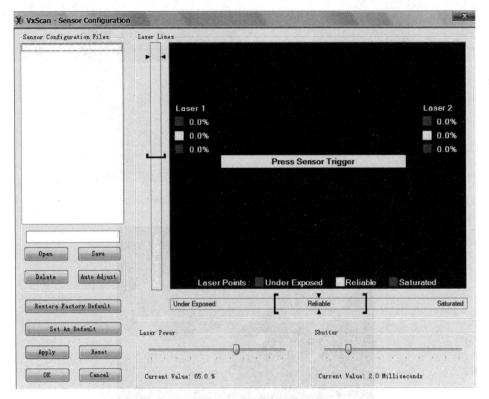

图 4-10　配置颜色界面

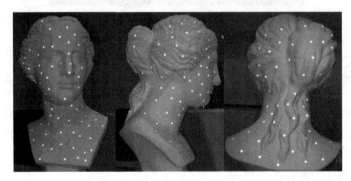

图 4-11　维纳斯模型视图

3）组配硬件系统。按照上一节的内容对硬件系统进行组配。

4）启动 VXscan 软件。双击 VXscan 图标启动软件。

5）设置所需空间大小。在软件里面设置一定的空间大小，所生成的模型数据都在空间里面显示。单击下拉菜单【View】→【Surface】命令或者单击左边树形控制栏"Surface"选项。在【Surface Parameters】选项组的"Volume Size"文本框中填入数字"600"（模型最大长度约为550mm，所设置的空间边长要大于模型三维尺寸的最大长度），"Resolution"下拉列表框选择"High：1.17mm"（软件系统根据所设置的空间大小自动配置高、中、低三种精度），完成后单击【Apply】按钮；1.17mm 是相邻点之间的距离，距离越小就能越准确表达模型表面；精度越高扫描时间就越长，所生成的点云数目就越大，反之亦然。图 4-12 所示是对空间大小进行设置。

6）模型表面质量参数设置。单击下拉菜单【View】→【Facets】命令，或者单击左边树形控制栏"Facets"选项。在"Facets Parameters"选项中，"Spike Filter"（平滑度）可以控制扫描数据的平滑程度、"Decimate Triangle"（曲率衰减）可以根据曲率控制三角形网格的大小（曲率越小，生成的三角网格越大）、"Remove Isolated Patches"（移除孤岛）可以自动删除掉扫描时产生的数据"孤岛"，拖动滑动条对选项进行程度设置。拖动"Remove Isolated Patches"至1/5处，单击【Apply】按钮。如图4-13所示。

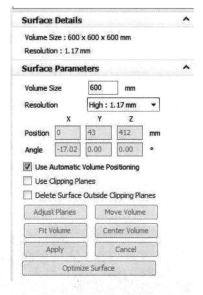

图4-12 设置空间大小

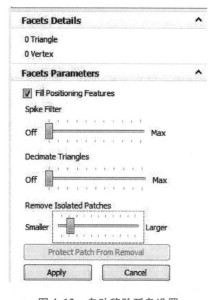

图4-13 自动移除孤岛设置

7）扫描。单击下拉菜单【Scan】→【Record Scan】命令或者单击工具栏【Record Scan】按钮，使软件处于接收数据状态，按住扫描仪的触发器使扫描仪开始扫描。扫描过程中如发现模型的部分区域在空间之外，单击【Stop Scan】暂停扫描。单击下拉菜单【View】→【Surface】命令或者单击左边树形控制栏"Surface"选项，在"Surface Parameters"选项中单击"Center Volume"使模型处在空间的中心位置；如该操作仍然无法使模型完全处于空间内，则增大空间大小或者单击【Move Volume】命令通过鼠标左键手动对空间位置进行调整。

8）保存文件。扫描完毕后，单击下拉菜单【File】→【Save Facets】命令保存文件，格式为"＊.STL"。扫描获得的维纳斯工艺品点云数据文件如图4-14所示。

2. 汽车连杆零件扫描实例

汽车连杆属于尺寸较小的扫描工件，如果使用一般的操作方法无法完成扫描工作，所以可以使用辅助板来完成

图4-14 维纳斯的点云数据文件

扫描。另外，汽车连杆沿轴线对称，所以只需完成一半的测量，再在其他的 CAD 软件中对该工件进行镜像处理即可获得完整的模型。

1）着色。连杆实物如图 4-15 所示，汽车连杆的材质为钢铁，激光不能直接对钢铁的表面进行捕捉与定位，所以要对连杆进行着色处理。着色方法参照操作流程中的着色说明。

2）贴标记点。在辅助板面上按照贴标记点的规则均匀贴满标记点，而连杆本身可以不贴标记点，通过辅助板上的定位点可以完成对于类似汽车连杆等小零件的测量，如图 4-5 所示。

3）组配硬件系统。

4）启动 VXscan 软件。

5）设置所需空间大小。操作说明参照上一实例。在【Volume Size】文本框中填入数字"200"，"Resolution"在下拉列表框选择"High：0.39mm"。

6）模型表面质量参数设置。操作说明参照上一实例。

7）扫描。操作说明参照上一实例。需要注意的是在扫描过程当中，不能改变辅助板和工件之间的相对位置，避免定位点位置发生变化而出错，无法完成扫描。

8）保存文件。操作说明参照上一实例。测量得到的汽车连杆点云数据模型如图 4-16 所示。将辅助板点云数据删除后得到的连杆点云数据模型如图 4-17 所示。将其导入其他 CAD 软件中，对点云进行镜像处理，得到完整的连杆点云数据模型，如图 4-18 所示。

图 4-15　汽车连杆实物图

图 4-16　连杆与辅助板点云数据模型

图 4-17　处理后连杆点云数据模型

图 4-18　完整的连杆点云数据模型

第 5 章

关节臂式测量

5.1 关节臂测量机简介

5.1.1 关节臂测量机定义及产品介绍

关节臂测量机的定义为：仿照人体关节结构，以角度为基准，由几根固定长度的臂通过绕互相垂直的轴线转动的关节（分别称为肩、肘和腕关节）互相连接，在最后的转轴上装有探测系统的坐标测量装置。

关节臂坐标测量机是一种新型的非正交坐标测量机，每个臂的转动轴或者与臂轴线垂直或者绕臂自身轴线转动，一般用两条横线"-"隔开的 1 组 3 位数字来分别表示肩、肘和腕的转动自由度，如图 5-1 和图 5-2 分别表示的 2-2-2、2-2-3 自由度配置的关节臂测量机。因为关节数目越多在测头末端的累积误差就越大，为了满足测量的精度要求，目前关机臂测量机一般为自由度不大于 7 的手动测量机。

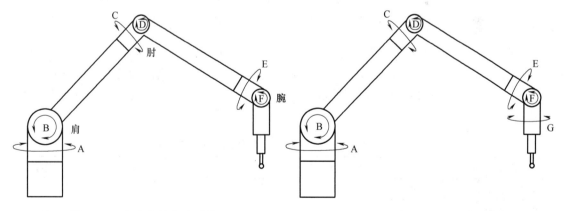

图 5-1　6 自由度关节臂测量机　　　　图 5-2　7 自由度关节臂测量机

关节臂测量机通常分为 6 自由度测量机和 7 自由度测量机两种。与 6 自由度测量机相比，7 自由度测量机在腕部末端多出一个自由度，除了可以灵活旋转使测量更为方便之外，更重要的是减轻了操作时的设备重量，从而降低了操作时的疲劳程度，主要适用于激光扫描检测。

与传统的三坐标测量机相比，关节臂坐标测量机具有体积小、重量轻、便于携带、测量灵活、测量空间大、环境适应性强、成本低等优点，被广泛应用于航空航天、汽车制造、重型机械、轨道交通、产品检具制造、零部件加工等多个领域。随着近30多年来的不断发展，该产品已经具有三坐标测量、在线检测、逆向工程、快速成型、扫描检测、弯管测量等多种功能。一般来说关节臂测量机的精度比传统的框架式三坐标测量机精度要略低，精度一般为10μm级以上，加上只能手动，所以选用时要注意应用场合。

国际上著名的生产关节臂坐标测量机的公司有美国 CimCore 公司、法国的 Romer 公司以及美国的 FARO 公司，这些公司的多款高质量产品已经在全球市场占据了极高的市场份额。另外，意大利的 COORD3 公司、德国的 ZETT MESS 公司等均研制了多种型号的关节臂坐标测量机，可用于各种规则和不规则的小型零件、箱体和汽车车身、飞机机翼机身等产品的检测和逆向工程中，并显示了强大的生命力。各公司的产品如图5-3所示。

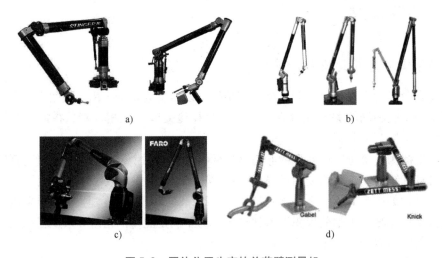

图5-3 国外公司生产的关节臂测量机

a) CimCore 公司产品　b) Romer 公司产品　c) FARO 公司产品　d) ZETT MESS 公司产品

目前，在关节臂测量机市场上主推的产品包括 CimCore 公司的 Infinite 2.0 系列测量机和 Stinger 系列测量机，以及 Romer 公司的 Sigma 系列测量机，Omega 系列测量机以及 Flex 系列测量机，FARO 公司的 Platinum 系列测量机等。Infinite 2.0 系列柔性三坐标测量机的技术参数见表5-1。

表5-1　Infinite 2.0 系列柔性三坐标测量机技术参数

规格型号/m	1.2	1.8	2.4	2.8	3.0	3.6
测量范围/m³	0.9	3	7	12	14	24
单点球测精度/μm	±4	±8	±13	±17	±31	±43
单点重复精度/μm	±10	±16	±20	±29	±34	±50
空间测量精度/μm	±15	±23	±29	±41	±50	±68
重量/kg	5.4	5.8	7.0	8.0	8.25	8.5

现在众多的关节臂测量机生产厂家采用航空标准级复合碳素纤维材料制造测量臂，使测量臂和外壳合为一体，具有热变形系数小、重量轻、硬度高和抗弯曲性强等特点。采用复合

碳素纤维制造的好处还可以减少测量机与外界接触而引起的热变形，减少灰尘的影响，同时外形看起来更加美观、小巧。

关节臂测量机选配的测头多种多样，如接触式测头（见图 5-4），可用于常规尺寸检测和数据点的采集；激光扫描测头，包括 Perceptron 公司推出的 ScanWorks V3、ScanWorks V4i、ScanWorks V5（见图 5-5），Romer 公司推出的 G-Scan 系列以及 FARO 公司推出的 ScanArm V2、ScanArm V3 系列等产品，可实现密集点云数据的采集，用于逆向工程和 CAD 对比检测；红外线弯管测头可实现弯管参数的检测，从而修正弯管机执行参数。

图 5-4　接触式测量硬测头　　　　　　图 5-5　ScanWorks V 系列激光扫描头

关节臂测量机配备接触式测头具有以下特点：重量轻，可移动性好；精度较高，测量范围大，测量死角少，对被测物体表面无特殊要求；可用测头在物体表面接触扫描测量，测量速度快；可做在线检测，适合车间使用；对外界环境要求较低，如 Romer 系列机器可在 0～46℃使用；操作简便易学；可配合激光扫描测头进行扫描和 CAD 对比检测。关节臂测量机配非接触激光扫描测头的特点有：扫描速度快，采样密度高，适用面广，对被测物体大小和重量无特别限制，适用于柔软物体扫描；操作方便灵活，扫描死角少，柔性好；对环境要求较低，抗干扰性强；特征测量和扫描测量可结合使用。

关节臂测量机配备激光扫描测头的精度较高，扫描速度较快，应用功能较为强大，因此在逆向工程和 CAD 对比检测的应用中得到了极高的市场认可，是性价比较高的一款数据采集设备。在外接触发式测头的时候，关节臂测量机可以实现三坐标测量机的功能，而在外接非接触式激光扫描测头的时候，它又实现了激光扫描仪和抄数机的全部功能。

对于一些可动的大型零件，可进行多次扫描，然后在软件中进行数据拼接；而对不便移动的超大型零件进行检测和反求时，测量软件提供了一种扩展对齐技术即蛙跳技术（Leap Frog），这种技术采用公共点进行坐标转换。借助蛙跳技术的帮助，关节臂测量机可以完全摆脱固定式测量机面临的检测尺寸无法更改的问题，实现设备多次移动，扫描数据自动拼接的功能。理论上蛙跳技术可使关节臂的测量范围扩展很大，但考虑到测量精度在每次蛙跳之后都存在累加降低，所以具体应用时要权衡被测工件尺寸公差要求来进行蛙跳对齐的实行。蛙跳技术的原理如图 5-6 所示，在机器位置 1 时完成所有测量范围内的尺寸测量后测量三个蛙跳球（A、B、C），然后移动关节臂测量机到机器位置 2（确定能测到三个蛙跳球），在机器位置 2 处进行尺寸测量之前先按同样的顺序测量这三个蛙跳球，最后在测量软件中完成蛙跳对齐。

如对汽车表面（见图 5-7）进行数字化时，一种方法就是利用蛙跳技术；另一方法是在汽车的表面上相隔一定距离粘贴一个钢球，使钢球分布在汽车表面整个区域上，多次移动关节臂测量机扫描，然后利用钢球作为特征点进行数据拼接。不过上述两种方法都存在累积误差，致使扫描结果精度不高。另外一种方法是运用接触式测量和非接触式测量相结合的方法，同样在汽车表面上贴满钢球，当关节臂在位置1的情况下，首先用接触式测头测量5个钢球的位置，然后切换成激光扫描，扫描完成关节臂在位置1所能扫描的范围；移动关节臂到位置2，但需保证能测量到第1次测量的5个钢球，用接触式测头测量包括第1次测量的5个钢球在内的更多的钢球（多测量的钢球可用于下一次机器移动时进行坐标对齐）。以关节臂在位置1测量的5个钢球的坐标值作为理论值，以关节臂在位置2测量的同样的5个钢球的坐标值作为实测值，在测量软件中应用最佳拟合建立坐标系，在此新坐标系下完成机器在位置2范围内的扫描，这样就实现了机器移动，而两次扫描数据可实现自动拼接。运用同样的原理，多次移动关节臂，直到完成整个汽车表面的扫描，这种方法的扫描精度较高。

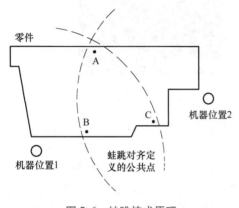

图5-6　蛙跳技术原理

图5-7　接触式和非接触式测量的结合应用

5.1.2　关节臂测量机的工作原理及系统组成

1.工作原理

一个2-2-2自由度配置的关节臂坐标测量机由基座、3个测量臂、6个活动关节和1个接触测头组成，其结构如图5-8所示。图5-8中关节1、3、5为回转关节，转动范围为0°~360°，即可以无限旋转，关节2、4、6为摆动关节，摆动范围为0°~180°。3根臂相互连接，其中第1根臂安装在稳定的基座上支撑测量机的所有部件，它只有旋转运动；另外两臂为活动臂，可在空间无限旋转和摆动，以适应测量需要。第2根臂为中间臂，主要起连接作用，第3根臂在尾端安装有测头，第1根支撑臂与第2根中间臂之间、第2根中间臂与第3根末端臂之间、第3根末端臂与测头之间均为关节式连接，可做空间回转，而每个活动关节装有相互垂直的、测量回转角的圆光栅测角传感器，可测量各个臂和测头在空间的位置。关节的回转中心和相应的活动臂构成一个极坐

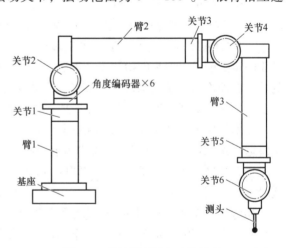

图5-8　关节臂测量机结构模型

标系统，回转角即极角由圆光栅测角传感器测量，而活动臂两端关节回转中心的距离为极坐标的极径长度，可见，该测量系统是由3个串联的极坐标系统组成。当测头与被测工件接触时，数据采集系统采集6个角度编码器信号并传给计算机，根据所建立的数学模型进行坐标变换，计算出被测点的空间三维直角坐标。

2. 关节臂测量机系统组成

本节将以 Romer Infinite 2.0 六自由度柔性关节臂测量机和 ScanWorks V4i 线结构激光扫描仪为例进行介绍，其系统组成见表5-2。

表5-2 Romer Infinite 6轴柔性关节臂测量机软硬件系统组成

序号	说　明	名　　称		规格型号
1	主机系统	1	主机	Romer Infinite 2.0 柔性关节臂测量机
		2		一体化 ZERO-G 平衡杆系统 、一体化充电式锂电池
		3		四个蛙跳基座
		4		Wi-Fi 802.11b 无线通信接口
		5		磁力底座
		6		美国国家标准局认证的长度标准尺
		7		便携式仪器箱
		8		15mm 不锈钢球硬测头
				6mm 红宝石硬测头
				3mm 红宝石硬测头
2	激光测头系统	9	V4i 增强型激光测头/V4i 控制器/连接电缆/配磁力底座的校验球/ScanWorks 版权和软件光盘	
3	计算机系统	10	计算机一台	—
4	软件系统	11	基本软件	PC-DIMS CAD（手动版）测量软件包
				WinRDS™ 软件
				ScanWorks 扫描软件（版权）
		12	GEOMAGIC 软件（自行购买）	Qualify 点云检测软件
				Studio 逆向工程软件

Romer Infinite 2.0 6轴柔性关节臂测量机是美国 Romer 公司和 CimCore 公司联合推出的新一代高精度的无线接口柔性关节臂测量系统，其外形如图5-9所示。系统配备新型的非接触激光扫描头，它既具有便携式测量系统的灵活性，更换激光扫描头又可完成曲面检测，组成一套便利的检测设备，是完成大尺寸、不便于移动、难于接近特征区域、柔性、易碎工件的理想检测方案。Romer Infinite 2.0 6轴测量系统设备主要特点如下：

1）获得专利的主轴无限旋转技术，使得它可以方便地检测其他测量手段难以触及的区域；

2）利用配备桥式测量机的 TESA 动态多线式测头，能够获得优良的测量性能。碳纤维测头可以进行测头的自动识别；

3）新型、更小尺寸、更便于把握的把手，具备 LED 工作灯和一个整合的数码相机，允许操作人员对测量的整个过程进行图形化建档；

4）新型无限旋转把手，可在肘部和前臂进行把手的旋转。提供的两个低摩擦的 Spin-Grip 转套式无限旋转把手，更加符合人体工程设计。旋转把手允许测量系统在操作者手中"游动"，能够达到最好的精度并减少操作人员的疲劳；

5）具备严格制造标准的 Heidenhain 角度编码器，根据用户的特定要求定制，提供了"宽轨迹"轴承支撑，提高了系统的性能；

6）先进的碳纤维臂身，坚固、重量轻、温度稳定性好，并提供了贯穿整个产品使用周期的长久保证；

7）提升性能、小尺寸的 Zero-G 平衡系统，减少了操作人员的疲劳，提供了在所有位置毫不费力的控制，包括中心线上下；

8）可使用 Wi-Fi 802.11b 通信接口进行无线连接，能提供 6 倍于蓝牙的传输距离和 50 倍的传输速度，允许操作者将计算机置于最为方便的位置；

9）高性能锂电池允许在没有电源的情况下进行在线检测，不需要交流电源或者电缆。采用密封电池罩避免电池箱进灰尘，以及意外的电池移动；

10）快速固定型测头保护套，用于存放系统三个备用测头，并使得测头更换安全与快速；

11）万能的底座固定装置，适用于多种类型的台面，包括更小的磁力底座设计和简便的安装方式。

ScanWorks V4i 型激光扫描头是美国 Perceptron（普赛）公司推出的高精度、高速率激光扫描头，如图 5-10 所示，其基本技术指标见表 5-3。

图 5-9　Romer Infinite 2.0 6 轴柔性关节臂测量机　　图 5-10　ScanWorks V4i 激光扫描头

表 5-3　ScanWorks V4i 型激光扫描系统技术指标

测量距离	83～187mm	扫描频率	30Hz
采样速度	23040 点/s	扫描线密度	768 点/线
波长	660nm	使用环境温度	0～45℃
扫描宽度	32～71mm	使用环境湿度	<70%
重复精度	0.02mm	测量精度	0.024mm

激光扫描系统基于常见的激光三角形法原理。激光三角法以点扫描或线扫描为主，通过

激光光源发射光线，以固定角度将光线照射到被测物体上，然后通过高精度的 CCD 镜头与光源之间的位置及投影和反射光线之间的夹角，换算出被测点所在的位置。该测量技术较稳定，不仅扫描精度较高，而且扫描速度也比较快。

ScanWorks 系列激光扫描测头的扫描速率可大大超出其他激光扫描测头的扫描速率，是完成大尺寸、复杂区域的理想测量方案，并能够产生数据点云，以完成逆向工程应用。ScanWorks 三维激光扫描系统与美国 CimCore（星科）公司已经成功合作多年，双方的技术和接口都是相互认可并标准化的。

该系统采用非接触式的激光扫描技术，通过线扫描的方式提高了数据采集率。ScanWorks V4i 激光扫描系统标准采样速率为 23040 点/s，简化复杂的测量过程。更突出的是该测头与 Romer Infinite 6 轴关节臂测量机组合后，如果不使用激光扫描头，而只使用接触式测头时，可以随时拆下激光扫描测头，再安装上接触式测头，接触式测头亦无须校准就直接可以使用，大大简化了测量的过程和准备工作。同样可以随时拆下接触式测头，再安装上激光扫描测头，激光扫描测头亦无需校准。而其他厂家的同类产品，无论在换上接触式测头或者是激光扫描测头后都需要进行复杂的校准过程才可以进行测量。

ScanWorks V4i 软件与硬件系统相配套，可将扫描仪得到的数据进行保存，并可以直观显示当前工作进度。ScanWorks 软件获得的数据点云能够同许多第三方软件产品兼容，使得测量数据信息可完成各种测量、逆向工程、CAD 比较或者其他各种应用。

在购买了 Geomagic 软件的情况下，还可以用 Geomagic 软件进行扫描，这时只需安装普赛公司提供的 Perceptron Plug-In（15.0）插件即可。用 Geomagic 软件进行扫描的好处就是相对 ScanWorks 软件扫描，Geomagic 的扫描界面非常友好，可以清楚的观察到扫描零件的效果，很容易判断哪些部位还需扫描，直到得到满意的效果。此外可以直接对扫描的点云数据进行处理，尽快得到想要的结果。不过在扫描过程中需同时打开 ScanWorks 软件，Perceptron Plug-In（15.0）插件的功能在于使得 Geomagic 软件可以调用 ScanWorks 软件进行扫描，整个扫描过程其实是利用 ScanWorks 软件进行扫描的，只是在 Geomagic 软件中显示而已。

关节臂接触式测量可选用的软件有 ARCO CAD、CAPPS（Computer Aided Part Programming System）、RST-Inspector、Measure、PC-DMIS CAD 等。因 PC-DMIS CAD 软件是具备强大 CAD 功能的通用计量与检测软件，为几何量测量的需要提供了完美的解决方案，从简单的箱体类零件一直到复杂的轮廓和曲面，PC-DMIS CAD 软件可帮助用户完成零件检测程序编程，测量程序初始化设定以及执行检测程序，使用户的测量过程始终以高速、高效率和高精度进行。通过可定制的、直观的简捷图形用户界面，引导使用者进行零件编程、参数设置和工件检测。同时，利用其一体化的图形功能，能够将检测数据生成可视化的图形报告，增加了报告格式和数据处理的灵活性，加上各种统计分析功能，可满足生产控制的需要。在众多测量和检测软件的计量应用中，PC-DMIS CAD 软件提供了非常完善的一体化解决方案。

5.2 关节臂测量机的操作流程

5.2.1 基于关节臂激光扫描的操作流程

配备激光扫描头的关节臂式测量机 Infinite 系统可快速高密度地对各种特殊形状的物体

进行表面数据采集,对柔软物体(如纸和橡胶制品等)也可方便采集,具有采集死角少、柔性好等优点。本节以本书将要介绍的 Geomagic Qualify 软件的扫描方法进行讲解。

1)物件的表面处理和着色。产品在数据采集之前需要进行表面处理,清理干净所有要进行数据采集的表面,这样才能得到高精度有用的数据信息。原则上 ScanWorks 扫描系统对模型没有着色要求,但是如果扫描的模型是反射效果较为强烈的塑料、金属等材质,CCD无法正确捕捉到反射回来的激光,无法正常进行扫描,特别是曲率变化较大的部位,更容易丢失数据。扫描时可以通过喷施着色剂来增强模型表面的漫反射,使 CCD 正常工作。ScanWorks 采用的是 660nm 的线光源,过强的环境光对测量会有一定的影响。实验中采用 DPT-5着色渗透探伤型显影剂对产品进行均匀喷涂,如此处理会得到模型细节完整的数据。产品要用适当的夹具或水平平台支撑在一个合适的位置,保证所有关节没有处于极限状态,产品的所有特征都可以被激光扫描到,这样才能使测量效果达到最佳。对于一些大型零件,不能一次性完成扫描时,可通过多次扫描,然后在软件中进行数据拼接。

2)连接测量系统。将测量机主体安装在磁力底座或者固定架上,按照系统连接规范,用各种数据线(机器与电源连线、机器与控制器连线、机器与计算机连线、控制器与计算机连线、控制器与电源连接)将机器设备、计算机、控制器连接起来,如图 5-11 所示。各种数据线的接头和连接顺序要按照设备提供方的规范完成。连接完成后检查各种数据线,启动控制器、主机电源开关,再启动计算机和相关程序。启动数据盒

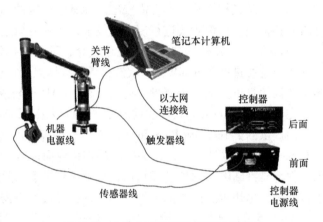

图 5-11 6 轴关节臂测量机连接示意图

开关进行预热后,当激光头开关旁边的"ready"指示灯亮,就可以启动激光头开关,进入初始化阶段。

3)关节臂的初始化。从"开始"→"程序"→"ScanWorks"或双击桌面对应图标,启动扫描程序,弹出关节臂测量机初始化界面,如图 5-12 所示,设备将进行整个系统的连接和初始化工作,从设备主机到各个关节的连接检测,检测 6 个关节的响应,保证数据传输正常。如果需要对激光扫描头进行校准,单击下拉菜单里【Setup】→【Calibration】命令,弹出扫描头校准界面,如图 5-13 所示,按照球校准的方法完成 ScanWorks V4i激光扫描头校准工作,扫描头具体校准方法请详见关节臂测量机操作规范。一般建议一至两个月校准一次扫描头,如果发现点云质量不好时需立即校准激光扫描头。

然后对扫描界面进行设置,如背景颜色设置、(采集过程中)激光扫描线颜色

图 5-12 ScanWorks 关节臂初始化界面

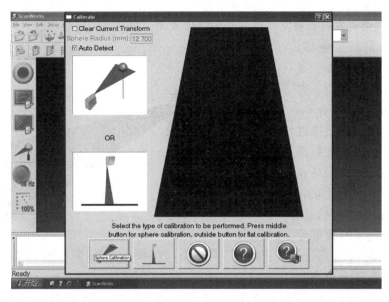

图 5-13　激光扫描头校准界面

设置、（采集之后）激光扫描线颜色设置、拾取点颜色、阴影颜色、点云显示百分比数、曝光参数、扫描点距、单位设置等。这些设置在 Geomagic Qualify 软件扫描过程中将会生效。

4）启动 Geomagic Qualify 软件进行数据采集。从"开始"→"程序"→"Geomagic Qualify"或者双击桌面图标运行 Geomagic Qualify 软件，然后单击下拉菜单里【硬件】→【Perceptron Plug-In（15.0）扫描】→【激光捕获】→【开始捕捉】命令（在安装 Perceptron Plug-In 插件后 Geomagic 软件中会自动出现【硬件】这一菜单），如图 5-14 圆圈中图标所示。此时会弹出扫描距离探测显示图标，再按动手持部位的红色按钮开始扫描，其他参数设置一般保持默认值。

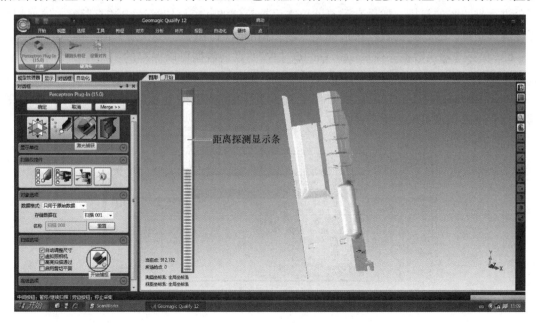

图 5-14　Geomagic Qualify 软件扫描界面

5）扫描数据。把模型放在可扫描范围之内，在扫描过程中不能移动物体，按下手持部位的红色按钮，激光发射器将发出线激光到物体表面，激光返回到接收器，通过关节臂数据传感器传输数据到控制器，然后传输到计算机界面，显示扫描的动态实时过程。如图 5-15 所示为 Perceptron V4i 激光参数示意图。在扫描过程中，关节臂的激光发射器与相应零件区域距离保持在 150 mm 左右，这样激光接收器才能更好的接收激光信息，使测量机达到最佳的数据传输状态。两者距离的远近，可通过距离探测显示和声音

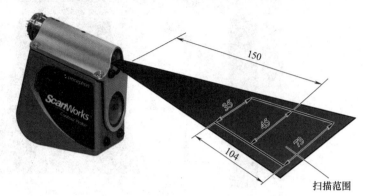

图 5-15　Perceptron　V4i 激光参数示意图

来提示来判断。距离较远，发出的声音频率较高，声音会比较尖锐刺耳；距离较近时，声音频率低，声音比较低沉浑浊；距离合适时，发出的声音则比较清脆悦耳。因此可以根据距离探测显示条位置和扫描时发出的声音来调整激光头和物体表面的距离，以得到最佳的扫描效果，一般绿色指示条显示在 1/2～2/3 位置为佳。

扫描数据时一般遵循的原则：沿着特征线走，沿着法线方向扫。从曲率变化较小的面开始，扫描完一个面再转至相邻面。在完成整个零件大部分的数据点后，可以暂停扫描或者停止扫描（手持部位的红色按钮：开始/暂停/继续扫描；白色按钮：停止扫描），在软件界面动态转动数据，从各个方位翻转扫描数据，通过对软件界面显示屏上的观察，检查纰漏后对细节处进行补充扫描；根据显示来判断扫描的质量是否符合要求，并且可以针对点云残缺的部分进行进一步的扫描，如果有需要就单击手持部位的红色按钮继续扫描或者单击追加扫描图标继续扫描，所得到的数据将追加到先前扫描的数据当中。

6）保存并输出数据。Geomagic Qualify 扫描的点云数据可以保存的类型如图 5-16 所示。其中"wrp"是 Geomagic 自带的一种文件格式，此格式可以保存点云阶段、多边形阶段以及 Geomagic Studio 软件中经过的形状阶段处理或者 Fashion 阶段处理等各个阶段的数据文件；其他保存格式类型可以根据需要选取。

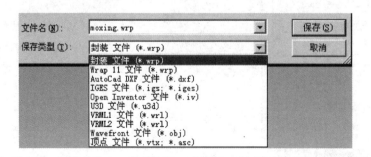

图 5-16　Geomagic Qualify 扫描点云保存类型

5.2.2　基于关节臂接触式测头的检测流程

本节选用 PC-DIMS CAD 软件作为软件平台，介绍关节臂接触式检测的流程。PC-DMIS CAD 是世界上最多用户选择的专业计量与检测软件，它是众多关节臂测量机的最佳配置，使得现场检测成为一件容易的事情。它可以快速生成新的检测程序并提供客户定制的检测报告。PC-DMIS 可以兼容绝大多数 CAD 软件，通过 CAD 模型可以加快测量编程的效率，并有助于提高测量精度。关节臂接触式工件检测流程如下：

1）固定好机器。若机器置于金属的工作台上，建议选用磁力底座（见图 5-17a），也可使用卡钳进行固定（见图 5-17b）；如为非金属工作台，建议使用卡钳进行固定；而在工厂现场测量建议采用三角架固定方式（见图 5-17c）。

2）选择测头、系统连接。关节臂测量机选配的测头可有触发式测头和硬测头等，根据被测实体零件的特征，选用不同直径的测头；检查机器电源是否稳定与接地，以确保机器电源稳定且处于接地状态，如果没有接地，联系相应的电气工程人员处理。Romer Infinite 6 轴测量系统配备接触

a)　　　　　　　b)　　　　　c)

图 5-17　机器固定方式

a) 磁力底座　b) 卡钳　c) 三角架

式测头时，只需连接如图 5-11 所示的关节臂线和机器电源线；如果使用 Wi-Fi 无线连接传输数据时，只需连接机器电源即可，Wi-Fi 无线连接只有在关节臂线没连接的情况下才能使用。因为此时不会用到控制器，所以其他线无需连接；PC-DIMS CAD 工件检测需传输的数据量很小，使用 Wi-Fi 无线连接，使检测、测量变的极为轻松便捷。但使用非接触式激光扫描头进行扫描时，所传输的数据量很大，Wi-Fi 无线连接无法满足大数据量传输要求，所以扫描时不能使用 Wi-Fi 无线连接，只能使用关节臂线连接。

3）固定好工件，确保在机器的有效范围内能一次性完成工件检测或测量（如果要做蛙跳请规划好）。

4）图样分析。首先通过分析确定测量基准，以此来建立坐标系以及作为评价尺寸公差和几何公差的基准，然后确定需要被测量和评价的元素。

5）开启机器电源开关，对机器进行复位。如果需要对机器进行精度校验的情况，从"开始"→"程序"→"CimCore"→"WinRDS"→"CimCore Arm Utilities" 或者单击桌面对应图标运行关节臂初始化程序，设备将进行整个系统的连接和初始化工作，从设备主机到各个关节的连接检测，检测 6 个关节的响应，保证数据传输正常，并完成机器精度校验的工作，如图 5-18 所示。当不小心摔碰了机器时就需要重新校验机器精度，机器精度校验方法详见关节臂测量机操作规范。在不需校验机器精度的情况下，只需双击 PC-DIMS CAD 联机软件，就会弹出关节臂测量机初始化界面，如图 5-19 所示。

6）建立零件坐标系。在测量中，正确地建坐标系，与使用精确的测量机，校验好的测头一样重要。由于工件的图样都是有设计基准的，所有尺寸都是与设计基准相关的，要得到一个正确的检测报告，就必须建立零件坐标系。同时在批量工件的检测过程中，因建立的坐标系对所有的零件都适用，所以只需建立一次坐标系即可，从而可提高检测的效率。

图 5-18　关节臂精度校验初始化界面

图 5-19　基于 PC-DIMS CAD 的关节臂初始化界面

在未建立零件坐标系前，所采集的每一个特征元素的坐标值都是在机器坐标系（MCS）下，通过一系列计算，将机器坐标系下的数值转化为相对于工件检测基准的过程称为建立零件坐标系（PCS）。

PC-DMIS CAD 软件建立零件坐标系有 3 种方法："3-2-1"法、迭代法、最佳拟合法。"3-2-1"法主要应用于 PCS 的原点在工件本身、机器的行程范围内能找到的工件，是一种通用方法，"面、线、点"法是它的一种典型方法。迭代法建立零件坐标系主要应用于 PCS 的原点不在工件本身、或无法找到相应的基准元素（如面、孔、线等）来确定轴向或原点，多为曲面类零件（如汽车、飞机的配件，这类零件的坐标系多在车身或机身上）；当创建坐标系的特征并非平面、直线等规则特征而是曲面时，第 2 个可以使用的建立基准的方法是最佳拟合法建立坐标系，尽管其精度不如迭代法高，但却是一个工件与数模快速对齐的好方法。"3-2-1"法无论是通用性还是实用性都较强，下面对"3-2-1"法建立零件坐标系进行讲解。

典型的"3-2-1"法建立坐标系有 3 步：用平面的法矢量确定第一轴向；用直线的矢量确定第二轴向；用面、线、点确定三个轴向的原点。没有 CAD 模型情况下，根据零件设计基准建立零件坐标系；有 CAD 模型情况下，建立和 CAD 模型完全相同的坐标系，需单击 CAD = PART，使模型和零件实际摆放位置重合。具体建立步骤请参考后面检测实例。

建好的坐标系，需验证坐标系原点，方法为将测头移动到 PCS 的原点处，查看 PC-DMIS CAD 界面右下角 X、Y、Z（或者打开测头读出器窗口：Ctrl + W）三轴坐标值，若三轴坐标值近似为零，则证明原点正确，如图 5-20 所示。

"3-2-1"建立坐标系还可以引申分为 3 个平面；1 个平面、2 个圆；1 个平面、2 条直线；1 个平面、1 条直线、1 个点；3 条直线；1 个圆柱、2 个圆（球）等。

7）进行检测项目元素的测量。根据对图样的分析，确定测量基准和需要测量的元素进行测量。项目元素的测量需要用到的工具有测定特征工具条、自动特征工具条和构造特征工具条，详细介绍请参考第 2 章。

在使用测定特征工具条时，测量二维元素，比如圆、矩形、圆槽、直线等时必须指定工作平面或投影平面，如果没有指定的话，那会默认为 Z 正方向为工作平面。工作平面就是测量二维元素时投影的方向，但不会把元素生成到工作平面上；投影平面就是测量二维元素时投影的方向，且会把元素投影到平面上。

图 5-20　验证坐标系原点

在有理论值或者是有 CAD 数模的情况下可以使用自动测量，这时候可以实现测量点实时跟数模的点做比较；自动测量时注意投影平面的选择，如果不选择则需要测样例点确定投影平面。

构造特征就是用测定特征和自动特征测量的元素构造出新的特征，这样可方便下一步的尺寸评价。

8）根据上一步测量的基准和测量的元素进行尺寸公差、几何公差评价。

9）输出检测报告。检测报告是 PC-DIMS CAD 在评价尺寸后输出的一个检测结果，单击下拉菜单里【视图】→【报告窗口】命令，这时 PC-DIMS CAD 会显示报告窗口如图 5-21 所示。图 5-21 中右边框标记为报告格式工具栏，可选的输出布局格式有 TextOnly、TextAnd-CAD、CADOnly、PPAP 格式。这些格式都是标准报告布局格式，可选择其中的任何一种格式作为默认的输出格式，通过单击报告格式工具栏上不同的图标很容易更改当前报告布局。

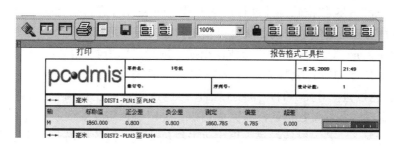

图 5-21　PC-DIMS CAD 报告窗口

然后设置检测报告文件输出路径。单击下拉菜单中【文件】→【打印】→【报告打印设置】命令，这时弹出如图 5-22 所示的对话框。通过此对话框可以设置检测报告的输出目标。可以将其发送到文件、打印机或作为 DMIS 文件输出，或三种方式任意组合。当选择发送到文件时又有 Word 文档格式（RTF）和可移植文档格式（PDF）可选。

做完以上设置后，单击【确定】按钮，再点击图 5-21 报告窗口中的左边打印图标即可根据前面的设置输出或者打印出检测报告。

图 5-22　检测报告输出设置

5.3 关节臂测量机的检测实例

5.3.1 关节臂测量机激光扫描实例

本节选用的实例对象为一空调中隔板（见图 5-23），根据前面介绍的操作流程，应用 Geomagic Qualify 软件进行数据采集。

由于空调中隔板属于自由形面产品，外形比较复杂，尺寸较大，选用 Infinite 关节臂激光扫描设备进行数据采集。按照前面所介绍的操作流程对该模型进行数据采集操作。

1）由于模型是金属制品，表面呈现银灰色，光洁度较好，可以采用系统默认配置，但某些部位有一定的反射效果，可以对模型进行着色处理和配置颜色。

图 5-23　空调中隔板模型

2）连接扫描设备并启动 Infinite 硬件系统、按照 5.2.1 节介绍的方法对硬件系统进行组配。用专用数据线将各个部件连接起来，检查各接口连接线路是否正确，确定连线无误后启动各硬件（主机、数据盒、计算机）开关，数据盒预热后，"Ready"按钮提示灯闪亮后开启激光器开关。

3）启动 ScanWorks 扫描软件并进行数据扫描，对关节臂进行初始化，转动各个关节直到所有的关节都有正常的响应，初始化好可实施扫描的设备环境。

4）启动 Geomagic Qualify 软件进行数据扫描。按照"顺着特征线走，沿着法线方向扫"的原则，从各个角度和方位完成对数据的扫描。一般来说，期间需要暂停或者停止扫描（手持部位的红色按钮：开始/暂停/继续扫描；白色按钮：停止扫描），以观察扫描点云质量如何，同时观察哪些部位数据还没有完成扫描，决定是否需要继续或者追加扫描数据。按下暂停按钮的情况下，若需继续扫描，再次单击红色按钮，继续扫描；若单击手持部位的白色按钮则为停止扫描，要想接上次数据追加扫描，则需再次单击软件上的"开始捕捉"图标，如图 5-14 中图标所示，然后单击手持部位红色按钮，开始扫描，扫描的数据追加到上次扫描的数据中，直到获得比较满意的扫描数据结束扫描。复杂的大型零件一般不能一次完成数据的扫描，可以转换零件，从多个角度来完成数据的采集，然后再使用专业的软件进行数据注册，拼接成一个完整的模型数据。如图 5-24 所示为正在扫描模型的过程中，对此模型分两次扫描，然后进行数据拼接；另外利用蛙跳技术的帮助，也

图 5-24　模型扫描过程

可完成复杂的大型零件的扫描。

5）结束数据扫描后，一般可以看到扫描过程中会把模型以外的数据也扫描进来，需要进行初步处理，对于多余的体外数据采用指定范围的删除操作，如图 5-25 所示为分两次扫描的数据。如图 5- 26 所示为在

图 5-25　两次扫描数据

Geomagic Qualify 软件中完成两片点云数据拼接，全局注册、删除多余数据的完整点云数据。使用 Geomagic Qualify 对点云数据进行处理的过程将在后续章节里进行详细地介绍。

6）保存文件。扫描完毕后，根据用户需要将点云保存成各种数据格式，可以保存的格式如图 5-16 所示，一般扫描的点云数据直接就在 Geomagic 软件中处理，保存为 wrp 格式即可。如图 5-27 所示为在 Geomagic Qualify 软件中封装为多边形的数据模型。若在 Geomagic Studio 软件中经过形状阶段处理或者 Fashion 阶段处理，可保存为 iges 或者 step 格式文件，以便导入其他建模软件中进行进一步的处理。

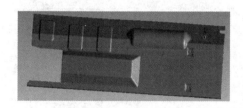

图 5-26　注册后完整数据　　　　　图 5-27　空调中隔板多边形数据模型

5.3.2　基于 PC-DIMS CAD 的关节臂零件检测实例

本节介绍的零件实例选用经典的青岛海克斯康公司教学模型，如图 5-28 所示。本节的任务是在 PC-DIMS CAD 软件的"手动模式"下，用测定特征工具条测量平面 1、直线 1、直线 2 作为建立坐标系的基准，应用"3-2-1"法建立零件坐标系；然后把测量模式切换到"自动模式"，用自动特征工具条测量圆 1、2、3、4、5 和圆柱体 1、2，软件自动生成测量程序，得出上述特征的理论值，再选中自动生成的测量程序，单击鼠标右键，选择"执行块"，运行自动生成的测量程序，这时软件会弹出对话框，要求用户手动测量上述特征，得到特征的实测值。接下来用测得的圆 1、2、3、4 构造出一个新的圆 6，以圆 5 为基准，评价圆 6 相对圆 5 的同心度；以圆柱体 2 为基准，评价圆柱体 1 相对圆柱体 2 的同轴度；手动测量平面 2，以平面 1 为基准，评价平面 2 相对平面 1 的平行度，以圆 1、圆 2 的圆心最佳拟合构造直线 3，圆 2、圆 3 的圆心最佳拟合构造直线 4，以直线 3 为基准，评价直线 4 相对直线 3 的垂直度。

需要强调的是"3-2-1"法建立零件坐标系的工作原理与工件有无 CAD 模型是没有任何关系的。对于有 CAD 模型的工件，要求建立的工件坐标系须与 CAD 的坐标系相同，所以在建立零件坐标系之前，必须很清楚 CAD 模型坐标系是如何建立的，即建模时的坐标系。建立坐标系的关键是要将 CAD 模型的特征与零件实体本身的特征元素统一起来，建立统一的

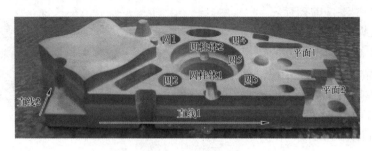

图 5-28 检测模型

基准，以此来简化工件的测量过程。具体的操作流程如下：

1）固定机器，选用 3mm 的红宝石硬测头，按 5.2.1 节介绍的方法连接好机器，接通电源，固定工件，打开 PC- DMIS CAD 联机软件对机器进行初始化。

2）新建程序，零件名可以根据零件的特征来命名，这里简单命名零件名为"1"；序列号为工厂批量生产同类零件的编号，修订号为某个零件的修订次数，本文不涉及批量零件的检测，修订号和序列号可以不填；选择"毫米"为测量单位，单击【确定】按钮，完成程序新建。如图 5-29 所示。

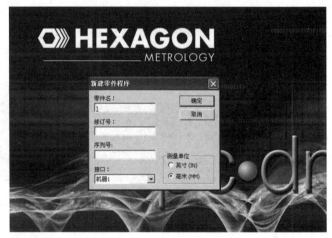

图 5-29 新建零件检测程序

3）导入数模，在有 CAD 数模的情况下才执行这步。单击下拉菜单中【文件】→【导入】→【IGES】命令，从放置数模的文件夹下选择"HEXBLOCK_WIREFRAME_SURFACE. igs"，单击【导入】→【处理】命令，单击【确定】按钮，然后对线框模型实体化，最终导入的模型如图 5-30 所示。

4）坐标系的建立

① 定义"Z"轴：在"手动模式"下，先用测头测量基准面，如图 5-28 所示中的平面 1，然后建立坐标系（只建 Z 轴），单击下拉菜单中【插入】→【坐标系】→【新建】命令（快捷键：Ctrl + Alt + A）弹出【坐标系功能】对话框，选择对话框中的"平面 1"，选择"Z 正"，然后单击【找正】按钮，最后单击【确定】按钮（见图 5-31），此步的目的是利用平面 1 的法矢量作为 Z 轴的正方向。

② 定义"X"轴：用测头测量生成两条直线，直线 1 和直线 2，建立坐标系（只建 X 轴），单击下拉菜单中【插入】→【坐标系】→【新建】。在对话框中选择直线 1，【旋转到】下拉列表框选择"X 正"，【围绕】下拉列表框选择"Z 正"，使得定义过程中 X 轴与 Z 轴垂直并可围绕其旋转，同时注意 X 轴方向的选择和直线 1 矢量方向的关系（PC-DIMS CAD 软件中直线的矢量方向定义为测量起始点指向测量终止点），单击【旋转】按钮，这样就确定了

X 轴的正方向（见图 5-32）。

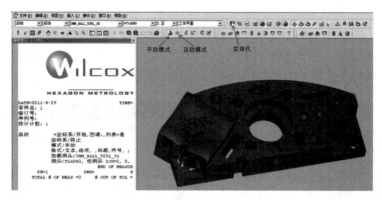

图 5-30　数模的导入

图 5-31　定义 Z 轴图

图 5-32　定义 X 轴

③ 定义坐标原点：从导入的 CAD 模型中可看出直线 1 和直线 2 分别确定坐标系 Y 轴、X 轴的原点，Z 轴的原点是由平面 1 确定。因此，依次设定平面 1 的位置作为 Z 轴的原点，直线 1 的位置作为 Y 轴的原点，直线 2 的位置作为 X 轴的原点，如图 5-33a ~ c 所示。坐标系建立的最后一步不要忘记单击【CAD = 工件】按钮，使零件坐标系和 CAD 数模坐标系统一，以此来简化工件的测量过程。

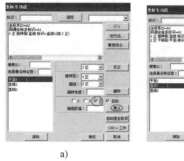
a)

b)

c)

图 5-33　定义原点

a）确定 Z 轴原点　b）确定 Y 轴原点　c）确定 X 轴原点

5）基本元素的测量。在软件界面，把测量模式切换成"自动测量"模式，用自动特征功能在 CAD 模型上分别测量圆 1、圆 2、圆 3、圆 4、圆 5 和圆柱体 1、圆柱体 2、平面 2，得出上述特征的理论值，然后选择自动测量生成的程序，单击鼠标右键，选择【执行块】命令，如图 5-34 所示，根据弹出【执行模式选项】对话框的提示依次手动测量上述特征（见图 5-35），得到上述特征的实测值，最终测量的结果如图 5-36 所示。

图 5-34　选择自动测量生成的程序　　　　图 5-35　按提示执行手动测量

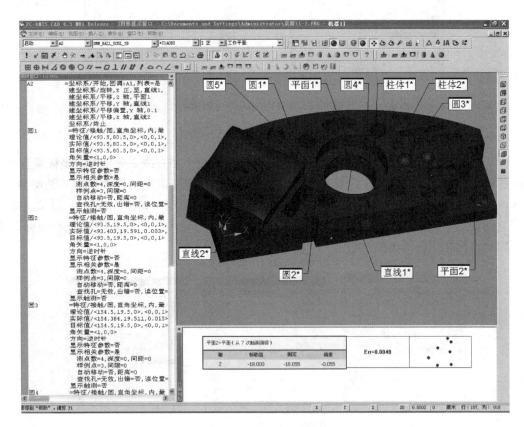

图 5-36　最终测量结果

6）尺寸评价。本实例用到的尺寸评价功能有"位置""同心度""同轴度""平行度"和"垂直度"。对于零件上的每一特征对象，一般图样上都给出了尺寸公差和几何公差，尺寸公差就是某特征单一尺寸的允许变化范围，它给出了一个尺寸合格的条件；而几何公差约束了零件某一对象的形状和位置误差，比如平面的平整度（平面度）、两个平面的垂直度等。

尺寸公差和几何公差共同影响零件的装配，仅仅尺寸合格，形状误差大，照样不能用，比如一个轴，直径合格，但弯曲很厉害（直线度不合格）照样安装不上去，不能使用。

首先，给出圆 1 到圆 5 的位置评价过程，单击下拉菜单中【插入】→【尺寸】→【位置】命令或者单击尺寸工具条上相应的快捷图标，在【特征位置】对话框中选择圆 1、圆 2、圆 3、圆 4、圆 5，如图 5-37 所示，【坐标轴】复选框选择所需评价的轴。默认情况下将选中【自动】复选框。如果选中【自动】复选框，PC-DMIS CAD 将自动确定在尺寸中显示的默认轴。默认轴依特征类型而定，见表 5-4。例如圆，对其中心点坐标的 X、Y 值以及直径进行位置评价；而对于球体默认会对其中心点坐标的 X、Y、Z 值和直径进行位置评价。

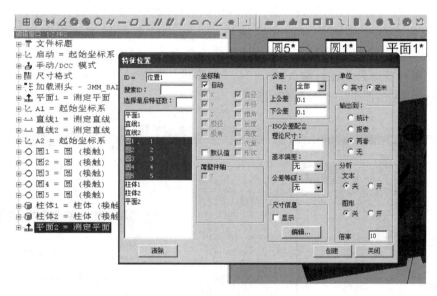

图 5-37 评价特征的位置

表 5-4 特征的位置评价默认输出格式

圆	圆心坐标 (X, Y)，圆的直径 D（基于工作平面）
圆锥	圆锥上底面中心坐标 (X, Y, Z)，锥角 A，高度 L
圆柱	圆柱上底面中心坐标 (X, Y, Z)，直径 D，高度 H（基于工作平面）
椭圆	椭圆中心坐标 (X, Y, Z)，椭圆短轴 D，长轴与 X 轴的夹角 A，椭圆长轴 L
直线	直线质心 X 轴或 Y 轴的坐标值。若直线与坐标系中 X 轴和 Y 轴中的某一轴的夹角大于 45°，则输出直线质心在此轴上的坐标值
平面	平面的高度，即平面质心 Z 轴的坐标值
点	点的坐标 (X, Y, Z)
槽	槽中心坐标 (X, Y, Z)，圆槽直径或方槽宽度 D，槽长度 L（基于工作平面）
球体	球心坐标 (X, Y, Z)，球的直径 D

【公差】选项组中的【上公差】、【下公差】文本框中分别输入"0.1"，单位选择"毫米"，然后单击【创建】→【关闭】按钮，完成圆1、圆2、圆3、圆4、圆5位置的评价。

接下来，根据圆1、圆2、圆3、圆4的圆心构造圆6，单击下拉菜单中【插入】→【特征】→【构造】→【圆】命令，弹出【构造圆】对话框，左边单选框选择【自动】，右边选中"圆1、圆2、圆3、圆4"，单击【创建】→【关闭】按钮，完成圆的构造（见图5-38）。

下一步是以圆5为基准，评价圆6相对圆5的同心度。单击下拉菜单中【插入】→【尺寸】→【同心度】→【定义基准】命令，在弹出【基准定义】对话框的左边【基准】文本框中保持默认基准标识符，即保持"A"为基准圆5的标识符，在右边【特征列表】中选中"圆5"，单击【创建】→【关闭】按钮，完成基准圆的创建，如图5-39。在【特征】列表框选择"圆6"，在【特征控制框编辑器】是评价同心度的文本框，它由公差符号区、直径符号区、特征公差区、基准区4部分区域组成，选中任意区域都可对其进行编辑，如图5-40b。公差符号和直径符号一般根据评价的项目自动确定；特征公差和基准一般根据图样所确定。在【特征公差区】输入"0.1"，"基准区"选择"A"，单击"创建"→"关闭按钮"，完成同心度的评价，如图5-40a所示。

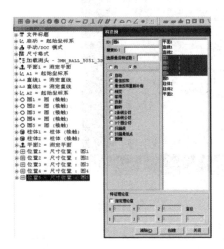

图5-38 【构造圆】对话框

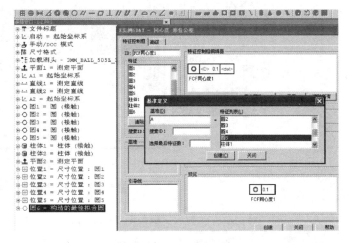

图5-39 定义基准圆

评价圆柱2相对于圆柱体1的同轴度方法同上；接下来评价平面2相对于平面1的平行度，单击下拉菜单【插入】→【尺寸】→【平行度】→【定义基准】命令，在弹出的【基准定义】对话框的左边【基准】文本框中保持默认基准标识符，即保持"C"为基准平面1的标识符，在右边【特征】列表框中选中"平面1"，单击【创建】→【关闭】按钮，完成基准平面的创建，如图5-41所示。在【特征】文本框选择"平面2"，在"特征公差区"输入"0.1"，"基准区"选择"C"，单击【创建】→【关闭】按钮，完成平行度的评价，如图5-42所示。最后以圆1、圆2的圆心最佳拟合构造直线3，用圆2、圆3的圆心最佳拟合构造直线4，以直线3为基准，评价直线4相对直线3的垂直度，评价结果请参看评价报告。

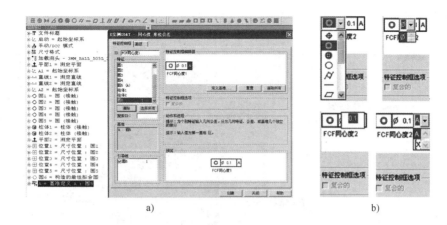

图 5-40　评价同心度

a）同心度评价界面　b）可编辑的特征控制框

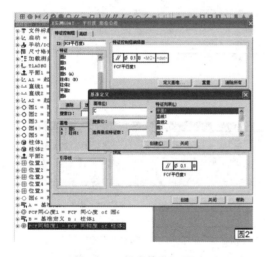

图 5-41　创建基准平面

图 5-42　评价平行度

7）报告输出。一般报告中需显示图片，以增加报告的生动性。先将图形窗口摆放到适当的位置，并把图形上的特征标识符调整到合适的位置，然后把此图抓屏到报告中，单击下拉菜单中【插入】→【报告】→【抓屏】命令，如图 5-43 所示。

接下来切换成报告窗口。单击【视图】→【报告窗口】命令，可选择其中的任何一种布局格式作为默认的输出格式，通过单击适当的图标来改变当前报告布局，如图 5-44 所示是 TextOnly 格式布局的报告。

切换成报告窗口之后即可输出报告。单击下拉菜单里【文件】→【打印】→【报告打印设置】命令，设置检测报告文件输出路径，选择报告输出的布局格式和输出的文档格式，然后单击打印图标即可。本节给出了 PC- DIMSCAD 检测结果的 TextAndCAD、PPAP 两种布局格式的 Word 文档报告，详见附表。

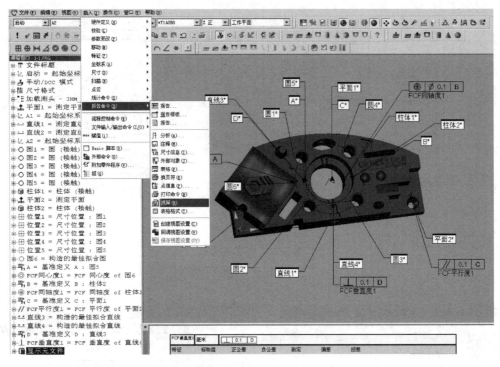

图 5-43 【抓屏】命令

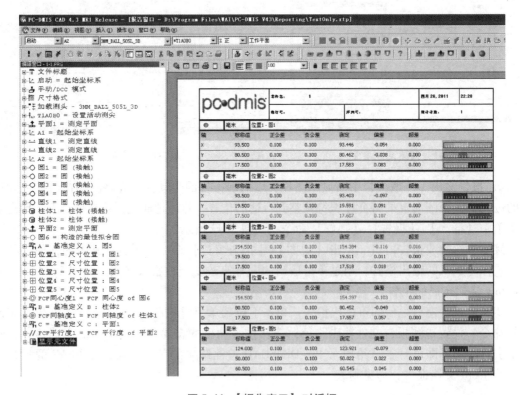

图 5-44 【报告窗口】对话框

附表：基于 PC-DIMS 的关节臂检测报告

1. 文本 + 图形（TextAndCAD）报告布局格式

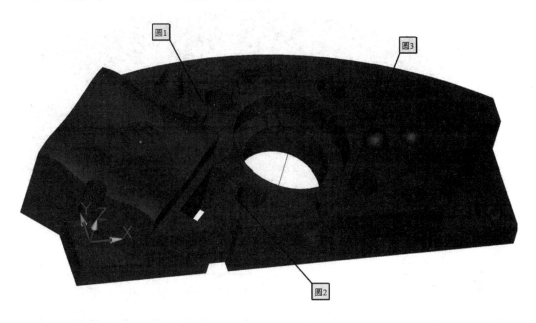

pc·dmis	零件名：	1			四月 19, 2011	08:53
	修订号：		序列号：		统计计数：	1

⊕	毫米	位置1 - 圆1					
轴	标称值	正公差	负公差	测定	偏差	超差	
X	93.500	0.100	0.100	93.446	-0.054	0.000	
Y	80.500	0.100	0.100	80.462	-0.038	0.000	
D	17.500	0.100	0.100	17.583	0.083	0.000	

⊕	毫米	位置2 - 圆2					
轴	标称值	正公差	负公差	测定	偏差	超差	
X	93.500	0.100	0.100	93.403	-0.097	0.000	
Y	19.500	0.100	0.100	19.591	0.091	0.000	
D	17.500	0.100	0.100	17.607	0.107	0.007	

⊕	毫米	位置3 - 圆3					
轴	标称值	正公差	负公差	测定	偏差	超差	
X	154.500	0.100	0.100	154.384	-0.116	0.016	
Y	19.500	0.100	0.100	19.511	0.011	0.000	
D	17.500	0.100	0.100	17.518	0.018	0.000	

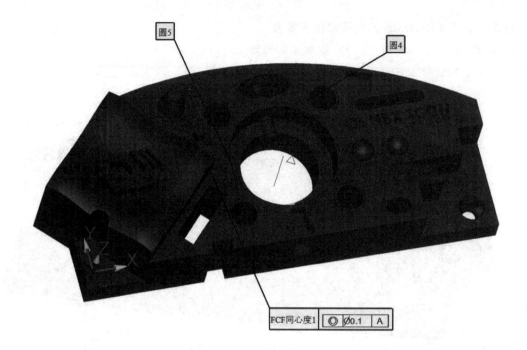

圆5						
圆4						

FCF同心度1	◎	⌀0.1	A

⌖	毫米	位置4 - 圆4					
轴	标称值	正公差	负公差	测定	偏差	超差	
X	154.500	0.100	0.100	154.397	-0.103	0.003	
Y	80.500	0.100	0.100	80.452	-0.048	0.000	
D	17.500	0.100	0.100	17.557	0.057	0.000	
⌖	毫米	位置5 - 圆5					
轴	标称值	正公差	负公差	测定	偏差	超差	
X	124.000	0.100	0.100	123.921	-0.079	0.000	
Y	50.000	0.100	0.100	50.022	0.022	0.000	
D	60.500	0.100	0.100	60.545	0.045	0.000	
FCF同心度1	毫米	◎ ⌀0.1 A					
特征	标称值	正公差	负公差	测定	偏差	超差	
圆6	0.000	0.100		0.050	0.050	0.000	

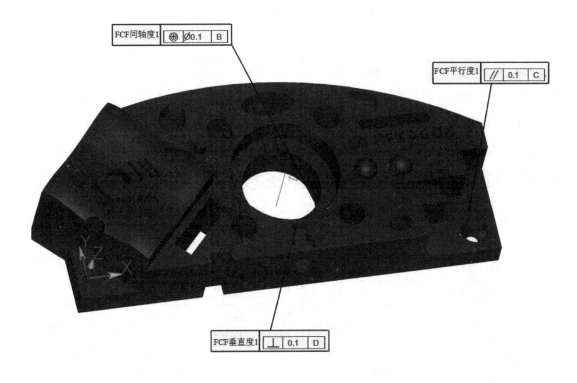

FCF同轴度1	毫米	⊕ ∅0.1 B					
特征	标称值	正公差	负公差	测定	偏差	超差	
柱体1	0.000	0.100		0.380	0.380	0.280	

FCF平行度1	毫米	// 0.1 C					
特征	标称值	正公差	负公差	测定	偏差	超差	
平面2	0.000	0.100	0.000	0.071	0.071	0.000	

FCF垂直度1	毫米	⊥ 0.1 D					
特征	标称值	正公差	负公差	测定	偏差	超差	
直线4	0.000	0.100	0.000	0.037	0.037	0.000	

2. PPAP 报告布局格式

Production Part Approval ProcessDimensional Results						
Supplier:		**Part Number:**				
<Supplier>			<Part Number>			
Inspection Facility:		**Part Name:**				
<Inspection Facility>			1			
Sample Identification:		**Revision:**				
<Identification>						
Item	Specification	+Tol	-Tol	Measurement	OK	Reject
1	93.500 (位置1-X)	0.100	0.100	93.446	✔	
2	80.500 (位置1-Y)	0.100	0.100	80.462	✔	
3	17.500 (位置1-D)	0.100	0.100	17.583	✔	
4	93.500 (位置2-X)	0.100	0.100	93.403	✔	
5	19.500 (位置2-Y)	0.100	0.100	19.591	✔	
6	17.500 (位置2-D)	0.100	0.100	17.607		⊘
7	154.500 (位置3-X)	0.100	0.100	154.384		⊘
8	19.500 (位置3-Y)	0.100	0.100	19.511	✔	
9	17.500 (位置3-D)	0.100	0.100	17.518	✔	
10	154.500 (位置4-X)	0.100	0.100	154.397		⊘
11	80.500 (位置4-Y)	0.100	0.100	80.452	✔	
12	17.500 (位置4-D)	0.100	0.100	17.557	✔	
13	124.000 (位置5-X)	0.100	0.100	123.921	✔	
14	50.000 (位置5-Y)	0.100	0.100	50.022	✔	
15	60.500 (位置5-D)	0.100	0.100	60.545	✔	
16	◎ ⌀0.1 A (FCF同心度1-POS)	0.100		0.050	✔	
17	⌖ ⌀0.1 B (FCF同轴度1-POS)	0.100		0.380		⊘
18	// 0.1 C (FCF平行度1-POS)	0.100	0.000	0.071	✔	
19	⊥ 0.1 D (FCF垂直度1-POS)	0.100	0.000	0.037	✔	

"两弹一星"功勋
科学家：杨嘉墀

Signature:	Title:	Date:

1 of 1

2

数字化反求设计技术

第6章

Geomagic Studio逆向建模

6.1 Geomagic Studio 系统简介

　　Geomagic Studio 是由 Geomagic 公司出品的逆向工程软件，可从扫描所得的点云数据创建出完美的多边形模型和网格，并可自动转换为 NURBS 曲面。该软件也是目前应用最为广泛的逆向工程软件之一，并可提供实物零部件转化为生产数字模型的完全解决方案。

　　Geomagic Studio 可根据任何实物零部件自动生成精确的三维数字模型，为新兴技术应用提供了选择，如定制设备的大批量生产、即定即造的生产模式以及无任何数字模型零部件的自动重造。此外，新开发的 Fashion 模块采用全新的构造曲面方法，大大提升了曲面生成质量。Geomagic Studio 广泛应用于汽车、航空、制造、医疗建模、艺术和考古领域。

　　Geomagic Studio 具有的特点有：

　　（1）简化了工作流程

　　Geomagic Studio 软件简化了初学者及有经验工程师的工作流程。自动化的特征和简化的工作流程减少了操作人员的工作时间，同时带来工作效率的提升，避免了单调乏味、劳动强度大的任务。

　　（2）提高了生产率

　　Geomagic Studio 是一款可提高生产率的实用软件。与传统计算机辅助设计（CAD）软件相比，在处理复杂的或自由曲面的形状时生产效率可提高数倍，有利于实现即时定制生产。

　　（3）兼容性强

　　可与所有的主流三维扫描仪、计算机辅助设计软件（CAD）、常规制图软件及快速设备制造系统配合使用。

　　（4）支持多种数据格式

　　Geomagic Studio 提供多种建模格式，包括目前主流的 3D 格式数据：点、多边形及非均匀有理 B 样条曲面（NURBS）模型。数据的完整性与精确性可确保生成高质量的模型。

　　本章中使用的软件是 Geomagic Studio 10x 以后的版本，其具有的 Fashion 模块（也称为参数曲面模块）增加了功能强大的曲面处理性能，也改进了点和多边形处理工具，同时还提供了参数转换功能。主要改进包括：

　　1）参数转换器。这一功能使 Geomagic Studio 和 CAD 之间不需要任何的中间文件如 IG-ES 或 STEP，便能完整无缝地将参数化的面、实体、基准和曲线从 Geomagic Studio 传输到

CAD 软件中，缩短了产品开发时间。现有的参数转换器可以用于 SolidWorks、Autodesk Inventor 和 Pro/E Wildfire。

2）自动曲面延长和裁剪功能。在相邻的曲面之间创造极佳的尖锐边缘，在 CAD 中使边缘和曲面更快速简单地被操作。无需在三角网格面阶段做出尖角（或锐边），在做面时直接获得尖角（或锐边），可以节省很多时间。

3）改进的注册算法。改进的注册算法能从扫描数据中获得更精确的扫描点云，得到更精确的数字化模型结果。当用于拼接的扫描数据有很多重叠，在单个区域有多层数据时，此算法改进了拼接结果，可以获得理想的结果。

4）多边形简化新方法。更有效的利用多边形，产生数据虽少但是依然精确的多边形模型。更多的三角网格面保留在高曲率区域（圆角和拐角等），同时小曲率区域（平坦区域）使用很少的三角网格面。

6.2　Geomagic Studio 操作流程及功能

在 Geomagic Studio 软件中完成一个 NURBS 曲面的建模需要三个阶段的操作，分别为点阶段、多边形阶段、曲面阶段（包含形状模块/Fashion 模块）。点阶段的主要作用是对导入的点云数据进行预处理，将其处理为整齐、有序以及可提高处理效率的点云数据。多边形阶段的主要作用是对多边形网格数据进行表面光顺与优化处理，以获得光顺、完整的三角面片网格，并消除错误的三角面片，提高后续的曲面重建质量。曲面阶段分为两个模块：形状模块和 Fashion 模块。形状模块（也称为精确曲面模块）的主要作用是获得整齐的划分网格，从而拟合成光顺的曲面；Fashion 的主要作用是分析设计目的，根据原创设计思路对各曲面定义曲面特征类型并拟合成准 CAD 曲面。如图 6-1 所示是 Geomagic Studio 主要的操作流程及目标。

以下是对四个阶段所实现功能的简介：

（1）点阶段（Point Phase）

- 以各种格式（ASCII、TXT、IGES 等）载入现有点云；
- 多种方式对点进行取样；
- 减少噪声。

Geomagic Studio 点阶段是从测量设备获取点云后进行一系列的技术处理从而得到一个完整而理想的点云数据，并封装成可用的多边形网格数据模型。其主要思路及流程是：首先根据需要对导入的多组点云数据进行合并点对象处理，生成一片完整的点云；通过着色处理来将点云更好的显示出来；然后进行去除非连接项、去除体外孤点、减少噪声、统一采样、封装等技术操作。

在数字化过程中，会采集到一些无关的数据（如实验台表面），同时扫描数据量大，数据中会包含大量的噪声，所以点云阶段主要对点云进行整理、减少噪声并采样，分别对采集到的多组数据进行点处理，然后利用不同数据间的共同点的联系应用"注册"功能，将多组数据合为一组数据。由于合并后的点云数据比较大，会影响计算机的运行速度，所以对点云数据进行采样处理，在保持模型精确度的基础上减少点云数据量的大小，然后进行封装，将多组数据合并为一个边界理想、孔数不多、表面比较完整的多边形网格模型，点阶段基本操作流程如图 6-2所示。

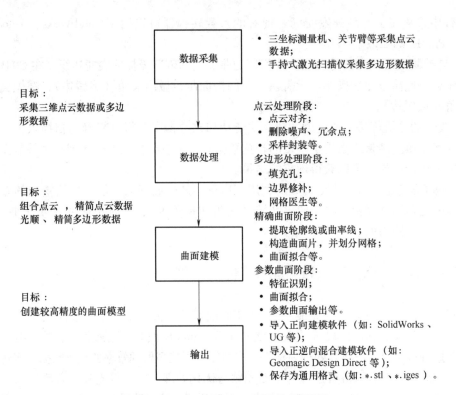

图 6-1　Geomagic Studio 操作流程及目标

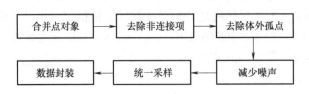

图 6-2　Geomagic Studio 点阶段基本操作流程

（2）多边形阶段（Polygon Phase）

- 基本的多边形编辑工具；
- 多种边界修补工具；
- 基于曲率的孔填充；
- 加厚和偏移多边形模型。

经点阶段处理后的多边形网格模型中存在的非流型三角形会阻碍曲面的重建，同时由于扫描不完整或者封装效果不好等原因，模型表面会出现孔洞。所以在多边形阶段首先要创建流形去除非流形的三角形数据，之后对孔进行填充。应用"填充孔"功能，系统会根据表面的曲率变化自动填充孔。多边形网格模型的表面有时也会出现凸起或者凹孔等不需要的特征，用"去除特征"命令可以删除所选择的不规则的三角形网格区域，并用一个更有秩序且与三角形连接更好的多边形网格代替。原网格模型的表面光滑程度达不到要求时，可进行"松弛"和"砂纸打磨"处理，以提高其表面光滑程度。

Geomagic Studio 多边形阶段是在点云数据封装后进行一系列的技术处理，从而得到一个完整的理想多边形网格模型，为多边形高级阶段的处理以及曲面的拟合打下基础。其主要思路及流程是：首先根据封装后的多边形数据进行流形操作，再进行填充孔处理；去除凸起或多余特征，选择特征区域时，范围要合适，宜采用多次选取多次去除的方法，用砂纸将多边形打磨光滑，对多边形模型进行松弛操作，可以使其表面更加光滑；然后修复相交区域去除不规则三角形数据，编辑各处边界，进行创建或者拟合孔等技术操作。必要的时候还需要进行锐化处理，使多边形网格模型的边界更加规则，并将模型的基本几何形状拟合到平面或者圆柱，对边界延伸或者投影到某一平面，还可以进行平面截面以得到规则的多边形模型，为后续的曲面拟合打下基础。多边形阶段基本操作流程如图 6-3 所示。

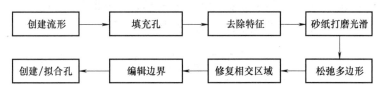

图 6-3　多边形阶段基本操作流程

（3）精确曲面阶段（Shape Phase）

- 自动探测轮廓线；
- 构造曲面片；
- 自动 UV 参数化；
- 曲面片编辑和合并工具；
- 输出多种 3D 格式文件。

Geomagic Studio 形状阶段是在多边形阶段处理的基础上进行探测轮廓线、构造曲面片、编辑曲面和拟合 NURBS 曲面等处理，得到一个理想的曲面模型。其主要思路及流程是：首先探测多边形网格模型的轮廓线，对抽取出的轮廓线进行编辑，细分/延伸轮廓线，使轮廓线变得更加规则；然后构造曲面片，曲面会被划分成多个曲面片，为了更好地划分曲面片，通过"升级约束"对约束线重新划分，从而划分出更好的曲面片；重新定义划分曲面片后，为了更加均匀地分布曲面片，可以进行"松弛曲面片"操作。编辑曲面片时，通过移动顶点使轮廓线尽量平直；最后，通过"构造格栅"构造出模型，拟合曲面以获得理想的NURBS 曲面模型。形状阶段基本操作流程如图 6-4 所示。

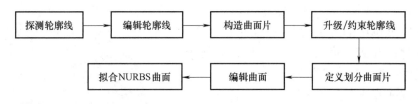

图 6-4　精确曲面阶段基本操作流程

（4）参数曲面阶段（Fashion Phase）

- 自动探测区域；
- 曲面区域的自动分类或者手动分类；
- 提取裁剪或者未裁剪曲面；

- 输出多种 3D 格式文件。

Geomagic Studio 中的参数曲面阶段是在多边形阶段处理的基础上对模型进行探测轮廓线、编辑轮廓线、拟合曲面和拟合连接等操作，最后生成 NURBS 曲面。其主要思路及流程是：首先，根据曲面表面的曲率变化生成轮廓线，通过生成的轮廓线对整个模型表面进行区域划分，通过轮廓线的划分将整个模型分为多个曲面，并对轮廓线进行编辑，以达到后期对各个区域进行操作的理想效果；然后，根据轮廓线进行延伸并编辑，通过对轮廓线的延伸获取平顺的延伸线可以提高表面的生成质量；对各个表面区域进行定义，如：平面、圆柱体、圆锥体、球面等，定义后拟合出各个表面区域和曲面之间的连接部分；最后裁剪并缝合，保存为可以被其他 CAD 软件所接受的 IGS/IGES、STP/STEP 国际通用格式。

Geomagic Studio 参数曲面阶段基本操作流程如图 6-5 所示。

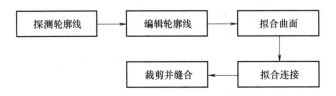

图 6-5　Fasion 阶段基本操作流程

6.3　Geomagic Studio 精确曲面建模实例

为了让读者更好地了解及应用 Geomagic Studio 的建模过程，本节通过从一个机械零件外壳的点云到 CAD 模型，讲解精确曲面建模流程。其简要的处理流程如下：

步骤 1：从点云中重建出三角网格曲面。

步骤 2：对三角网格曲面编辑处理。

步骤 3：模型分割，参数化分片处理。

步骤 4：栅格化并 NURBS 拟合成 CAD 模型。

1. 点阶段操作说明及命令

（1）导入点云数据

Geomagic Studio 支持多种导入格式，如 ∗.stl、∗.asc、∗.txt、∗.igs/iges 等多种通用格式。

单击下拉菜单中的【文件】→【打开】命令，选择点云文件的位置。将点云进行着色，以便于更直观的观察。点云数据如图 6-6 所示。

（2）去除噪点或者多余点云

由于扫描仪的技术限制以及扫描环境的影响，不可避免地带来多余的点云或噪点。可手动选择这些点云进行删除，也可以执行命令"体外孤点"或在"非连接项"中选择尺寸上限对多余点进行删除。

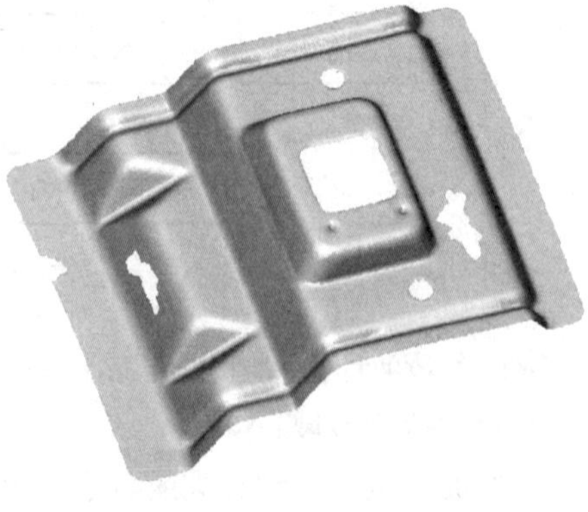

图 6-6　导入的点云数据

单击菜单中的【选择】→【选择工具】→【套索】命令，对模型主体以外部分的多余点云手动删除。单击【点】→【减少噪音】命令，【参数选择】单选框选"棱柱形（积极)"，【平滑级别】滑动块选择中间，单击【应用】完成后单击【确定】按钮。

（3）数据采样

如果从扫描仪中的得到的原始点云数据很大，为提高效率可以对点云数据进行采样。

系统显示当前点的数目是"888219"，为了提高系统的处理效率，对点云数据进行采样。Studio 提供四种采样方式：曲率采样、等距采样、统一采样、随机采样。其中曲率采样是根据模型的表面曲率变化进行不均匀的采样，即对曲率变化大的区域采样较多的点，曲率变化小的区域采样较少的点，这样不仅可以提高处理效率，同样可以更好的表达数据模型。单击【点】→【曲率采样】命令，【百分比】文本框中输入数字"25.0"，即采样 25% 的点。采样完成后的点云数据是"222055"。采样完成的点云数据如图 6-7 所示。

（4）封装三角形网格

以三角形网格的形式铺满整个模型表面，模型从点处理模块进入到多边形处理模块。

单击【点】→【封装】命令，【封装类型】选择"曲面"，【噪声的降低】选择"中间"，Step3 已经采样过了，所以不需要重复采样；【目标三角形】数目一般是点数目的一半，所以在文本框中输入"111000"；勾选中"保持原始数据"和"删除小组件"复选框。完成后单击【确定】按钮，如图 6-8 所示。

图 6-7　采样 25% 的点云数据

图 6-8　封装后模型

2. 多边形阶段操作说明及命令

封装三角形网格完毕后，系统自动转入多边形阶段。

（1）填充内、外部孔

在多边形阶段首先是完整化模型，该模型的内部有两个缺失的数据以及边界部分有一个缺口，使用"填充孔"命令可对孔进行曲率填充，从而得到与周围点云数据比较好的连接效果。

单击【多边形】→【填充孔】命令，【填充方法】选择"填充"，并勾选"基于曲率的填充"复选框，移动鼠标选择内部孔的边界，单击左键，软件自动填充；【填充方法】选择"填充部分的"，首先定义外部孔的位置，在模型上单击边界缺口的一端定义"第一个点"，单击边界缺口的另一端定义"第二个点"，单击缺口的内部边界定义"第三个点"，完成后单击【确定】命令。完成填充命令后的模型如图6-9所示。

（2）去除特征

为了更好的建立模型或者对模型改进，可去除模型中部分特征，本次处理是去掉中间方孔旁的两个凹进去的点。

用"套索工具"选择特征及周围部分，注意不要选择到边界部分；单击【多边形】→【去除特征】命令，软件根据曲率对选中的部分进行特征消除，如图6-10所示。

图6-9　填充模型缺失部分

图6-10　去除特征

（3）拟合两个圆孔

对于比较规则的特征比如孔或者圆柱可直接拟合，此模型中有两个圆孔，可使用"创建/拟合孔"命令进行拟合，注意在拟合之前整理圆孔的边界，使变得光顺而有利于圆孔的拟合。

单击【边界】→【创建/拟合孔】命令，选择"拟合孔"，半径设为"6.5mm"，勾选中"调整法线"和"切线投影"复选框（有利于观察拟合效果），单击【执行】完成后单击【确定】按钮。拟合后的圆孔如图6-11所示。

（4）松弛和编辑边界

一般原始点云数据的边界都是不规则的，可使用相关边界编辑命令光顺边界。

图6-11　拟合圆孔特征

单击【边界】→【松弛】命令，用鼠标左键单击选择整个外边界，单击【执行】完成后单击【确定】按钮；单击【边界】→【编辑】命令，用鼠标左键单击选择整个外边界，系统显示控制点数目为"320"，减少控制点数为原数目的1/3为"100"，单击【执行】完成后单击【确定】按钮。如图6-12所示。

（5）砂纸以及松弛

"砂纸"命令可进行局部松弛，"松弛"命令可进行整体松弛，先进行局部松弛然后进行整个松弛可获得较好的模型表面。

单击【多边形】→【砂纸】命令，【操作】选择"松弛"，选择合适强度，长按鼠标左键在模型表面进行打磨；单击【多边形】→【松弛】命令，【平滑级别】滑动至中间，【强度】选择"最小值"，勾选中"固定边界"复选框，单击【应用】完成后单击【确定】按钮。

（6）删除钉状物、清除以及修复相交区域

由于通常会存在多余的、错误的或表达不准确的点，因此由这些点构成的三角形也要进行删除或其他编辑处理。进一步对模型表面进行光顺处理。

单击【多边形】→【删除钉状物】命令，【平滑级别】滑动至中间，单击【应用】后单击【确定】按钮；单击【多边形】→【清除】命令，勾选中"平滑"，单击"确定"；单击【多边形】→【修复相交区域】命令，系统显示"没有相交三角形"。最终处理完成效果如图 6-13 所示。

图 6-12　平顺边界

图 6-13　多边形处理完成

3. 曲面阶段（精确曲面模块）操作说明及命令

（1）进入曲面阶段

单击菜单中的【开始】→【精确曲面】命令，单击【确定】按钮进入至精确曲面模块。

（2）探测轮廓线

对模型曲面进行轮廓探测以获得该模型的轮廓线，首先探测到模型曲率变化较大的区域，通过对该区域中心线的抽取，得到轮廓线，同时轮廓线将模型表面划分为多块面板。

单击【轮廓线】→【探测轮廓线】命令，软件自动显示【曲率敏感度】为"70.0"，【分隔符敏感度】为"60.0"，【最小区域】为"237.3"，使用默认参数，单击【计算区域】，软件根据模型表面曲率变化生成轮廓区域，可在自动生成的轮廓区域的基础上进行增加、去除或者修复等编辑，同时勾选中"曲率图"复选框，作为手动编辑的参考。探测轮廓线的效果如图 6-14 所示。单击【抽取】完成后单击【确定】按钮。

（3）编辑轮廓线

自动生成的轮廓线往往难以达到要求，需要操作人员对轮廓线进行手动编辑。

单击【轮廓线】→【编辑轮廓线】命令，在【转换】一栏设置"段长度"为"8.28mm"，勾选"均匀细分"复选框，单击【细分】完成后单击【确定】命令；【操作】一栏出现 8 个命令：绘制、抽取、松弛、分裂/合并、细分、收缩、修改分隔符、指定尖角轮廓线。绘制是手动绘制轮廓线；抽取是根据分隔符生成轮廓线；松弛是自动调整轮廓线的位置；如果增加或者去除轮廓线必须要修改分隔符，避免产生错误；在以上命令操作的同时，可勾选中"分隔符""曲率图"和"共轴轮廓线"复选框进行参考，或者指定轮廓线时同时按住 Shift 键查看曲率变化。该项操作最终是获得符合表面轮廓以及平顺的轮廓线。完成后单击【检查问题】命令，对出现的问题进行解决直至问题数为零后单击【确定】按钮完成。修改后的轮廓线如图 6-15 所示。

图 6-14　探测轮廓线　　　　　　　　　　　　图 6-15　生成轮廓线

（4）延伸轮廓线并对延伸线进行编辑

延伸线根据轮廓线生成，延伸线在模型表面所占的区域即为曲面之间的过渡区域，使轮廓线所划分的各块面部相互连接，形成一个完整的曲面形状。

单击【轮廓线】→【细分/延伸轮廓线】命令，选择【延伸】后单击【全选】命令，单击【延伸】完成后单击【确定】按钮退出。延伸线如图 6-16 所示。单击【轮廓线】→【编辑延伸线】命令，可通过【编辑】【松弛】【弹力曲线】和【切面曲线】命令生成的延伸线进行编辑、修改，同时可勾选中"分隔符""曲率图""共轴轮廓线""交叉标记"或者"彩色延长线"进行参考。因为延伸线所占的区域即是生成的 NURBS 曲面之间的过渡面，所以获得的延伸线必须与轮廓线平顺贴切。完成之前单击【检查问题】命令直至出现的问题数目为零，单击【确定】按钮退出。完成的延伸线如图 6-16 所示。

（5）构造曲面片

根据划分完毕的轮廓线内的区域铺设曲面片。

单击【曲面片】→【构造曲面片】命令，【曲面片计数】"可选择"自动估计""使用当前细分"和"指定曲面片计数"，此模型选择"使用当前细分"，可根据延伸线的细分情况构造曲面片，在延伸线编辑越好的情况下可以得到越好的曲面片分布。

（6）移动面板

根据轮廓线划分的区域称为面板，【移动面板】命令有助于使构造的曲面片根据曲面的形状划分均匀，从而可得到更光顺的曲面。

单击【曲面片】→【移动】→【面板】命令，首先根据面板形状按顺序进行"定义"，当出现路径不对称的情况下可选择"添加/删除 2 条路径"进行增加或者减少；可供选择的面板类型有格栅、条、圆、椭圆、套环以及自动探测，为了更准确地表达曲面，在构造曲面片时尽量使面板的定义在前五种定义范围之内。本节范例可选择从一侧至另一侧的顺序进行定义。当对边路径相等后单击【执行】完成后单击【下一个】按钮进行下一面板的定义。对于部分区域产生交叉或者不符合要求的面板可使用"松弛曲面片""编辑曲面片"命令修复曲面片的铺设效果。图 6-17 所示为均匀铺设曲面片的模型。

图 6-16　延伸线

图 6-17　生成均匀曲面片

（7）构造栅格

在每块曲面片内设置规定数目的栅格，栅格数目越大表现的细节就越多。

单击【栅格】→【构造栅格】命令，"分辨率"设置为"20"，并勾选"修复相交区域""检查几何图形"复选框，单击【应用】完成后单击【确定】按钮。如果自动生成的栅格出现交叉错误，可使用同菜单下命令"松弛栅格""编辑栅格"进行修改。如图 6-18 所示是完成后的栅格。

（8）拟合曲面

单击【NURBS】→【拟合曲面】命令，【拟合方法】选择"常数"，"控制点"设置为"18"，表面张力为"0.25"，在高级选项内勾选中"执行圆角处 G2 连续性修复""优化光顺性"复选框，单击【应用】完成后单击【确定】按钮。如图 6-19 所示是生成的 NURBS曲面图。

图 6-18　生成栅格

图 6-19　生成 NURBS 曲面

（9）保存文件

将生成的 NURBS 曲面保存为 *.igs、*.iges、*.stp、*.step 等通用文件格式导入到其他 CAD 软件中进行编辑。

4. Geomagic 曲面重建中的注意事项

在 Geomagic 中，曲面重建的进程分成紧密联系的流程式的三个阶段来实现，由此可以看出，决定曲面重建质量的因素，人的因素要比传统曲面造型方式下小得多。

具体而言，在实施曲面重建的过程中，以下几个方面必须引起注意：

Geomagic 逆向设计的原理是基于用许多细小的空间三角片来逼近还原 CAD 实体模型，三角片质量的好坏会影响曲面构建的质量，所处理的点云数据应具有较高的质量，产品的各个特征采集数据应尽可能分布均匀。此外，在多边形阶段的预处理结果也直接影响着曲面片的构建质量，所以应尽可能对多边形模型进行合理处理，以改善多边形模型的品质。

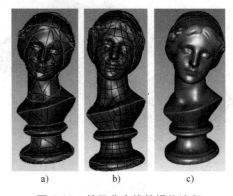

图 6-20　基于曲率线的操作流程

a）生成曲率线　b）网格划分　c）生成曲面

曲面阶段下的精确曲面模块有两种处理方法：一种是根据自动探测的轮廓线对曲面进行网格划分；另一种是根据探测的曲率线对曲面进行网格划分；对于外形较规则的机械零件模型采用第一种方法效率和精度都较高，而对于外形复杂不规则的或者第一种方法无法处理的模型如工艺品模型等，适合选择第二种方法进行处理，其示例如图 6-20 所示。

Geomagic 中曲面片（Patch）的划分是曲面重建的关键。曲面片的划分要以曲面分析为基础，曲面片不能分得太小，否则得到的曲面太碎；曲面片也不能分得过大，否则不能很好地捕捉点云的形状，得到的曲面质量也较差。划分曲面片的基本原则是：

1）使每块曲面片的曲率变化尽量均匀，这样拟合曲面时就能够更好地捕捉到点云的外形，降低拟合误差。

2）使每块曲面片尽量为四边域曲面。

3）曲面片的划分可以分成两个层次来进行，首先将模型根据需要划分为几个大片的区域，其次再在这些大区域中分割出一定数量的曲面片。这样的处理有利于改善曲面片的分布结构。

4）任意两个大区域之间的曲面片在 U、V 参数方向的分割数目应相等。

6.4　Geomagic Studio 参数曲面建模实例

形状阶段即精确曲面构造是对模型进行探测轮廓线、编辑轮廓线、构造曲面片、构造网格等处理，主要通过调整网格节点来改变曲面片形状，最后重构出比较理想的 NURBS 曲面。而参数曲面阶段是对模型进行探测区域、编辑轮廓线、拟合初级曲面和拟合过渡，最后裁剪并缝合成完整模型，其主要是通过调整和修改后获得的较理想的轮廓线，来分类并定义表面区域类型，又称为参数曲面建模。

1. 进入参数曲面阶段

单击【参数曲面】→【开始】模块中的【参数曲面】，单击【确定】按钮进入参数曲面阶段。

2. 探测区域

对模型曲面进行轮廓探测以获得该模型的轮廓线，首先探测到模型曲率变化较大的区域，通过对该区域中心线的抽取，得到模型的轮廓线，同时轮廓线将模型表面划分为多块面板。

单击【区域】模块中的【探测区域】按钮，模型管理器中会显示出【探测区域】对话框，软件自动显示【曲率敏感度】为"70.0"，【分隔符敏感度】为"60.0"，【最小区域】为"196.1"，使用默认参数，单击【计算区域】按钮，软件根据模型表面曲率变化生成轮廓区域，可在自动生成的轮廓区域的基础上进行增加、去除或者修复等编辑操作，同时勾选中"曲率图"复选框，作为手动编辑的参考。探测轮廓线的效果如图 6-21 所示。单击【抽取】后单击【确定】按钮，完成探测轮廓线的操作。

3. 编辑轮廓线

软件自动生成的轮廓线往往难以达到要求，需要操作人员对轮廓线进行手动编辑，使轮廓线能够准确、完整地表达模型轮廓。

单击【区域】模块中的【编辑轮廓线】按钮，模型管理器中会显示【编辑轮廓线】对话框，设置【段长度】为"7.92mm"。【操作】一栏出现 7 个命令：绘制、抽取、松弛、分裂/合并、细分、收缩、修改分隔符。绘制是手动绘制轮廓线，抽取是根据分隔符生成轮廓线，松弛是重新获取轮廓线，可重复单击获取理想轮廓线，为了避免产生错误，在增加或者去除轮廓线时，必须修改分隔符。在以上命令操作的同时，可以勾选"分隔符""曲率图"和"共轴轮廓线"复选框进行参考，编辑轮廓线时，需要单击【检查问题】按钮，对出现的问题及时解决，直至出现的问题数为零后单击【确定】按钮，完成修改轮廓线操作。修改后的轮廓线如图 6-22 所示。

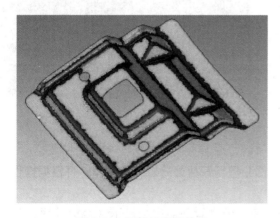

图 6-21　探测轮廓线效果

图 6-22　修改后的轮廓线

4. 拟合曲面

拟合曲面是对分类并定义后的初级曲面进行拟合。

单击"主曲面"模块中的【拟合曲面】按钮，可以发现，软件已经对模型的不同区域通过颜色进行了自动划分，但是有的区域由于比较复杂，软件会出现划分错误，这时需要操作人员根据原始模型的表面特征对曲面片进行人为地区域分类。区域分类包含：自由形态、平面、圆柱体、圆锥体、球体、拉伸、拔模拉伸、旋转、扫掠、放样，还可以指定分类方式为自由分类。区域分类过程中通过鼠标左键选中区域，按住 shift 键的同时鼠标左键选择可选中多个区域。对不同区域分类，一般绿色表示平面，红色表示自由平面等，分类完成后，"全选"所有区域，在模型管理器中单击【应用】按钮，软件自动拟合各个区域。如图 6-23 所示为拟合曲面后的结果。拟合后软件用橙色区域表示拟合结果存在偏差，但是偏差在可接受范围之内（软件用红色表示偏差较大，需要重新编辑轮廓线）。

5. 拟合连接

拟合连接是对分类并定义后的各初级曲面之间的连接部分（即延伸线所占区域）进行拟合。

单击"连接"模块中的【拟合连接】按钮，通过鼠标左键选中连接部分，对连接部分进行分类，单击【分类连接】下拉菜单，其中包含：自动分类、自由形态、恒定半径、尖角。当连接部分被分类为自由形态的时候，软件会自动根据初级曲面之间的连接关系进行自由拟合；当连接部分被分类为恒定半径的时候，可自定义半径值或软件自动设置。按住 Shift 键的同时鼠标左键选择可以选中多个具有相同属性的连接部分。分类完成后，【全选】所有初级曲面之间的连接，在模型管理器中可以设置"控制点"和"张力"，单击【应用】后软件自动拟合出各个连接部分。拟合连接完成，模型如图 6-24 所示。

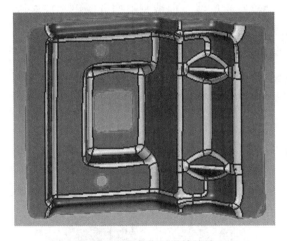

图 6-23 拟合曲面后的结果

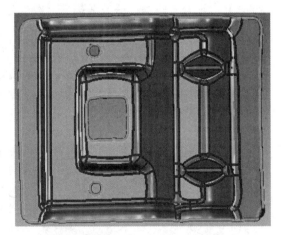

图 6-24 拟合连接后的结果

6. 裁剪并缝合

裁剪并缝合是对拟合后的初级曲面和连接部分进行裁剪并缝合成为整体，可根据操作人员的要求输出多种生成对象。

单击"输出"模块中的【裁剪并缝合】按钮，模型管理器中会显示【裁剪并缝合】对话框，默认【生成对象】为"缝合对象"，最大三角形计数设为"200000"，单击【应用】。"裁剪并缝合"操作完成后，模型如图 6-25 所示。

7. 输出

保存曲面文件，在模型管理器中选择"已缝合的模型"，右击【保存】按钮选择相应的

图 6-25　裁剪并缝合后的结果

文件格式，IGS/IGES、STP/STEP 为国际通用格式，曲面文件保存为这些可被其他 CAD 软件所接受的格式。

8. 参数化

Geomagic Studio 参数化阶段是对在参数曲面模块下拟合的初级曲面通过数据传输通道导入至参数化 CAD 软件中进行编辑。同时启动 Geomagic Studio 和参数化 CAD 软件，进行"参数转换"操作，将各曲面文件导入到参数化 CAD 软件中，余下的编辑操作全部在参数化 CAD 软件中进行。

"两弹一星"功勋科学家：钱学森

第 7 章

Geomagic Design Direct 混合建模

7.1 Geomagic Design Direct 系统简介

Geomagic Design Direct（构建于业界领先的 SpaceClaim ® CAD API）是 Geomagic 公司推出的一款正逆向直接建模工具，兼有逆向建模软件的采集原始扫描数据并进行预处理的功能，以及正向建模软件的正向设计功能。它在一个完整的软件包中无缝结合了即时扫描数据（点云或网格面）编辑处理、二维截面草图创建、特征识别及提取、正向建模和装配构造等功能。Geomagic Design Direct 正逆向建模软件相对于其他逆向建模软件的优势在于融合了逆向建模技术和正向设计方法的长处，可以对原始扫描数据进行优化处理并封装得到网格面模型，能便捷地从网格面模型中获取截面草图并进行编辑、准确地识别并提取三维规则特征如二次曲面（平面、球面、圆锥面和圆柱面）与规则曲面实体特征（拉伸体、旋转体和扫掠体）。而且具有强大的正向实体建模功能——既可对识别提取的规则特征进行编辑修改，还可对重构得到的实体模型进行创新性再设计。另外，对于不完整的原始扫描数据，在只能提取一些必要的截面草图和特征信息的情况下，也能完整的重构得到产品完整的 CAD 模型。

Geomagic Design Direct 主要优点如下：

1）更快捷的建模。用户可以直接将点云扫描或导入至应用程序，然后使用动态推/拉工具集快速地创建和编辑实体模型。无需复杂的历史树向后保留它们，用户同样可自由地快速修改设计，无约束地更改参数。

2）更容易学习。Geomagic Design Direct 的直观控件和与常规相同的正向造型思路使得设计人员可富有成效地实现 CAD 建模。

3）高度兼容性。Geomagic Design Direct 可通过第三方插件的组合进行定制，而且它很容易与所有的主要外部 CAD 软件包进行集成。

4）更高的工作效率。Geomagic Design Direct 利用其用户友好的界面和直观的直接建模工具，使得各种行业的工程人员无需成为 CAD 专家即可进行概念设计和修改设计。

5）显著节约时间。利用 Geomagic Design Direct 进行设计的公司能够更快速地解决工程设计问题，并缩短设计开发时间。

综上，Geomagic Design Direct 将 CAD 功能与三维扫描结合，开创了一种全新的设计理念，它能够更好的精简产品开发窗口、加快加工效率、促进合作和加快产品上市。

7.2　Geomagic Design Direct 混合建模流程及模块

Geomagic Design Direct 可以轻易地从扫描所得的点云数据中创建完美的多边形网格并提取几何形状创建 CAD 面和实体，对逆向工程各阶段提供了易于掌握的工具。Geomagic Design Direct 逆向设计的原理是用许多细小空间三角网格来逼近还原 CAD 实体模型。其曲面、实体重建流程最重要的阶段是捕获阶段和设计阶段，捕获阶段共享了 Geomagic Studio 中的点处理和多边形处理功能，而设计阶段则在多边形网格上进一步抽取出曲线、曲面和实体，最终建成 CAD 模型。具体的逆向设计流程如图 7-1 所示。

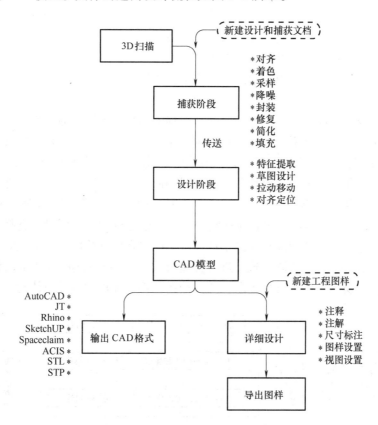

图 7-1　**Geomagic Design Direct 混合建模基本流程**

以下是对 Geomagic Design Direct 中各个模块的简介。

Geomagic Design Direct 主要包含以下六个模块：捕获模块、设计模块、详细模块、显示模块、测量模块、修复模块。

1. 捕获模块

此模块属于捕获阶段，主要作用是通过对点云或者多边形网格面数据模型进行预处理，比如多片点云数据的对齐、点云数据的着色、采样等、目的是将数据模型表面进行光顺和优化处理，以提高后续曲面重建的质量。

包含的主要功能有：

通过点或对应特征集将两个或更多的对象相互对齐并优化；

计算点云的法线以提供着色；

通过采样减少对象点的数目；

通过降噪以弥补扫描仪误差，使点的排列更加平滑；

将点转换为网格对象；

诊断和修复选定网格对象上的问题；

减少网格中的三角形数目但不影响表面细节；

检测并拉平网格上的单点尖峰；

使用曲线、切线或者平面填充法填充网格孔；

创建对象平面；

对网格重新划分三角形生成更加一致的剖分曲面；

对曲面进行平滑处理，改善网格的外观；

删除非流形三角形或网格中孤立无连接的小三角形。

2. 设计模块

此模块位于设计阶段，主要作用是二维和三维的草绘与编辑。通过设计工具，可以在二维模式中绘制草图，在三维模式中生成和编辑实体，以及提取实体的特征拟合成自由曲面或规则特征、处理实体的装配体，在设计阶段的三维模式下有丰富的正向建模工具，比如"编辑"工具栏中的"选择"、"拉动"、"移动"和"填充"等工具，"相交"工具栏中的"组合"、"拆分"和"投影"工具，"插入"工具栏中的"镜像"、"阵列"和"壳体"等工具。其中，"拉动"工具是应用最为频繁的工具，通过拉动工具可对所选择的特征即时编辑修改其几何参数，如球体和圆柱体的半径值等。同时在设计阶段的剖面模式下可提取三维网格面的二维截面线，并在草图模式下进行编辑修改。Geomagic Design Direct 设计模块流程如图 7-2 虚线框中所示，图中特征提取、草图绘制和再设计均为设计模块的主要阶段。

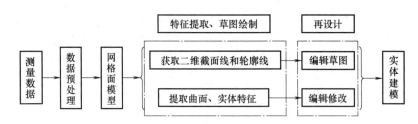

图 7-2　**Geomagic Design Direct 建模流程图**

包含的主要功能有：

绘制线条、矩形、圆、样条曲线等草图，并进行圆角、倒角、剪裁、延伸、镜像、移动等草图编辑；

偏置、拉伸、旋转、扫掠、拔模和过渡表面；以及将边角转化为圆角、倒直角或拉伸边；

移动任何单个的表面、曲面、实体或部件；

利用周围的曲面或实体填充所选区域；

将设计中的实体或曲面与其他实体或曲面进行合并和分割。也可以将实体或曲面与其他实体和曲面进行合并和分割、使用一个表面分割实体以及使用另一个表面来分割表面。还可以投影表面的边到设计中的其他实体和曲面；

插入部件、图像、平面、轴和参考轴系，以及在设计中的实体和曲面之间创建关系；

提取实体的特征拟合自由曲面、平面、圆柱面、圆锥面、球面、挤压、旋转和扫掠；

对部件进行操作时，可以指定它们彼此对齐的方式，对齐两个不同部件中对象的所选表面，对齐两个不同部件中对象的所选轴等。

3. 详细模块

此模块的主要作用是可以为设计添加注释（尺寸、形状位置公差等）、查看模型的视图（剖视图、投影视图等）、创建图纸以及查看设计更改。可通过自定义细节设计选项来遵循标准或创建自定义样式。

包含的主要功能有：

通过调整字体特征来设定注释文本格式；

使用文本、尺寸、几何公差、表格、表面粗糙度符号、基准符号、中心标记、中心线和螺纹在设计上创建注释；

向图样添加视图；

设定图样格式；

创建标记幻灯片以展示设计的更改。

4. 显示模块

此模块的主要作用是可以通过修改显示选定对象、实体和边中显示的样式以及设计中显示的实体颜色，来自定义当前的设计。可以通过创建图层以保存不同的自定义操作和显示特性，创建窗口或分割窗口来自定义工作区以显示设计的多个视图。还可以显示或隐藏工作区工具。此外，也可以配置所有工作区窗口的停放/分离位置。

包含的主要功能有：

确定设计中实体的显示方式；

新建设计窗口、分割窗口以及在窗口之间快速切换；

确定栅格之上或之下的草图栅格和几何图形的显示方式；

显示或隐藏设计窗口中的工具。

5. 测量模块

此模块的主要作用是可显示对象中的体积信息、相交的边和体积，通过用数据、图像对 CAD 模型特征进行描述，评估所构建的 CAD 模型的质量。

包含的主要功能有：

单击一个实体或曲面以显示其属性；

测量对象，如面积、周长；

检查几何体的常见问题；

搜索装配体中零件之间的小间隙；

显示相交的边和体积；

显示表面或曲面的法线、格栅、曲率、偏差、反射条纹的阵列、拔模角度；

单击一条边显示这条边上相交的表面之间的两面角。

6. 修复模块

此模块的主要作用是通过计算机自动检测并修复模型中存在问题的曲线、曲线之间的间距、间隙以及表面之间的问题。

包含的主要功能有：

将曲面拼接成一个实体；

检测并修复曲面体间的间距；

检测并修复曲面体上缺失的表面；

检测并修复未标记新表面边界的重合边；

检测并删除不需要的边以定义模型形状；

检测并修复重复表面、曲线之间的间隙；

检测并删除重复曲线；

检测并删除小型曲线，弥补他们留下的间隙；

将所选曲线替换为直线、弧或样条曲线进行改进；

将两个或更多的表面替换成单个表面；

检测靠近切线的表面并使它们变形，直到他们相切；

检测并删除模型中的小型表面或狭长表面；

将面和曲线简化成平面、圆锥、圆柱、直线等。

7.3 Geomagic Design Direct 混合建模实例

在本实例中，应用逆向工程建模方法和截面形状特征约束建模方法，对某水龙头零件进行模型重建，如图 7-3 所示，其简要的处理流程如下：

1）提取规则特征，例如喷头处的圆柱体特征和阀门处的球面特征。

2）采用拟合挤压命令提取底座处的拔模体特征。

3）编辑水管处的轮廓线和引导线，用扫掠命令完成水管的重建。

4）通过布尔运算，得到完整的水龙头实体模型。

具体操作步骤如下：

1）提取并编辑喷头处的圆柱体特征。首先提取喷头所在圆柱的表面特征，选择"提取"工具栏中的"拟合圆柱面"工具命令图标 。此时，在设计窗口的工具向导中已自动激活智能选择工具向导，将鼠标放在喷头（圆柱体）的网格面上单击以选中网格面片，并按住鼠标左键向上方拖动以扩大网格面片的被选中区域，如图 7-4a 出现红色显示部分。软件自动拟合提取得到圆柱体特征后，单击完成命令图标 ，以完成喷头特征的实体重建。另外，还可根据需要对提取得到的喷头圆柱体特征进行参数化设计：单击"编辑"工具栏中的"拉动"命令图标 ，用鼠标左键单击喷头圆柱体的下表面，并按默认的方向进行拉伸操作；再单击鼠标右键，在弹出的工具导航面板中，单击"直到"命令图标 ，并选择网格面模型中的圆柱端面作为直到面，拉伸处理后的圆柱体的高度值更加逼近原始高度值。拉伸处理后的圆柱体如图 7-4b 所示。

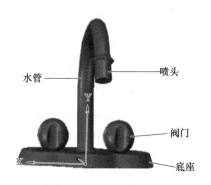

图 7-3　水龙头网格面

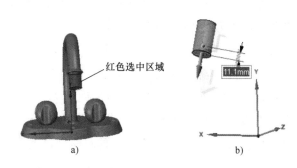

图 7-4　提取模型圆柱面特征并完成参数化重构

a）拟合圆柱面特征　b）设置参数

2）提取并编辑底座处的拉伸拔模实体特征。单击"拟合挤压"工具命令图标 ![icon]，提取水龙头底座的表面特征如图 7-5a 所示，因为其底座是有一定拔模角度的拔模实体，这时需要勾选【选项】对话框中的"拔模拉伸"复选框，然后单击工具向导中的"约束定向"命令图标 ![icon] 并选中 Y 轴，以约束底座实体上表面的法线方向，使其与 Y 轴平行。最后单击"完成"命令图标 ![icon]，以完成对拔模实体的

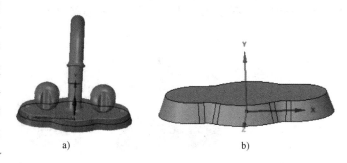

图 7-5　提取底座表面特征并完成拔模重构

a）提取表面特征　b）拟合拔模实体

重建。用鼠标左键单击重建后的底座，然后单击"直到"命令图标 ![icon]，并选择网格面模型中的底座的上端面作为直到面，这样可以使底座的高度更加接近原始的尺寸，如图 7-5b 所示。

3）提取并编辑球体阀门处的球面特征。单击"拟合球面"工具命令图标 ![icon]，在智能选择工具向导激活的情况下，单击选中一个球体阀门的网格面片，然后单击"拟合球面"工具下的工具向导中的"优化选择"工具向导图标命令 ![icon]，以扩大阀门处网格面的被选中区域（图 7-6a）；最后单击"完成"命令图标 ![icon]，以完成阀门实体中球体部分的重构。另外，可以适当调整阀门球体的半径值，在这里圆整为 25mm。在结构面板中取消勾选"网格面（Mesh）"复选框，以在设计窗口中隐藏网格面模型并突出显示提取的阀门圆柱体特征，如图 7-6b 所示。

4）提取编辑球体阀门中的圆柱体凹槽特征和球体阀门特征的重构。选择"拟合圆柱面"命令图标 ![icon]，再单击鼠标左键选择

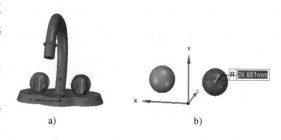

图 7-6　提取阀门表面特征并完成重构

a）拟合球面特征　b）设置参数

121

要进行提取的球体阀门特征中圆柱体凹槽的网格面区域。选择完成后，按住鼠标左键并向上拖动光标以扩大选中的圆柱面区域，松开左键，这时软件会拟合得到圆柱面轮廓，如图7-7a所示。在工具向导中单击"优化选择"命令图标![icon]为选择的区域进行优化选择处理，最后单击"完成"命令图标![icon]，完成该圆柱体的重构。对两个球体阀门特征中的圆柱体凹槽逐一提取后，得到的所有圆柱体特征如图7-7b所示。在结构面板中隐藏网格面模型，让提取得到的底座、球阀和圆柱体在设计窗口中更直观的显示（见图7-7c）。单击"组合"工具命令图标![icon]后，"选择目标"工具向导会自动激活。在设计窗口中单击选中球阀特征的球体特征作为目标对象后，"选择刀具"工具向导命令![icon]便自动被激活，这时单击选择圆柱体作为刀具对象，然后移动光标并单击选择要删除的区域（移动光标至选择要删除的区域上时，会红色高亮显示）。经组合工具的布尔减运算以构造球体阀门上的圆柱体凹槽特征后，按住Ctrl键同时选择两个球体阀门和底座实体特征，然后单击组合工具下的"选择要合并的实体"工具向导命令图标![icon]，将这三个实体特征合并成一个实体模型，如图7-7d所示。

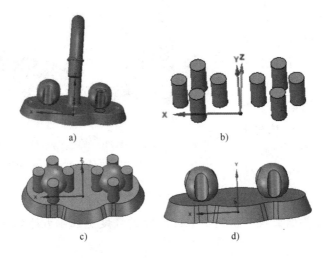

图 7-7　模型重构后的主要部分

a）拟合单个圆柱面面特征　b）多个圆柱面面特征　c）特征组合　d）多个特征布尔运算

5）重构底座实体上的四个圆柱孔特征。单击"草图模式"命令图标![icon]，把栅格平面定义在坐标系 XZ 平面上，并单击"移动栅格"命令图标![icon]，沿着 Y 轴正方向移动到底座网格面模型的中间位置即可，这样可便于绘制圆柱孔的截面线。单击"平面图"命令图标![icon]，使栅格正视于设计者，滚动鼠标中键放大图形显示，以便于绘制圆形草图。在草图工具栏中单击绘制"圆"命令图标![icon]，因为四个圆柱孔的大小是一样的，只需要在网格面的左边和下边分别绘制一个圆，则另外两个圆通过单击"编辑"工具栏中的"移动"命令图标![icon]，并勾选【移动选项】对话框中的"创建阵列"复选框（为了将所选对象的副本拖到另一位置），然后单击所绘制的待移动的圆，并选择移动的方向（将鼠标放在要移动的坐标轴上直至为高亮显示），同时按住鼠标左键沿所选轴线方向拖动，通过调整两个孔之间的距离，将其移动到合适的位置，并根据实际情况对圆柱孔参数化设置如图 7-8a 所示。

对圆柱孔的设置完成后，在结构面板中取消勾选【网格面】复选框使其在设计窗口中隐藏，再单击"三维模式"命令图标 <img>，绘制的四个封闭的圆形草图曲线切换至三维模式下时便自动封闭成四个圆形小平面，如图 7-8b 所示。在结构树中勾选重建后的底座模型，选择"拉动"命令图标 <img>，并在结构树中选中"表面"（绘制的圆柱面），用鼠标左键向底座上端拉动直至凸出上端面，然后再选择【拉动】选项中的"切割"命令图标 <img>，并按住鼠标左键向上端面的法线反方向拖动，会生成圆柱孔（这里运用的是拉动切除的功能，就是把一实体作为刀具去切除另一实体），最终生成完整的底板模型，如图 7-8c 所示。

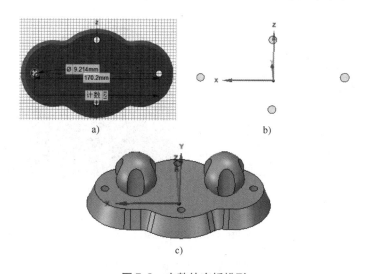

a)　　　　　　　　　　　　　b)

c)

图 7-8　完整的底板模型

a）设置圆孔位置　b）生成圆孔平面　c）生成圆孔

6）绘制水管扫掠体的扫描路径。水管实体特征为扫掠体，重构水管的实体特征需提取其扫掠路径和扫掠截面。首先单击"插入"工具栏中的"平面"命令图标 <img>，将平面置于坐标系 *YZ* 平面内，然后单击"模式"工具栏中的"草图模式"工具命令图标 <img>，并在设计窗口的下方单击"平面图"工具向导命令图标 <img>，以便使栅格正面朝向设计者的方向。根据栅格平面与水龙头网格面模型相交时所拟合的截面线和截面点，单击选择"草图"工具栏中的"样条曲线"工具命令图标 <img>绘制扫掠路径。在绘制扫掠路径的过程中，尽可能让样条曲线上的点接近网格面上的参考点，如图 7-9 所示。

7）绘制扫掠体截面。单击选择"插入"

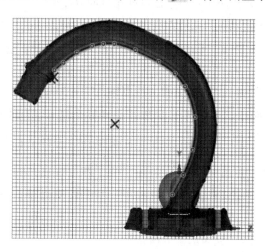

图 7-9　绘制扫描引导线

工具栏中的"平面"工具命令图标 ▢，以该平面为栅格平面并在该平面上重新绘制扫掠体截面的截面线草图。再将鼠标放在已绘制的扫掠路径曲线上的某一点上，待平面与扫掠路径垂直时按下鼠标左键如图 7-10a 所示。单击"模式"工具栏中的"草图"模式命令图标 ▨，同时在设计窗口的下方单击"平面图"命令图标 ▦，以便使栅格正面朝向设计者的方向，滚动鼠标中键可以放大横截面，以便于绘制截面线。因为其横截面为圆形状，所以在"草图"工具栏中单击"圆"命令图标 ◉，绘制扫掠体截面的圆形截面线草图，如图 7-10b 所示，另外还可对圆形曲线的参数值进行圆整编辑。

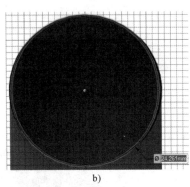

图 7-10 绘制扫描轮廓线

a）生成截面 b）绘制截面圆

8）构造扫掠体特征。在"模式"工具栏中单击"三维模式"命令图标 ⬡，在结构面板中取消勾选其他的实体和网格面模型，以免在构造扫掠体时干扰对特征的选择。让绘制的扫掠路径曲线和由封闭的截面线草图所生成的圆形平面同时显示在窗口中，如图 7-11a 所示。单击选择"编辑"工具栏中的"拉动"工具命令图标 🖌，同时在结构树中选中绘制的扫掠路径样条曲线，再单击选择工具向导中的"扫掠"命令图标 ⟋，并单击选中绘制的扫掠体的圆形截平面，然后在自动显示在设计窗口中的工具导航中单击"同时拉两侧"命令图标 ⤢ 如图 7-11b 所示，最后按住鼠标左键往上拖动以构造扫掠体，得到的扫掠实体特征如图 7-11c 所示。

9）绘制旋转特征的轮廓线。在水龙头喷头的上方有旋转体特征，需要先绘制其截面轮廓线，再应用拉动工具重构其实体特征。单击"模式"工具栏中的"剖面模式"命令图标 ⬚，并将栅格平面放置在坐标平面 YZ 平面内，在设计窗口的下方单击"平面图"命令图标 ▦，以便使栅格正面朝向设计者的方向，如图 7-12a 所示。单击"草图"工具栏中的"三点弧"命令图标 ⟋，为了便于观察，同时滚动鼠标中键将图形放大，并将鼠标的箭头放在要绘制圆弧的网格面上，这时在网格面上会出现一些参考点，选取要绘制圆弧的起点和终点，绘制的圆弧如图 7-12b 所示，然后单击"线条"命令图标 ⟍，绘制封闭的旋转轮廓线草图，如图 7-12c 所示

10）构造旋转体特征。绘制完旋转轮廓线草图后，单击"模式"工具栏中的"三维模

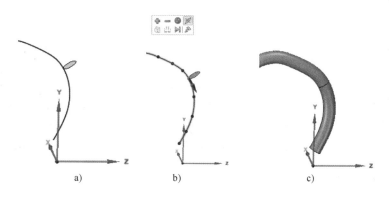

图 7-11　重构水管部分

a）显示截面形状和扫描路径　b）扫掠　c）生成扫掠实体

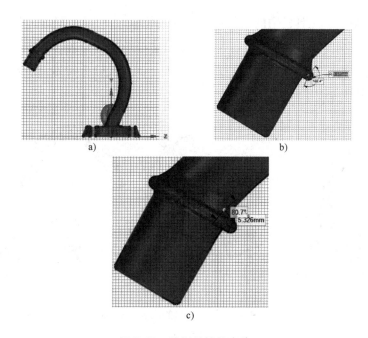

图 7-12　绘制旋转轮廓线

a）生成截面　b）绘制圆弧　c）绘制旋转体轮廓

式"命令图标 ⬛，在结构面板中取消勾选网格面和其他重建实体，仅让绘制完的表面和圆柱体显示在设计窗口中，显示圆柱体是因为在旋转过程中要借助圆柱体的轴线作为旋转中心轴，如图 7-13a 所示。单击选择"编辑"工具栏中的"拉动"命令图标，选中由绘制的封闭的旋转轮廓线生成的旋转体截平面作为旋转对象，再选择工具向导中的"旋转"工具命令图标，同时选中圆柱体的轴线，并选择"完全拉动"命令图标 ▶|如图 7-13b 所示，重构得到的旋转体特征如图 7-13c 所示。

11）拉伸水管扫掠体的两个端面。在结构面板中隐藏网格面，让重构的部分同时显示在设计窗口中如图 7-14a 所示，从图中可以看出，水龙头管与底座和前端的喷头处没有连接

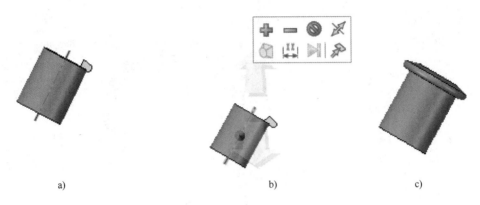

a)   b)   c)

图 7-13 构造旋转体

a）显示旋转体特征 b）旋转命令 c）生成旋转体

为一体。单击"编辑"工具栏中的"拉动"命令图标 🖌，用鼠标左键选中水龙头管的一个端面，并选择"直到"命令图标 🔧 如图 7-14b，然后单击该端面要拉伸到的另外一表面，软件会保持扫掠体端面的延伸方向，在这两个平面之间生成融合实体，最后得到的整个模型的重构如图 7-14c 所示。

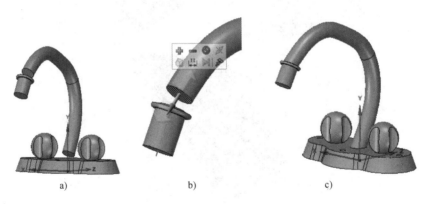

a)   b)   c)

图 7-14 重构完整的水龙头模型

a）显示构造实体 b）拉动操作 c）拉动后实体

12）创建圆角特征。从原始的网格面模型上可以发现，网格面模型中存在一些圆角特征，可应用拉动工具在面面之间的交线处创建圆角特征。在结构面板中隐藏网格面模型，只让重建后的水龙头实体模型显示在设计窗口中。单击"编辑"工具栏中的"拉动"命令图标 🖌，用鼠标的左键单击选中要倒圆角的边线，然后在键盘上输入该边线上圆角特征的半径值，对圆角的半径进行修改，如图 7-15 所示。在模型中对水龙头的喷嘴、水管与底座的连接处等部位进行倒圆角处理，圆角均设置为 1.5mm，设计者也可进行创新性修改。

为了方便和原始网格面对比，观察其重建效果，可以单击"编辑"工具栏中的"移动"命令图标 🖌，然后单击选择结构面板中的网格面模型，并沿 X 轴方向移动，即可将原本重合的网格面模型和重构得到的实体模型分离显示在设计窗口中以进行对比，如图 7-16 所示。

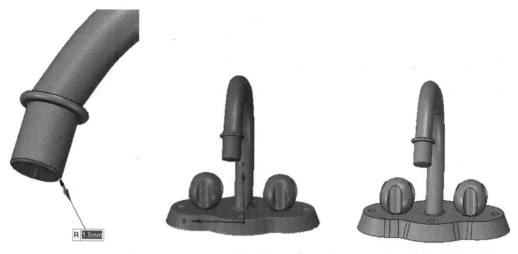

图 7-15 对喷头倒圆角处理　　　　图 7-16 原始网格面与重建后的模型

7.4 与 Geomagic Studio 建模方法的比较

　　Geomagic Design Direct 正逆向混合建模软件与应用较为广泛的逆向建模软件 Geomagic Studio 二者之间的区别主要在于：

　　1）重构得到的 CAD 模型的类型不同。在 Geomagic Design Direct 中重构得到的是实体模型，通过计算并提取三角网格面模型中不同区域的曲率、法矢方向等参数，拟合得到相应的三维实体特征。在 Geomagic Studio 中重构得到的是曲面模型，需对三角网格面模型按几何形状特征进行划分，然后在划分后的各子网格面中分别拟合得到相应的三维曲面特征。相对于曲面模型，实体模型能更加完整、严密地描述模型的三维形状。

　　2）能否对重构得到的特征的参数便捷地编辑修改。若要对 Geomagic Studio 重构得到的曲面模型进行参数编辑修改以实现创新性再设计，首先需应用其参数转换功能将曲面模型传送至正向建模软件，再通过求交裁剪等操作重构得到实体模型，然后才能对部分特征参数进行编辑修改，过程比较繁杂。而在 Geomagic Design Direct 中可直接对重建的实体模型进行草图编辑和参数化修改，无需导入正向设计软件，在同一软件中实现正逆向设计的结合。

"两弹一星"功勋科学家：屠守锷

第 8 章

Geomagic Qualify计算机辅助检测

8.1 计算机辅助检测技术简介

1994 年，美国著名质量管理专家朱兰（J. M. Juran）在美国质量管理学会年会上指出：20 世纪以"生产力的世纪"载入史册，未来的 21 世纪将是"质量的世纪"。随着社会的进步，人民生活水平的不断提高，人们的思想也在发生变化，更加注重产品的质量。因此，只有提供高质量的产品，才符合社会的需求。质量可以反映一个企业，乃至一个国家的生产水平和综合实力。为保持企业和国家的强大竞争力和不断向前发展，应当大力发展生产高质量的产品。然而，产品的质量判定来自检测的结果，产品的优质与否，是需要利用检测技术做出评定。所以在一个注重质量的社会，质量的检测技术也势必变得更加重要。

零件加工后，其几何量需要加以测量或检验以确定它们是否符合设计要求。就几何误差来说，检测就是将实际被测要素与其理想要素相比较以确定它们之间的差别，根据这些差别（实际被测要素对其理想要素的变动量）来评定几何误差的大小。生产过程的检测技术，作为现代制造技术中的重要组成部分，不但能够准确地判断生产环节中一系列质量性能指标和工艺技术参数是否已经达到设计的要求，即产品是否合格；更重要的是通过对检测数据的分析处理，能够正确判断这些性能指标和技术参数失控的状况和产生的原因。这一方面可以通过检测设备的信息反馈对工艺设备进行及时地调整来消除失控现象，另一方面也为产品设计和工艺设计部门采取有效的改进措施消除失控现象提供可靠的科学依据，从而达到保证产品质量和稳定生产过程的目的。因此，几何误差检测是生产过程中不可缺少的重要环节，它不仅可以判断零件是否合格，而且也是提高产品质量的重要手段。

为了确保加工零件的尺寸、形状和位置等满足设计要求，需要通过一定的工具或量具，按照一定的方法进行检测。通过游标卡尺（见图 8-1）、千分尺等量具可以手工进行尺寸的测量，实现一些简单零件的尺寸检测。经过数十载的发展，国内外的很多专家在进行检测技术的研究中，设计了许多专用的检验用具（如图 8-2所示的汽车保险杠检具），实现了复杂大型零件的检测。但是，这些专用检具存在很多弊端，其制造过程需要耗费大量的人力、物力和财力，特别是现在零件的外形越来越不规

图 8-1　游标卡尺

则，出现了大量的自由曲面以满足人们对美学的要求，若是制作专用的检具用来检测，不但增加了成本和产品的开发周期，而且不具有通用性，只能用来检验一种产品，这就限制了专用检具在检测中的应用。目前，三坐标测量机（见图 8-3）使用比较广泛，原因是由于它通用性好，不同于专用检具只可以检测一类零件，而且还具有很高的精度。但它的缺点也比较明显，由于每次只测量一个点，使得整个检测过程比较长，检测效率较低。此外，三坐标测量机无法用来对易碎、易变形的物体进行测量。基于上述检测中出现的弊端，本章主要介绍计算机辅助检测（Computer Aided Inspection，CAI）技术。作为一种新的检测方法，它具有适用性好、效率高等特点，可以有效地减轻操作者的劳动强度，提高生产效率，为企业带来巨大的经济利润。

图 8-2　保险杠检具

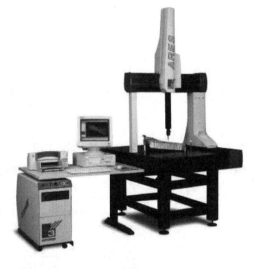

图 8-3　三坐标测量机

　　计算机辅助检测是一种基于逆向工程的检测技术，逆向工程的发展为计算机辅助检测的实现提供了技术上的保证。逆向工程是一种通过三维扫描设备获取已有样品或模型的三维点云数据，利用逆向软件，对点云进行曲面重构的技术。重构过程中，需要反复比较重构曲面与点云的误差，并指导曲面的反复修改，以确保曲面和点云的误差在许可的范围内。正是由于点云的获取和对比操作为零件的检测提供了一条新的途径。计算机辅助检测是通过光学三维扫描设备获取已加工零件的点云数据，并将它与零件的设计 CAD 模型进行比较，从而得到已加工零件和设计模型之间的偏差。

　　计算机辅助检测可以归纳为三个步骤：①实物模型的数字化；②模型对齐；③比较分析。实物数字化是指通过三维扫描设备，将物体表面的轮廓信息离散为大量的三维坐标点云数据，它是计算机辅助检测中很关键的一步，点云数据能否精确地表示实物原型，直接影响到后面检测的结果。因此，在得到点云数据后，还应该对点云进行处理，包括删除噪点、点云采样等操作，这样点云数据才可成为"检验模型"。模型对齐是指将实物的点云数据和 CAD 模型在同一坐标系统下进行匹配，这是由于点云与 CAD 模型可能不在同一个坐标系下。因此，需要先将两者统一到同一个坐标系下才可以进行后续的比较工作。比较分析是在对齐的基础上，根据点云与 CAD 模型之间的比较，进行具体的检测分析。操作过程如图 8-4 所示。

129

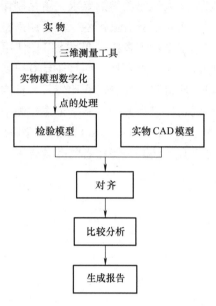

图 8-4　计算机辅助检测操作过程

通过计算机辅助检测技术的应用，使得检测方式发生了变化，可以克服传统检测方式中的一些弊端。以三坐标测量为例，传统的检测过程如下：

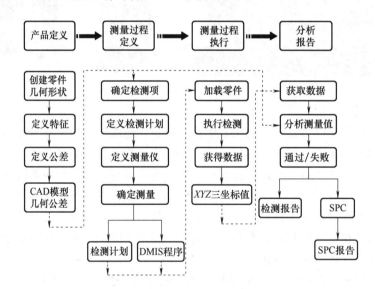

图 8-5　传统检测方式操作流程

利用三坐标进行检测，精度固然很高，但只能检测一些主要的特征，因为所有特征都检测的话，势必需要一个漫长的操作过程，导致效率的低下。而如果只对主要特征进行检测，则其他一些失败的特征便可能逃过检测，因此得不到准确的检测结果；如果主要特征都在公差范围内，却花大量时间对它们进行检测，结果便是浪费了大量时间……。这一系列在传统检测方式中显得很棘手的问题，随着计算机辅助检测技术的应用，都可迎刃而解。

计算机辅助检测技术通过将实物的点云与 CAD 对比，快速知道失败区域，再利用高精度的 CMM，只检测这些失败区域，测出偏差的精确值，从而缩小了检测范围，使检测所需要的时间也大大缩短，提高了检测的效率。检测过程如下：

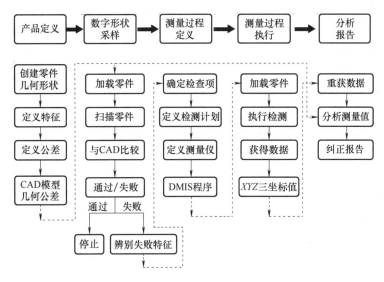

图 8-6　结合 CAI 的检测操作流程

8.2　Geomagic Qualify 软件系统

8.2.1　Geomagic Qualify 系统简介

Geomagic Qualify 是由美国 Geomagic 公司推出的计算机辅助检测软件，通过在 CAD 模型与实际生产零件之间快速、明了的图形比较，可对零件进行首件检验、在线或车间检验、趋势分析、2D 和 3D 几何测量以及自动化报告等，从而快速并准确地完成检测任务。

Geomagic Qualify 软件的主要优点有：

1）显著节约了时间和资金：可以在数小时（而不是原来的数周）内完成检验和校准，因而可极大地缩短产品开发周期。

2）改进了流程控制：可以在内部进行质量控制，而不必受限于第三方。

3）提高了效率：Geomagic Qualify 是一种为设计人员提供的易用和直观的工具，设计人员不再需要分析报告表格，检测结果直接以图文的形式显示在操作者眼前。

4）改善了沟通：自动生成的、适用于 Web 的报告改进了制造过程中各部门之间的沟通。

5）提高了精确性：Geomagic Qualify 允许用户检查由数万个点定义的面的质量，而由 CMM 定义的面可能只有几十个点。

6）使统计流程控制（SPC）自动化：针对多个样本进行的自动统计流程控制可深入分析制造流程中的偏差趋向，并且可用来验证产品的偏差趋向。

Geomagic Qualify 的自动化操作可以使从对齐到生成检测报告的过程一步完成，针对同一产品的多个零件检测时，通过记录第一个零件的检测过程，其他零件则可重复第一个过程，自动完成检测，可大大减少检测时间。

利用 Geomagic Qualify 可以快速地完成检测过程，加快产品上市时间，大大降低成本，使企业在市场竞争中处于优势地位。Geomagic Qualify 已经通过德国标准计量机构 PTB 认证，符合领先的汽车和航空航天制造商确定的严格质量标准，这确保了它可以得到广泛的应用。在我国，沈阳飞机研究所、一汽集团等都是它的客户。此外，随着技术的不断发展，Geomagic Qualify 还扩展了叶片检测模块（Geomagic Blade），它是根据涡轮叶片行业的领先企业（如：Pratt & Whitney、Howmet 等）的特定要求而开发，可用在包括汽车和航空航天发动机、水轮机、汽轮机和涡轮机的叶片检测和分析。

8.2.2 Geomagic Qualify 操作流程及功能介绍

用 Geomagic Qualify 进行质量检测，先需要进行辅助性的操作，这包括删除噪点和点云拼接等，待得到完好的点云数据再进入检测过程。其操作过程可简单归纳为：点云处理、对齐、比较分析和生成报告四个阶段。

Geomagic Qualify 基本流程如图 8-7 所示，从中可以大致掌握 Geomagic Qualify 的操作过程与比较分析功能。

图 8-7　Geomagic Qualify 操作流程

以下就从这四个阶段分别介绍 Geomagic Qualify 的主要功能。

1. 点云处理

点云处理包括删除噪点、数据采样和点云拼接等操作。使用三维扫描设备得到实物的点云数据时，难免会引入一些杂点。这将对检测结果带来影响。因此，在将扫描所得到的点云数据导入到 Geomagic Qualify 后，应将多余的点删除。操作时可通过手选将一些多余的点删除，也可利用"非连接项""体外孤点"命令让软件自动选择多余的点，通过手动将其删除。"数据采样"通过简化点云数据，可以在保持精度的同时加快检测过程。点云拼接是将零件的各部分点云数据拼接成一个完整的点云数据。当扫描设备不能将整个零件一次全部扫描时，可在零件上贴上标志点，把零件分成几个区域分别扫描，导入软件后再组合成完整的零件点云数据。

2. 对齐操作

经过处理后的点云数据在与 CAD 模型比较前，应将它们尽可能重合在一起，这样就可以通过对比看出各处的偏差。所以，应该首先通过坐标变换把两者统一到同一个坐标系下。对此，Geomagic Qualify 提供了多种对齐方法，而常用的主要有以下三种：

1）最佳拟合。该方法主要用在由自由曲面组成零件的对齐，因为这类零件比较难创建一些基准和特征。其原理是基于点的对齐。对齐过程可以分为粗对齐和精确对齐两个阶段进行，粗对齐是在点云数据上先选取一定数目的任意点，与 CAD 模型进行反复匹配。精确对齐就是在第一步的基础上再通过选取更多的点云，进一步提高对齐的质量。

2）基准/特征对齐。该方法多用于有规则外形的零件，通过创建在 CAD 模型和点云上对应的基准或特征的重合，达到 CAD 模型和点云的对齐。对齐时应当约束模型的 6 个自由度，这样可使对齐实现完全约束，若是所创建的基准或特征达不到完全约束，可通过"最佳拟合"功能，完成对齐操作。使用该方法时，应先在 CAD 模型上创建基准或特征，再利用"自动创建"命令在点云上创建对应的基准或特征。

3）RPS 对齐。RPS 是基于参考点系统的对齐方式。对齐过程包含两个操作：CAD 模型和点云上的各对参考点方向的对齐；所有参考点对的最佳拟合。参考点所确定的方向依赖于创建基准或特征的类型，以常用的"点目标"和"圆"为例，"点目标"确定的方向为其所在曲面处的法线方向，"圆"确定的方向为圆所在的面。

要利用 RPS 对齐得先有参考点，当建立了特征或基准为平面，就不可以进行 RPS 对齐，而应建立如圆、椭圆、长方形这些包含有参考点的特征。

RPS 对齐和基准/特征对齐相同的地方在于都得先创建基准或特征，不同之处为，基准/特征对齐是按基准或特征对的前后顺序进行对齐，首先满足第一对特征或基准，而 RPS 对齐则没有对的前后之分。此外，它们的对齐原理也不相同。下面结合图 8-8 来简单说明。

图 8-8 中创建了 Circle 2 在 CAD 模型和点云上，Circle 2 所在的平面为 XZ 面。利用基准/特征对齐时，其原理是使该对圆尽量贴合，以达到对齐的目的。而用 RPS 对齐，是通过 XZ 平面的对齐和圆心的最佳拟合来实现。

RPS 方法比较适合具有定位孔、槽等特征的零件的对齐。

在针对实际问题时，应根据具体情况选择一种最佳的对齐方式。相对而言，人为因素对对齐结果有较大的影响，而且后面的检测又是在对齐的基础上进行的。对齐的质量直接影响检测的结果，所以对齐操作是非常关键的一步，对操作者要求比较高，只有精确的对齐才能检测出零件的真实情况。

3. 比较分析

比较分析是质量检测的中心，可以对零件点云数据实行具体的检测操作。前面所做的工

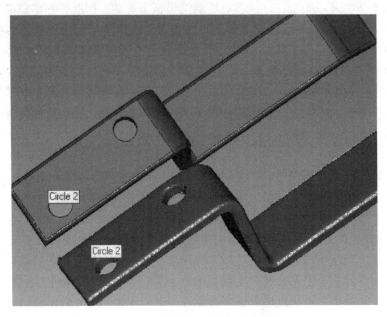

图 8-8　金属板与特征

作都是为比较分析作准备的，其目的是得到一个更能反映零件实际情况的结果。使用 Geomagic Qualify 可以实现零件的二维分析、三维分析以及误差评估操作，具体包括：

二维分析：可以对模型的指定截面进行质量分析，进行尺寸标注或生成偏差图。

三维分析：通过 3D 比较，生成彩色的偏差图，结果显示为 CAD 模型或点云上的偏差，可进行编辑偏差色谱，通过/不通过分析，偏差和文本标注，对预定义的位置设置检测等。通过边界比较可分析边界处的偏差情况，在板金件的回弹分析方面有较大的用途。

评估：通过创建特征和基准对零件进行三维尺寸分析。评估几何公差可分析平面度、圆柱度、面轮廓度、线轮廓度、位置度、垂直度、平行度、倾斜度和全跳动。

4. 生成报告

Geomagic Qualify 可以自动生成包括 HTML 格式、PDF 格式、MS Word 和 Excel 格式的多种报告，其中适用于 Web 的报告可以让各部门共享检测结果，改善了部门间的沟通。

8.3　Geomagic Qualify 检测实例

下面以连杆零件的检测为例介绍应用 Geomagic Qualify 的检测过程。

1. 辅助阶段

1）运行 Geomagic Qualify 后　单击下拉菜单中【文件】→【打开】命令，找到连杆的点云数据 "link rod. igs"，单击【打开】按钮，得到连杆的点云数据，如图 8-9a 所示。

2）删除多余的点　用鼠标选中图 8-9a 中两个小的黑点，单击【删除】按钮，结果如图 8-9b 所示。

3）在视图中单击右键→【着色】→【着色点】，将点云染色，这样容易看清点云的形状，如图 8-9c 所示。

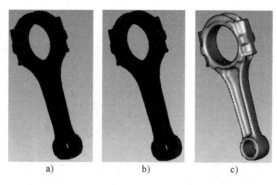

图 8-9　点云阶段

a）点云数据　b）删除多余点　c）点云着色

4）导入参考模型　单击下拉菜单中【文件】→【导入】命令，找到连杆的 CAD 模型"link rod. wrp"，单击【打开】按钮（见图 8-10，左上是点云，右下是 CAD 模型）。

2. 对齐操作

由于该连杆具有明显的特征，因此使用"基准/特征对齐"方式将模型对齐。该连杆的两个圆柱孔以及螺纹孔比较重要，因为它们需要和别的零件进行配合，所以可以在这些地方创建基准和特征用于对齐。在大小两圆柱孔处分别创建两根轴，螺纹孔处创建圆特征。

1）在 CAD 模型上创建基准。首先在软件左侧一栏中选择 CAD 模型，此时屏幕中只显示 CAD 模型。单击下拉菜单中【工具】→【基准】→【创建基准】命令，在【基准类型】中选择"轴"，【轴方法】中选择"CAD 圆柱/圆锥"，再选择 CAD 模型上的一个圆柱面，系统自动创建好一根轴（见图 8-11 轴 3），单击【下一个】按钮，根据同样的方法，选择另一个圆柱面，创建另一根轴（见图 8-11 轴 4）。

图 8-10　导入参考模型

2）在 CAD 模型上创建特征。单击下拉菜单中【工具】→【特征】→【创建特征】命令，在【类型】中选择"圆"，【方法】中选择"CAD"，在 CAD 模型上选择圆边界，创建圆 1（见图 8-12）。

3）在点云上自动创建基准和特征　单击下拉菜单中【工具】→【自动创建基准/特征】→【应用】→【确定】按钮，在 CAD 模型上创建的轴和圆自动创建到了点云上（见图 8-13）。

4）将点云与 CAD 模型对齐。单击下拉菜单中【工具】→【对齐】→【基准/特征对齐】命令，在【基准/特征】输入一栏中先选【基准】→【自动】，再将【基准/特征】输入一栏选为【特征】→【自动】，软件自动将点云和 CAD 模型上对应的基准和特征创建对。点云与 CAD 模型对齐前如图 8-14 所示，单击【确定】按钮后，对齐效果如图 8-15 所示，对齐误差和约束状态如图 8-16 所示。

图 8-11　创建轴

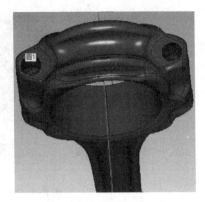
图 8-12　创建圆 1

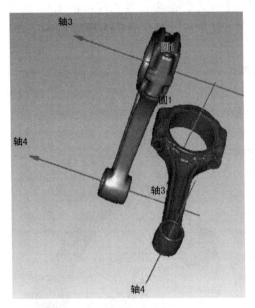
图 8-13　自动创建基准/特征

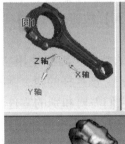

图 8-14　对齐前

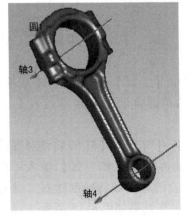
图 8-15　对齐后

统计

状态：完全约束。

旋转：3 个中的 3 个被约束。

平移：3 个中的 3 个被约束。

基准偏差：

对 1：0.000 mm

对 2：0.041 mm

对 3：4.132 度，0.999 mm

图 8-16　对齐后统计数据

3. 比较分析

下面主要介绍 Geomagic Qualify 检测功能的操作方法，包括有 2D 比较、3D 比较、创建注释、尺寸分析、几何公差评估等。

1）3D 比较。单击【分析】→【3D 比较】命令，【偏差】类型中选择【3D 偏差】→【应用】，生成点云与 CAD 模型的偏差图（见图 8-17a）。由于软件自动给出的设置可能不能很好地反映实际偏差情况，需要重设"最大临界值""最大名义值""最小名义值""最小临界值"。在"最大临界值"文本框中输入"5"，按"回车"确认，在"最大名义值"文本框中输入"0.5"，单击"确定"，上述四个值分别为：5mm、0.5mm、－0.5mm、－5mm，更改后显示结果如图（见图 8-17b）。

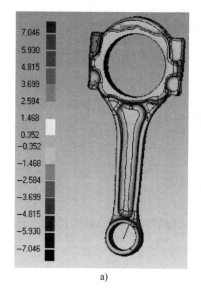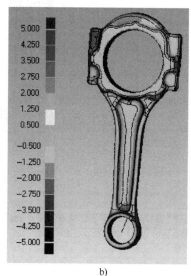

a)　　　　　　　　　　　　　　b)

图 8-17　3D 比较

a）编辑前　b）编辑后

2）创建注释。单击【结果】→【创建注释】命令，将上下公差分别设为"0.5"、"－0.5"，在模型上选择不同的区域，单击【确定】按钮。在模型上显示每一处的具体偏差值如图 8-18 所示，图 8-19 显示出注释的具体情况。在单击【确定】按钮之前，可以单击【编辑显示】，勾选需要显示的项，从而改变注释显示结果。（如图 8-18 中只勾选名称、颜色框、偏差 Dx、Dy、Dz 和偏差大小）

3）2D 比较。单击【分析】→【2D 比较】命令，在【截面位置】一栏中设置截面的位置（见图 8-20a），单击【计算】然后单击【确定】按钮，生成的截面偏差图（见图 8-20b）。通过调整截面的位置和方向，可以生成其他指定截面的偏差图。

4）点云 2D 尺寸分析

① 创建截面。单击下拉菜单中【工具】→【贯穿截面对象】命令，在【截面位置】一栏中设置截面的位置（见图 8-21a），单击【计算】按钮，生成的截面如图 8-21b 所示，单击【下一个】按钮，调整截面位置（见图 8-22a），单击【计算】按钮，生成截面（见图 8-22b），单击【确定】按钮。

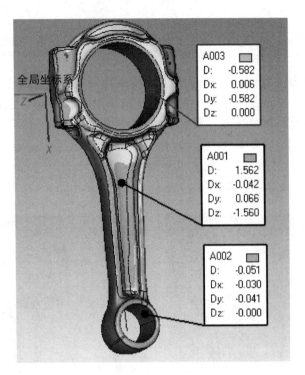

图 8-18　创建注释

	名称	偏差	状态	上公差	下公差	参考X	参考Y	参考Z	偏差半径	偏差X	偏差Y	偏差Z	测试X	测试Y	测试Z	法线X	法线Y	法线Z
1	A001	1.562	失败	0.500	-0.500	53.743	-38.397	-14.011	1.000	-0.042	0.066	-1.560	53.701	-38.331	-15.571	-0.027	0.042	-0.999
2	A002	-0.051	通过	0.500	-0.500	128.899	-46.500	-14.394	1.000	-0.030	-0.041	-0.000	128.868	-46.542	-14.394	0.593	0.805	0.002
3	A003	-0.582	失败	0.500	-0.500	0.228	-62.498	-8.729	1.000	0.006	-0.582	0.000	0.234	-63.080	-8.729	-0.011	1.000	0.000

图 8-19　创建注释结果

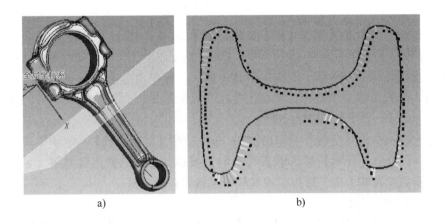

a)　　　　　　　　　　　　　　　b)

图 8-20　2D 比较

a) 确定截面位置　b) 比较结果

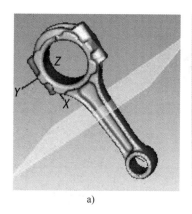
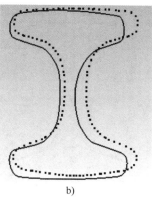

图 8-21　创建截面
a）确定截面位置　b）生成截面

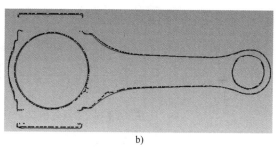

图 8-22　创建截面
a）截面位置　b）生成截面

②　参数设置。在左侧顺序树中单击【点云】→【横截面】→【横截面 1】，屏幕中显示如图 8-21b 所示，单击【分析】→【创建 2D 尺寸】按钮，进入创建 2D 尺寸菜单栏。单击底下的【选项】按钮，在【尺寸选项】菜单栏中勾选"自动探测名义值"，当对点云进行标注时，软件自动探测出对应在 CAD 模型上的值。此外，将上下公差分别设为"0.5mm"和"-0.5mm"。

③　尺寸标注。在尺寸类型中依次有水平、垂直、半径、直径、角度、平行、两点、文本 8 个类型。选择"垂直"，在【拾取方法】一栏中选择"测试"（表示对点云测量）。用鼠标在图中选择区域，创建"尺寸 1"（见图 8-23a，绿色圈为选择区域），单击【下一个】按钮，如此反复操作可以创建多个尺寸（见图 8-23b）。图 8-24 显示每个尺寸的具体偏差情况，包括有名称、测量值、名义值、偏差、状态和上下公差。其中上下公差是自己设置的值，其他数值和结果由软件自动探得。

5）点云的几何公差分析

①　创建 GD&T 标注

a）单击【分析】→【GD&T】→【创建 GD&T】命令，从类型中可知，可以创建的几何公差有平面度、圆柱度、面轮廓度、线轮廓度、位置度、垂直度、平行度、倾斜度和全

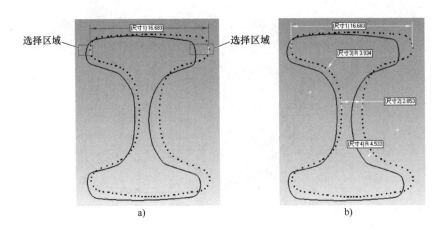

图 8-23　生成 2D 尺寸

a）创建尺寸 1　b）创建多个尺寸

	名称	测量值	名义值	偏差	状态	上公差	下公差
1	尺寸1	16.683	15.265	1.418	失败	0.500	−0.500
2	尺寸2	2.853	2.096	0.757	失败	0.500	−0.500
3	尺寸3	3.934	3.669	0.265	通过	0.500	−0.500
4	尺寸4	4.533	5.865	−1.331	失败	0.500	−0.500

图 8-24　尺寸具体值

跳动。

　　b）选择"圆柱度"，选择大圆柱面，圆柱度误差设为"0.5mm"，创建大圆柱的圆柱度（见图 8-25a 圆柱度 1），单击【下一个】按钮选择小圆柱面，同样将圆柱度误差设为"0.5mm"，创建小圆柱的圆柱度（见图 8-25b 圆柱度 2）。

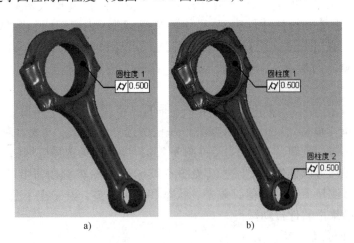

图 8-25　创建 GD&T 标注

a）创建圆柱度 1　b）创建圆柱度 2

② 评估 GD&T

单击【分析】→【GD&T】→【评估 GD&T】命令，单击【应用】按钮，生成点云的圆柱度，如图 8-26 所示，评估的具体结果如图 8-27 所示。

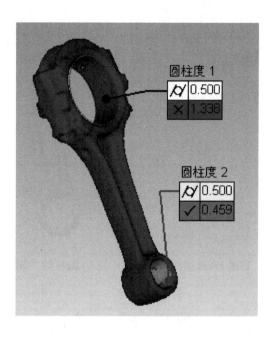

图 8-26　评估 GD&T

	名称	公差	测量值	#点	#体外孤点	#通过	#失败	最小值	最大值	公差补偿	注释	状态
1	圆柱度 1	0.500	1.338	15942	106	15632	204	-0.669	0.669	0.000		失败
2	圆柱度 2	0.500	0.459	4339	66	4273	0	-0.229	0.229	0.000		通过

图 8-27　评估结果

6）点云 3D 尺寸分析

① 创建 3D 尺寸。单击【分析】→【3D 尺寸】命令，在【尺寸】类型中选择"平行"和"3D"，【拾取方法】中选择"基准"在屏幕中依次选择 CAD 模型中的两根轴，生成两根轴的距离（见图 8-28），单击【确定】按钮。

② 自动创建 3D 尺寸。单击【分析】→【自动创建 3D 尺寸】→【应用】→【确定】按钮，在左侧顺序树中单击"点云"→"尺寸视图"→"尺寸视图 1"，便可看到在点云上自动创建的 3D 尺寸（见图 8-29），分析的结果如图 8-30 所示。

4. 输出报告

单击【报告】→【创建报告】命令，可以定制报告的格式以及更改报告的输出目录等，设置完后单击【确定】按钮，软件自动生成检测报告（如下）。

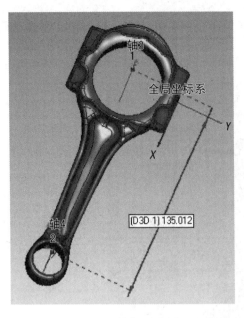

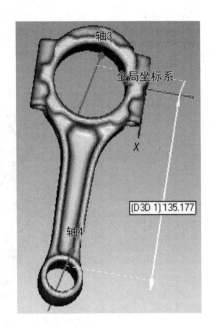

图 8-28　创建 3D 尺寸　　　　　　图 8-29　自动创建 3D 尺寸

	名称	测量值	名义值	偏差	状态	上公差	下公差
1	D3D 1	135.177	135.012	0.165	通过	0.500	-0.500

图 8-30　3D 尺寸检测结果

Qualify 报告

检测日期：11/3/2009

生成日期：11/4/2009，2：54pm

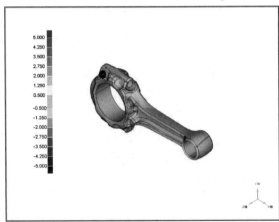

零件：CAD

测试：link rod

3D 比较结果

参考模型	CAD
测试模型	link rod
数据点的数量	78408
# 体外孤点	191

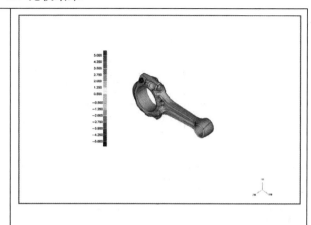

公差类型	3D 偏差
单位	mm
最大临界值	5.000
最大名义值	0.500
最小名义值	−0.500
最小临界值	−5.000

偏差	mm
最大上偏差	4.152
最大下偏差	−7.046
平均偏差	0.739 /−0.638
标准偏差	0.871

百分比偏差

>=Min	<Max	# 点	%
−5.000	−4.250	61	0.078
−4.250	−3.500	285	0.363
−3.500	−2.750	316	0.403
−2.750	−2.000	750	0.957
−2.000	−1.250	2382	3.038
−1.250	−0.500	28451	36.286
−0.500	0.500	28860	36.807
0.500	1.250	11531	14.706
1.250	2.000	5347	6.819
2.000	2.750	312	0.398
2.750	3.500	13	0.017
3.500	4.250	9	0.011
4.250	5.000	0	0.000

超出最大临界值	0	0.000
超出最小临界值	91	0.116

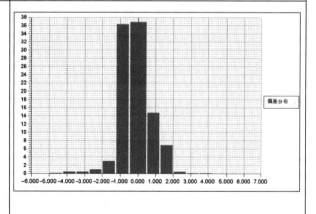

143

标准偏差		
分布(+/−)	# 点	%
−6 * 标准偏差	119	0.152
−5 * 标准偏差	242	0.309
−4 * 标准偏差	392	0.500
−3 * 标准偏差	917	1.170
−2 * 标准偏差	4374	5.579
−1 * 标准偏差	36236	46.215
1 * 标准偏差	23440	29.895
2 * 标准偏差	10506	13.399
3 * 标准偏差	2155	2.748
4 * 标准偏差	15	0.019
5 * 标准偏差	12	0.015
6 * 标准偏差	0	0.000

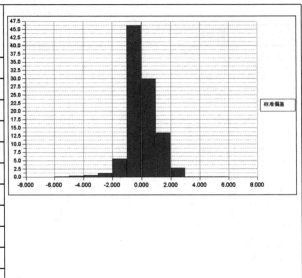

预定义：前视

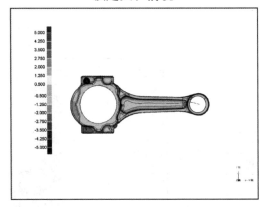

预定义：后视

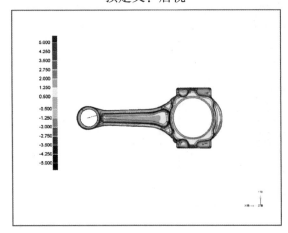

预定义：左视

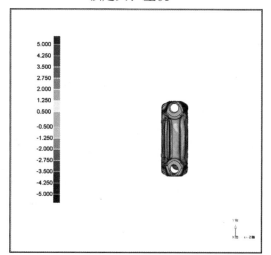

预定义：右视

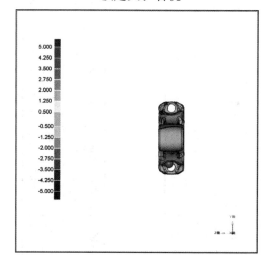

预定义：俯视

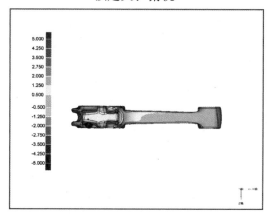

预定义：仰视

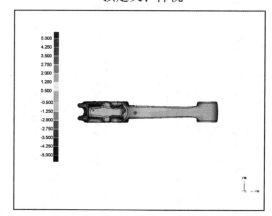

预定义：等测

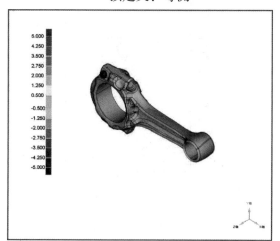

注释：注释视图 1

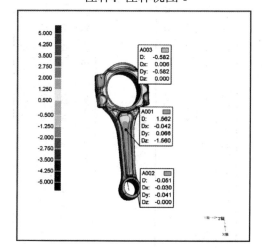

单位：mm

坐标系：全局坐标系

名称	偏差	状态	上公差	下公差	参考 X	参考 Y	参考 Z	偏差半径	偏差 X	偏差 Y	偏差 Z	测试 X	测试 Y	测试 Z	法线 X	法线 Y	法线 Z
A001	1.562	失败	0.500	-0.500	53.743	-38.397	-14.011	1.000	-0.042	0.066	-1.560	53.701	-38.331	-15.571	-0.027	0.042	-0.999
A002	-0.051	通过	0.500	-0.500	128.899	-46.500	-14.394	1.000	-0.030	-0.041	-0.000	128.868	-46.542	-14.394	0.593	0.805	0.002
A003	-0.582	失败	0.500	-0.500	0.228	-62.498	-8.729	1.000	0.006	-0.582	0.000	0.234	-63.080	-8.729	-0.011	1.000	0.000

名称	偏差	状态	上公差	下公差	参考 X	参考 Y	参考 Z	偏差半径	偏差 X	偏差 Y	偏差 Z	测试 X	测试 Y	测试 Z	法线 X	法线 Y	法线 Z
A001	1.562	失败	0.500	-0.500	53.743	-38.397	-14.011	1.000	-0.042	0.066	-1.560	53.701	-38.331	-15.571	-0.027	0.042	-0.999
A002	-0.051	通过	0.500	-0.500	128.899	-46.500	-14.394	1.000	-0.030	-0.041	-0.000	128.868	-46.542	-14.394	0.593	0.805	0.002
A003	-0.582	失败	0.500	-0.500	0.228	-62.498	-8.729	1.000	0.006	-0.582	0.000	0.234	-63.080	-8.729	-0.011	1.000	0.000

注释：全部

单位：mm

方法：平面偏差
误差曲线缩放：1.000000

比较 2D：2D 比较 1

X = 60.000mm

2D 比较结果
坐标系：全局坐标系

参考模型	CAD
测试模型	link rod

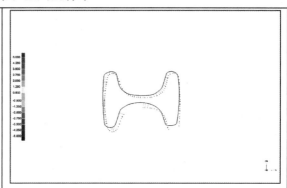

名称	2D 比较 1
位置	X = 60.000 mm
数据点的数量	149

单位	mm
最大临界值	5.000
最大名义值	0.500
最小名义值	−0.500
最小临界值	−5.000

偏差	mm
最大偏差 +	1.460
最大偏差 −	−1.068
标准偏差	0.691

百分比偏差

>=Min	<Max	# 点	%
−5.000	−4.250	0	0.000
−4.250	−3.500	0	0.000
−3.500	−2.750	0	0.000
−2.750	−2.000	0	0.000
−2.000	−1.250	0	0.000
−1.250	−0.500	53	35.570
−0.500	0.500	65	43.624
0.500	1.250	23	15.436
1.250	2.000	8	5.369
2.000	2.750	0	0.000
2.750	3.500	0	0.000
3.500	4.250	0	0.000
4.250	5.000	0	0.000

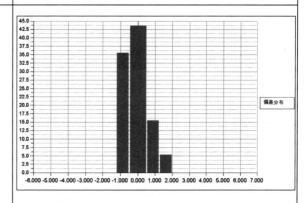

超出最大临界值 +		0	0.000
超出最小临界值 −		0	0.000

标准偏差

分布(+/−)	# 点	%
−6 * 标准偏差	0	0.000
−5 * 标准偏差	0	0.000
−4 * 标准偏差	0	0.000
−3 * 标准偏差	0	0.000
−2 * 标准偏差	28	18.792
−1 * 标准偏差	52	34.899
1 * 标准偏差	46	30.872
2 * 标准偏差	19	12.752
3 * 标准偏差	4	2.685
4 * 标准偏差	0	0.000
5 * 标准偏差	0	0.000
6 * 标准偏差	0	0.000

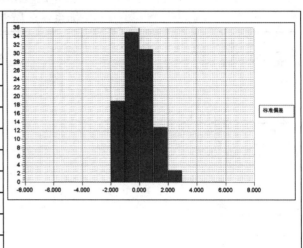

尺寸 2D：截面 1

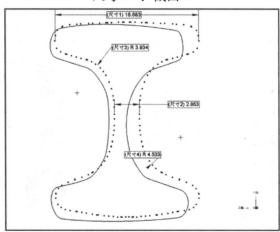

单位：mm

坐标系：全局坐标系

名称	测量值	名义值	偏差	状态	上公差	下公差
尺寸 1	16.683	15.265	1.418	失败	0.500	−0.500
尺寸 2	2.853	2.096	0.757	失败	0.500	−0.500
尺寸 3	3.934	3.669	0.265	通过	0.500	−0.500
尺寸 4	4.533	5.865	−1.331	失败	0.500	−0.500

尺寸 3D: 尺寸视图 1

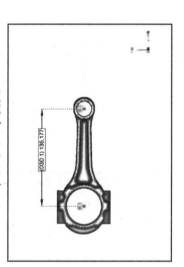

[D3D 1] 135.177

单位：mm

坐标系：全局坐标系

名称	测量值	名义值	偏差	上公差	下公差	状态
D3D1	135.177	135.012	0.165	0.500	-0.500	通过

位置：上下偏差
单位：mm

名称	偏差	状态	上公差	下公差	参考 X	参考 Y	参考 Z	半径	偏差 X	偏差 Y	偏差 Z	测量值 X	测量值 Y	测量值 Z	法线 X	法线 Y	法线 Z
上偏差	4.152	失败	0.500	-0.500	21.045	-64.449	-10.971	不适用	-4.107	-0.542	-0.285	16.938	-64.991	-11.257	-0.989	-0.131	-0.069
下偏差	-7.046	失败	0.500	-0.500	-15.964	-6.746	-4.281	不适用	0.587	-2.461	-6.576	-15.377	-9.206	-10.857	-0.083	0.349	0.933

位置：2D 比较 1 上下偏差
单位：mm

名称	偏差	状态	上公差	下公差	参考 X	参考 Y	参考 Z	半径	偏差 X	偏差 Y	偏差 Z	测量值 X	测量值 Y	测量值 Z	法线 X	法线 Y	法线 Z
2D 比较 1 上偏差	1.460	失败	0.500	-0.500	60.000	-37.111	-14.195	不适用	-0.000	-0.122	-1.455	60.000	-37.233	-15.650			
2D 比较 1 上偏差	-1.068	失败	0.500	-0.500	60.000	-47.553	-6.925	不适用	-0.000	1.062	-0.113	60.000	-48.615	-7.038			

GD&T 视图：GD&T 视图 1

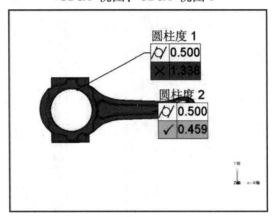

单位：mm

坐标系：全局坐标系

名称	公差	测量值	#点	#体外孤点	#通过	#失败	最小值	最大值	公差补偿	注释	状态
圆柱度 1	0.500	1.338	15942	106	15632	204	−0.669	0.669	0.000		失败
圆柱度 2	0.500	0.459	4339	66	4273	0	−0.229	0.229	0.000		通过

GD&T 视图：全部
单位：mm

名称	公差	测量值	#点	#体外孤点	#通过	#失败	最小值	最大值	公差补偿	注释	状态
圆柱度 1	0.500	1.338	15942	106	15632	204	−0.669	0.669	0.000		失败
圆柱度 2	0.500	0.459	4339	66	4273	0	−0.229	0.229	0.000		通过

"两弹一星"功勋科学家：雷震海天

第 9 章
ThinkDesign变形设计技术

9.1 ThinkDesign 变形设计软件介绍

ThinkDesign 是由来自意大利的 CAD/PLM 厂商 Think3 公司推出的一款以"目标驱导设计（TDD）"为设计理念的三维造型设计软件。该软件集成了 2D/3D/PDM 设计环境，并提供覆盖产品研发全流程的多个设计模块（见图 9-1）。它包含实体建模、曲面建模和混合建模三种建模方式，以及丰富的建模工具，特别是它以全局形状建模（Globe Shape Modeling，GSM）技术为基础开发的一系列快速模型修改工具，能够实现快速曲面修改的工具，借助该工具，用户得以摆脱建模历史的限制，在模型创建的任何阶段对模型进行多样化的可控修改。

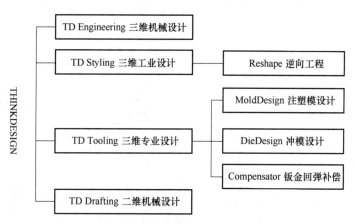

图 9-1 ThinkDesign 各个设计模块

ThinkDesign 适用于工业造型设计、通用机械设计、专业模具设计以及逆向工程等领域。以汽车行业为例，如今汽车的外形已是日新月异，不同款式汽车之间最明显的差别就是外形和内饰。为了快速响应市场的变化以及对原有产品的更新换代，设计人员所需要的 CAD 软件不仅需要具有完备的模型创建功能，更要有快速模型修改能力。ThinkDesign 可以很好地满足这个要求，它使用户能够完整地表达设计意图，构建三维模型，并在此基础上按照不同的要求对模型进行快速、多样化的变形修改，并将最终设计结果投入生产制造，完成整个产品开发过程。在欧美的汽车行业里，ThinkDesign 已经赢得了众多的青睐，包括雷诺、松下、本田、福特等公司都是 ThinkDesign 的重要用户。

该软件技术优势有以下三点。

1. GSM 技术

全局形状建模技术（Globe Shape Modeling，GSM）是一种柔性化的模型修改技术。通常，在使用参数化建模工具时，模型的修改会受到建模历史的限制。而使用 GSM 技术，设计人员可以不受建模过程、历史特征树等的限制而对模型进行快速的可控修改，无需重建模型。

GSM 技术是基于最小能原理的，它通过建立一个变形函数来对模型进行整体或者局部的修改，并保持原模型的光顺性和连续性。变形函数可以由一系列的约束来定义，典型的约束为：

匹配约束：一系列一对一的匹配，如原始点与目标点，原始线与目标线等。

保持约束：变形过程中，一些点或线固定不变，或要求它们保持在一个面上移动。

无论是匹配约束或是保持约束，都可以额外加入导数或曲率条件。

此外，GSM 全局变形功能还是参数化的，只要改变了约束条件，或者待变形的模型自身发生了变化，都会自动生成新的模型。

ThinkDesign 中以全局形状建模技术为基础开发的系列命令有：折弯、半径折弯、扭转、高级 GSM、GSM 复制、平面变形、3D 变形、GSM 棱线扭转、GSM 圆角转换。各命令详细介绍见表 9-1。

表 9-1　全局形状建模技术系列命令

GSM 命令	变 形 前	变 形 后
GSM 折弯 　将实体、曲面或者是其他由实体组成的整个模型沿着一条用户设定的轴线进行交互折弯。改变轴线长度或者拖动变形操纵把手，可以实时的观察折弯效果		
GSM 半径折弯 　与 GSM 折弯命令类似，不同之处在于半径折弯命令的折弯方向是旋转轴的径向，也即使用半径折弯命令可以对模型进行径向的压缩或扩张		
GSM 扭转 将实体、曲面或者是其他实体组成的整个模型沿着用户设定的中心轴线扭转		

（续）

GSM 命令	变 形 前	变 形 后
高级 GSM 将实体、曲面、曲线、点或网格按照用户设定的匹配条件从原始形状变化到目标形状，并保持原对象的某些几何性质	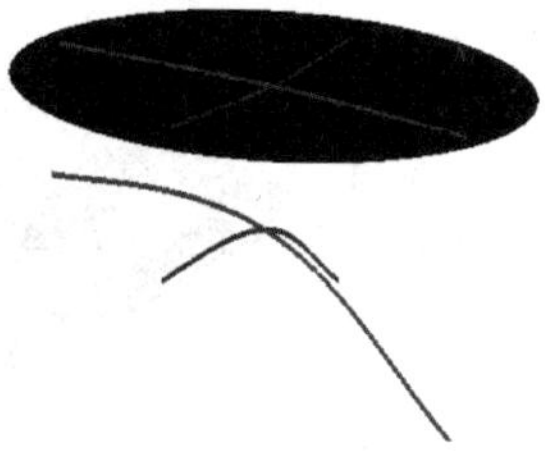	
平面变形 通过在用户所选择的平面（形变平面）上应用一系列的控制点，来定义的用拉动控制点实现的可控修改	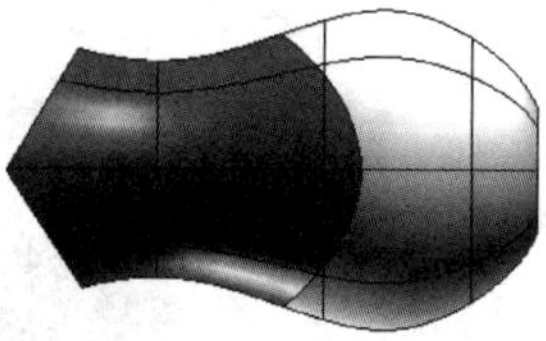	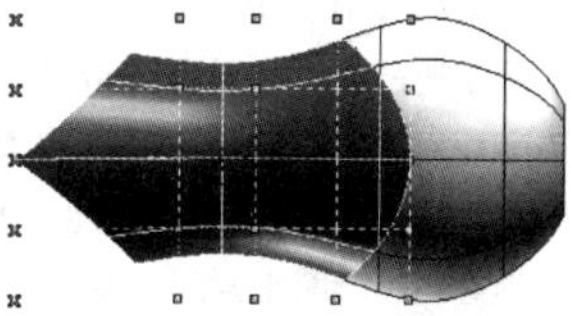
3D 变形 通过在 3D 空间应用一系列的控制点，来定义的用拉动控制点实现的可控修改	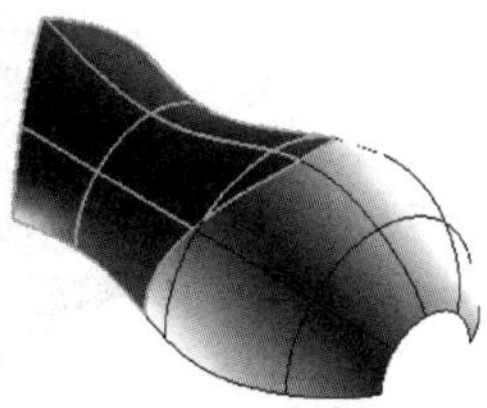	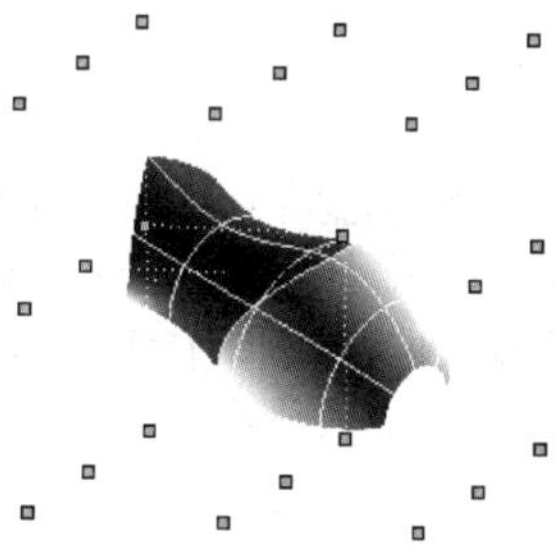
GSM 棱线扭转 可以将一组曲面、曲线或网格绕着既定的棱线进行扭转。在棱线上任意位置可设置扭转角度。各个截面间的扭转角度将通过插补规则进行定义	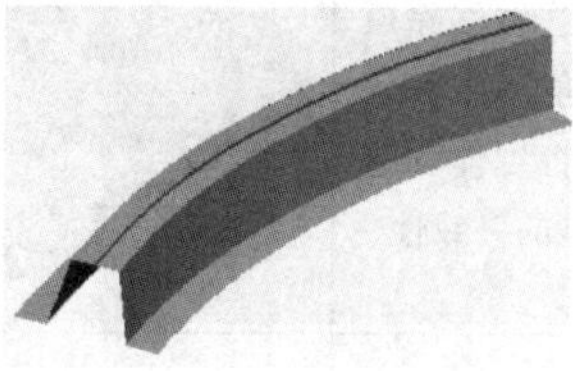	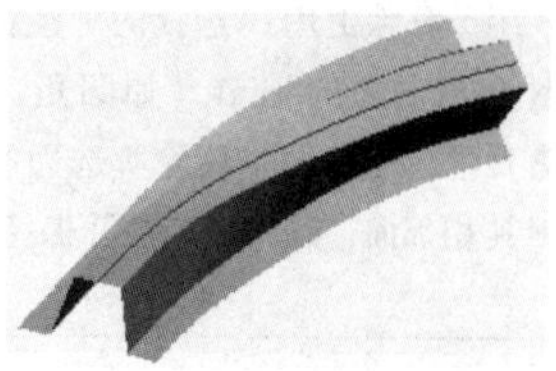

2. ISM 技术

在实际的工作中经常会遇到无参数模型，它们可能来自于不同的 CAD 软件，也有可能是出于技术保密目的而隐藏了建模过程。由于没有历史树，这些无参数模型修改起来比较困难，然而，ThinkDesign 中的交互建模技术（简称 ISM）开创了一种不同于传统的通过历史参数编辑的全新实体编辑方法。使用交互建模功能，用户可以自由地进行编辑，而不受那些实际上对特征形状具有控制作用的参数的限制，因而模型也不受其历史参数的限制。ISM 编辑方法简单，就如同选择一个面并将其拖动到新位置一样。与所选面关联的所有其他面也将改变形状，以使模型保持一致。

ThinkDesign 中可使用五个不同的交互建模命令有效地更改实体形状，这些命令包括：移动面、延伸面、偏移面、移除面、替换面，详细介绍见表 9-2。

表 9-2　ThinkDesign 交互建模命令

ISM 命令	变 形 前	变 形 后
移动面 　用于平移或旋转由用户选择的一组面。应用此命令后，将在移动面的同时使实体的几何形状保持一致		
延伸面/封闭实体 　用于通过延伸和剪裁邻近开放边界的面来关闭开放实体。如果延伸面没有聚合（例如，因为它们是平行的），则此功能将不起作用，因为它不会创建新面来封闭缝隙		
偏移面 　偏移面功能用于通过具体方向上的指定值，对由用户选择的一组面进行偏移。此功能可以有效地更改孔的半径或增加对象的厚度		
移除面 　用于移除由用户选择的一组面。这对移除模型上不需要的细节（如圆角、倒角、孔和切槽）非常有帮助。移除所选面时，将延伸和剪裁其相邻面，以填充空隙并保持模型的一致性		
替换面 　用于将用户选择的一组面替换为另一组面。要替换的面将经过必要的变换才能进行替换。所选面将占据其替换面的轮廓。此时将延伸和修剪所选面的其他附属面，以使模型保持一致		

3. Compensator 自动回弹补偿技术

ThinkDesign 的 Compensator 自动回弹补偿技术是基于 GSM 技术开发的专门用于板料回弹补偿的工具，该模块提供了一系列自动化回弹补偿工具，同时设计人员也可以结合 GSM 变形工具对模具的一些细节特征进行可控修改。

如今，在处理回弹问题上，一般都是通过 CAE 软件模拟或现场试模来预测板料回弹量，并根据预测的结果在 CAD 软件中修改模具型面后再试模。在 CAD 软件中如果采用人工修补曲面和补偿型面的话，这个过程不但费时费力，而且最后修改的曲面质量也难以得到保证。更需要注意的是，CAE 工作和 CAD 模具修改工作是独立的，这就需要设计人员花费大量的时间和精力将仿真结果反馈到模具设计的型面修改设计中去。

TD/Compensator 在 FEA 和优化模具设计之间搭建了沟通的桥梁，将 Compensator 技术和 FEA 数据配合使用可以自动生成补偿曲面，如此，设计人员不必花费大量时间重建补偿曲面，可以提高模具设计的效率。根据 FEA 分析结果的自动补偿的步骤可概括为：

（1）根据 FEA 获取成型网格和回弹网格。

（2）运用 Compensator 技术自动获取回弹的变形数据以确定位移区域。

（3）采用 GSM 功能，根据回弹变形数据自动修改 CAD 模型，如图 9-2 所示。

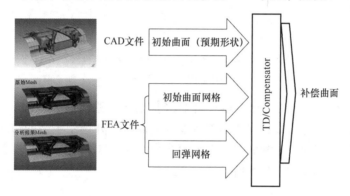

图 9-2　TD/Compensator 回弹补偿流程

利用 Thinkdesign 软件中的 Compensator 模块进行回弹补偿具有以下优点：

（1）它能够实现回弹补偿过程的自动化，大大节省修改模具型面的时间，提高工作效率。

（2）修改后的模具型面和原型面具有相同的拓扑关系和曲面质量。

（3）根据 CAE 仿真或试模的结果，直接对模具型面进行变形，生成新的曲面模型，省去了逆向建模过程。

9.2　ThinkDesign 变形修改实例

1. 基于 GSM 技术的头盔形状修改

如图 9-3 所示为一摩托车头盔外壳曲面。设计人员花费了大量的时间来设计并构建这个曲面，当整体造型完成或者实际生产之后发现该头盔的前部和顶部的曲线不够饱满和动感，需要进行修改。因为进行整体修改时涉及的曲面片较多，使用传统方法难以实现，如果重新构建曲面的话，那要花费大量的时间做重复繁杂的工作，这将大大增加设计人员的工作量，此时可以借助 ThinkDesign 的快速柔性化修改工具——高级 GSM 工具来实现快速地修改。

1）在头盔的对称面上分别绘制一条初始曲线和一条目标曲线，初始曲线反映初始头盔的前部和顶部轮廓（初始曲线要尽量真实反映头盔轮廓，可以通过提取轮廓线来获得），目标曲线反映期望修改后的头盔前部和顶部轮廓，如图 9-4 所示。

图 9-3　摩托车头盔外壳曲面

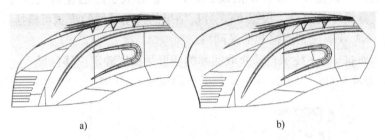

a)　　　　　　　　　　　　b)

图 9-4　头盔初始轮廓曲线和目标轮廓曲线

a）初始轮廓　b）目标轮廓

2）单击【修改】→【全局变形建模】→【高级】命令，激活高级 GSM 工具。设置要修改对象为曲面，并选中全部曲面；保留的项目设置为曲线，并选中头盔的边缘作为保留曲线，约束选择保留位置＋相切；匹配的项目设置为曲线，分别选取上述步骤中建立的曲线作为初始曲线和目标曲线，具体如图 9-5 所示。

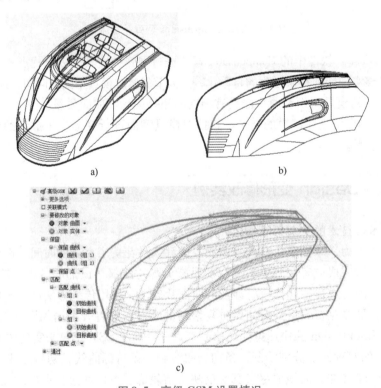

a)　　　　　　　　　　　　b)

c)

图 9-5　高级 GSM 设置情况

a）保留曲线　b）初始曲线和目标曲线　c）设置界面

3）执行高级 GSM 工具进行修改。对比修改结果，如图 9-6 所示。

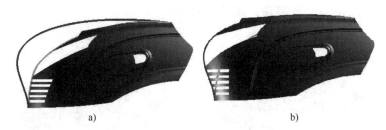

图 9-6　变形前后结果对比

a）变形前　b）变形后

2. 无参数实体修改

本实例为某机体的无参数实体模型，由于该机体与其他零件进行配合时出现了干涉或者自身强度不足等实际原因要对其多个部位进行设计变更。但由于该模型是中间格式文件，无法从历史树中找到相应的特征以修改参数达到变更设计的目的。此时可以借助 TD 的 ISM（交互建模技术）对该模型进行无参数修改。需要进行设计变更的部位如图 9-7 所示。

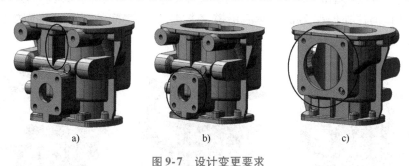

图 9-7　设计变更要求

a）加强筋的厚度增加 4mm　b）删除螺孔　c）为该平面添加 5°的拔模角度

第一步：增大加强筋的厚度。

1）单击【修改】→【交互建模】→【移除面】命令，激活【移除面】命令。选取该加强筋两边的圆角面，将其删除；

2）单击【修改】→【交互建模】→【偏移面】命令，激活【偏移面】命令。选取加强筋的一边面，输入偏移值为 2，对另外一边面采取同样的操作；

3）单击下拉菜单中【插入】→【实体】→【圆角】→【边】命令，选取加强筋两边线，输入圆角值 3。如图 9-8 所示。

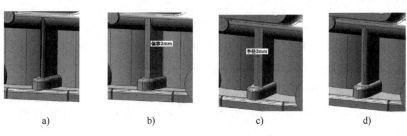

图 9-8　增大加强筋厚度实现步骤

a）步骤 1　b）步骤 2　c）步骤 3　d）结果

第二步：删除螺孔。单击【修改】→【交互建模】→【移除面】命令，激活【移除面】命令，选取四个孔面，将四个孔删除，如图9-9所示。

图9-9　删除螺孔实现步骤

第三步：添加拔模角度。单击【修改】→【交互建模】→【移动面】命令，激活【移动面】命令。选取需要移动的面后出现一个坐标系，原点为该面中心，Z轴为该面的法向。先拉动Z轴，使该面往外偏移7mm，然后沿着Z轴与Y轴之间的弧线，将面旋转5°，如下图9-10所示。

a)　　　　　　　　　　　b)　　　　　　　　　　　c)

图9-10　添加拔模角度实现步骤

a）平移　b）翻转　c）结果

3. 回弹补偿

如图9-11所示为一钣金件CAD模型，在CAE板料成型数值模拟软件中进行成型仿真和回弹仿真。由于回弹现象的存在，使得成型后的板件与预期形状存在一定的形状和尺寸误差，因此需要对原始模具型面进行修改，也即需要进行回弹补偿设计。

使用TD/Compensator模块进行模具型面回弹补偿设计需要准备的数据有：初始曲面模型、成型网格和回弹网格。注意，这里的成型网格和回弹网格的网格节点数量必须保持一致，以便建立一一对应关系。具体步骤如下：

1）打开钣金件的原始模型（见图9-11）；

2）激活Compensator模块中的【提取点】　命令，选择浏览FEM文件，分别选择成型网格和回弹网格，并将提取的点进行保存。如图9-12所示，后缀名为＊.nas的文件为FEM分析的网格文件，后缀名为＊.pt的文件为从网格文件中提取出的节点文件。

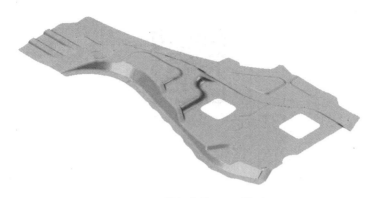

图 9-11　某钣金件 CAD 模型

📄 成型节点.nas	2010/11/30 20:21	NAS 文件	2,281 KB
📄 成型网格.pt	2010/11/30 20:21	PT 文件	1,252 KB
📄 回弹节点.nas	2010/11/30 20:21	NAS 文件	2,281 KB
📄 回弹网格.pt	2010/11/30 20:21	PT 文件	1,247 KB

图 9-12　从成型网格和回弹网格中提取出的节点数据

3）激活 Compensator 模块中的【确定位移区域】 命令。由于进行回弹补偿需要将节点回弹的位移量反向加载在该节点上，所以这里输入初始点和目标点的顺序要注意切勿颠倒，初始点为回弹网格节点，目标点为成型网格节点。如图 9-13 所示。

应用【确定位移区域】命令的结果是生成了一个类型为高级 GSM 的曲面，它并非真实的曲面，只是用它来代表曲面变形信息，如图 9-14 所示。

4）单击【修改】→【全局变形建模】→【复制】命令，激活 GSM【复制】命令，变形参考体选择上一步骤中生成的高级 GSM 曲面，要修改的对象选择为待补偿的原始曲，单击【应用】按钮，完成补偿。补偿前后曲面的对比如图 9-15 所示。

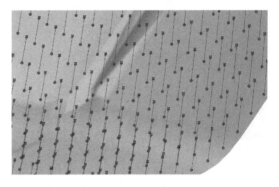

图 9-13　确定位移区域

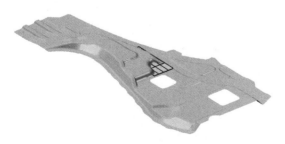

图 9-14　生成高级 GSM 曲面

图 9-15　补偿前后曲面对比

"两弹一星"功勋科学家：彭桓武

快速制造及3D打印技术

3

第 10 章

FDM快速成型系统

10.1 快速成型技术概述

近年来，国际上在设计制造领域出现了很多新的成型技术和方法。快速成型技术（Rapid Prototyping，RP）是从 20 世纪 80 年代中后期发展起来的，是将计算机辅助设计（CAD）、计算机辅助制造（CAM）、计算机数控技术（CNC）以及材料学等结合应用的一种新型的综合性成型技术。这一技术的出现被认为是近代制造技术领域的一次重大突破，其对制造业的影响可与当年的数控技术出现相媲美。RP 技术主要是通过把合成材料堆积起来生成原型形状的加工技术，使用材料包括聚酯、ABS、人造橡胶、熔模铸造用蜡和聚酯热塑性塑料等，制作出的原型件的强度可以达到其本身强度的 80% 。由于 RP 技术可将 CAD 的设计构想快速、精确、经济地生成可触摸的物理实体，从而可以对产品设计进行快速评估、修改和部分的功能试验，有效地缩短产品研发周期，快速提供市场需要的产品。

1. 快速成型技术的发展概况

从 20 世纪 80 年代末在美国开发成功第一台商用的快速成型机后，快速成型机产品不断面市。1987 年，美国 3D System 公司推出第一台商用的快速成型机——采用光固化成型（Stereo Lithography，SL）工艺的 SLA250 成型机。随后，美国 Helisysg 公司推出了采用激光切割纸材的叠层实体制造（Laminated Object Manufacturing，LOM）系统，美国 Stratasys 公司开发了熔融沉积制造（Fused- Deposition Modeling，FDM）系统，美国 DTM 公司推出了采用粉末烧结技术的选择性激光烧结（Selection Laser Sintering，SLS）系统，麻省理工学院（MIT）研制出了三维打印（3D Printing，3DP）系统。1994 年后，我国华中科技大学、西安交通大学、清华大学和北京隆源公司也分别推出 LOM、SLA 和 SLS 等快速成型机，为我国快速成型技术的研究和发展发挥了积极的推动作用。

2. 主要类型

快速成型技术根据成型方法可分为两类：基于激光及其他光源的成型技术（Laser Technology），如光固化成型（SLA）、分层实体制造（LOM）、选择性激光烧结（SLS）、形状沉积成型（SDM）等；基于喷射的成型技术（Jetting Technology），如熔融沉积成型（FDM）、三维印刷（3DP）、多相喷射沉积（MJD）等。下面简单介绍几种快速成型技术的基本原理。

1）SLA（Stereo lithography Apparatus）：也称光固化成型，是基于液态光敏树脂的光聚合原理，首先将某种感光聚合物维持在液态，这种聚合物接受光源照射就会发生固化。然后以一定波长的激光束按计算机控制指令在液面上有选择地进行扫描，使工作台上的聚合物固化成和零件对应截面一致的形状；工作台再下降一层的厚度，重复进行扫描，直到零件的最顶层被扫描固化完成。

2）LOM（Laminated Object Manufacturing）：称为叠层实体制造。该工艺采用薄片材料，如纸、塑料薄膜等，片材表面事先涂上一层热熔胶。加工时，热压辊热压片材，使之与下面已成型的工件粘接。用 CO_2 激光器在刚粘接的新层上切割出零件截面轮廓和工件外框，并在截面轮廓与外框之间多余的区域内切割出上下对齐的网格。激光切割完成后，工作台带动已成型的工件下降，与片材分离。供料机构转动收料轴和供料轴，带动料带移动，使新层移到加工区域。工作台上升到加工平面，热压辊热压，工件的层数增加一层，高度增加一个料厚。再在新层上切割截面轮廓。如此反复直至零件的所有截面粘接、切割完。最后，去除切碎的多余部分，得到分层制造的实体零件。

3）SLS（Selective Laser Sintering）：称为选择性激光烧结，是利用粉末状材料成型。将材料粉末铺洒在已成型零件的上表面，并刮平，用高强度的 CO_2 激光器在刚铺的新层上扫描出零件截面，材料粉末在高强度的激光照射下被烧结在一起，得到零件的截面，并与下面已成型的部分连接。当一层截面烧结完后，再铺上新的一层材料粉末，全部烧结完成后去掉多余的粉末，再进行打磨、烘干等处理得到零件模型。

4）3DP（Three Dimension Printing）：称为三维打印技术，也是采用粉末材料成型，如陶瓷粉末、金属粉末等。与 SLS 不同的是材料粉末不是通过烧结连接起来的，而是通过喷头，用粘结剂（如硅胶等）将零件的截面"印刷"在材料粉上面得来。

5）FDM（Fused Deposition Modeling）：熔融沉积制造工艺，由美国学者 Scott Crump 于 1988 年研制成功。FDM 的材料一般是热塑性材料，如蜡、PLA、ABS、尼龙等，丝状材料在喷头内加热熔化。喷头沿零件截面轮廓和填充轨迹运动，同时将熔化的材料挤出，材料迅速凝固，并与周围的材料凝结成型。

3. 快速成型技术的优点、缺点及应用范围

RP 的过程包括三个基本的步骤：首先得到要制造物体各截面的数据，然后逐层地对各个截面进行堆积，最后把所有的层叠加起来。因此 RP 过程只需要用到物体的截面数据来生成实体，这样就可以消除以下其他制造过程中经常碰到的问题。快速成型技术的主要优点有：

1）不需要进行基本特征的设计和特征识别，可以直接利用零件的几何模型把原型制造出来；

2）整个过程中不需要工序规划，不需要预处理原材料的特种设备，也不需要在几个加工中心中进行移动和传输等；

3）不需要对模具进行设计和制造；

4）耗时短。快速成型系统可在几小时或几天内将三维模型转化为现实的实体模型或样件。

由于 RP 不需要加工而直接生成物理模型，可以在不进行工艺规划的条件下，实现设计与制造过程的集成。

快速成型技术最大的不足在于目前还只能针对某些特定的材料，以及成型模型的强度、精度等问题。因此，用快速成型技术制造出来的物理模型大多用于作为其他制造过程的参考样品模型。

快速成型技术的适用范围包括：

1）制造产品样件，进行产品的设计评估：用快速成型系统直接制造产品样件，一般只需传统加工方法30%～50%的工时。这种样件与最终产品相比，虽然在材质方面有所差别，但在形状及尺寸方面几乎完全相同，而且有较好的机械强度，经适当表面处理（如表面喷涂金属或油漆）后，其外观与真实产品完全一样，因此，可用于给设计者和用户对产品进行直观检测、评价和制作产品样本，最大限度地获取市场对产品的反馈意见，并可迅速地反复修改，以获得最大的使用和市场价值。

2）产品的性能测试、校验和分析：用快速成型系统直接制造的产品样件，可对单个零件和装配件的加工工艺性能、可装配性和相关的工装模具的校验与分析，还可用于运动特性的测试、风洞试验、有限元分析结果的实体表达等。

3）用于工装模具和注塑模的制作：由于快速成型样件有较好的机械强度和稳定性，经表面处理后，可直接用作某些模具；也可用快速成型样件作母模，复制软模具。

4）现代医学的辅助手段：快速成型系统可利用CT扫描或MRI核磁共振的图像数据，制作人体器官模型，如头颅、面部或牙床，供外科医生提供对复杂手术的操练，为骨移植设计样板或将其作为X光检查的参考手段，提高手术的成功率。

由于快速成型技术的方便快捷和实用性，目前已广泛应用于汽车、家电、医疗设备、机械加工、精密铸造、航空航天、工艺品制作以及玩具等行业。

10.2 FDM 快速成型技术

FDM技术也称熔融沉积造型，是20世纪80年代中后期发展起来的一项新型成型技术。该技术采用的是熔融堆砌的方法，用半融状态的模型材料按一定的运动规律填充模型截面得到完整的实体模型。

FDM技术是对零件的三维CAD模型按照一定的厚度进行分层切片处理，生成控制快速成型机喷嘴移动轨迹的二维几何信息。FDM设备的喷嘴在计算机的控制信息作用下，进行零件堆砌所需的运动，送丝机构把丝状材料送进热熔喷头，加热头把热熔性材料（ABS、石蜡等）加热到半流动状态，同时，喷嘴以半熔状态挤压出成型材料，沉积固化为精确的零件薄层。通过升降系统降下来完成接下来的新的薄层，这一过程反复进行，层层堆积，紧密粘合，自下而上逐渐形成一个完整的三维零件实体。FDM快速成型过程原理如图10-1所示。

FDM成型的优点有：

1）原材料以卷轴丝的形式提供，易于搬运和快速更换。

2）工艺干净、简单，制造系统可用于办公环境。

3）后处理简单。

同时，FDM成型也具有以下缺点：

1）精度相对较低，成型件表面有明显阶梯状条纹。

2）需要成型支撑结构。

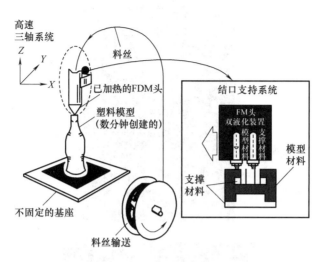

图 10-1　FDM 快速成型过程原理图

FDM 设备的结构包括软件结构和硬件结构，根据操作者制定的分层数据，将模型进行切片处理，再按照材料和路径参数，生成快速成型机的驱动文件来控制硬件系统操作。

FDM 快速成型系统用到的软件包括：造型软件、预处理软件和数控软件等。由 CAD 造型软件或数字测量方法得到的实体三维模型，可转化为 STL 格式文件。再通过预处理软件将模型切片处理得到一层层的平面轮廓模型信息。数控软件通过加工参数的设定确定模型制作的路径。FDM 快速成型技术软件系统如图 10-2 所示。

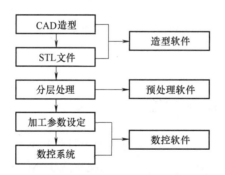

图 10-2　FDM 快速成型软件系统

FDM 设备的硬件结构主要由数控系统、供料系统和温控系统组成。数控系统由上下移动的工作台系统和水平方向运动的喷嘴系统构成，供料系统由两个分别用来控制模型材料和控制支撑材料的马达驱动系统构成。FDM 工艺的关键是保持成型材料刚好在熔点之上（通常控制在比此材料熔点高出 1℃ 左右），温控系统正是用来控制材料融化和设备的工作环境温度。以美国 Stratasys 公司的 Dimension SST 系统为例，FDM 快速成型机如图 10-3a 所示，内部结构如图 10-3b 所示。

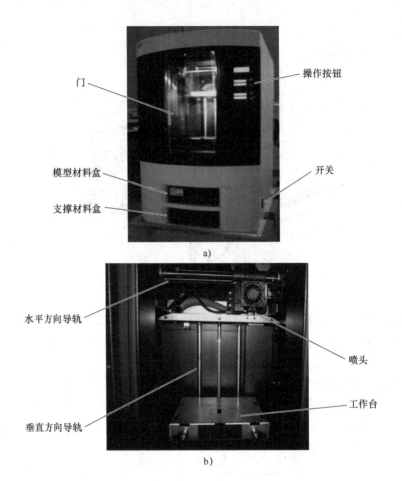

图 10-3　FDM 快速成型机结构

a）外部结构　b）内部结构

10.3　FDM 快速成型操作流程

FDM 快速成型过程主要包括三个基本的步骤：首先得到物体各截面的数据，然后逐层地对各个截面进行堆积，最后把所有的层叠加起来生成实物模型。具体流程为：构造三维模型→三维模型的近似处理→STL 文件的分层处理→成型→后处理。

1. 构造三维模型

FDM 系统成型通常是建立在 CAD 软件生成的三维实体模型的基础之上。因此，首先要利用 CAD 设计软件如 UG、PRO/E 等，按照产品要求设计出三维模型。另外也可利用数字测量方法对产品进行扫描重构三维模型。

2. 三维模型的网格化处理

由于产品上往往有一些不规则的自由曲面，在加工前必须对模型的这些曲面进行近似处理。在快速成型系统中，目前比较普遍采用的是 STL 文件格式，即用互相连接的小三角平面近似逼近曲面，每个三角形用 3 个顶点坐标和一个法向矢量来表示，三角形大小可按用户的要求进行选择，不同的三角形大小得到不同的曲面逼近精度，通过这样近似处理方法得到三角模型表示的 STL 格式文件。目前许多常见的三维建模软件如 Pro/e、Solidworks、UG 等都有将三维模型转换成 STL 格式文件这一功能。

3. STL 文件的分层处理

由于快速成型时需要将模型按切层的截面形状逐层来进行加工，通过累加的方法完成，因此，加工前必须将三维模型按选定的成型高度方向，将 STL 格式的三维 CAD 模型进行切片处理，转化为快速成型系统可接受的层片模型，以便提取截面的形状。片层厚度根据零件的精度和生产率的要求选定，通常片层的厚度范围在 0.025～0.763mm 之间。

对三维模型进行分层处理是快速成型技术的一个很重要的环节，零件的模型无论是通过 CAD 造型软件生成还是通过逆向工程软件生成，都必须经过分层处理才能将数据输入到 FDM 快速成型机中。处理方法是将 STL 模型离散为一层层轮廓线，再用多种方式来填充这些轮廓线，生成加工时的扫描路径。分层制造的方法会在零件上有一定倾斜角度的表面上形成台阶状，影响零件的表面粗糙度和精度。目前，针对分层制造的台阶误差，也有一些学者进行了研究，出现了多种分层算法，如等层厚分层算法、适应性分层算法以及其他先进的分层算法等。

4. 成型

FDM 快速成型的零件造型过程包括两个方面：支撑的制作和零件实体制作。FDM 快速

成型机在对零件成型过程中的操作非常简单，操作按钮较少，操作按钮如图 10-4 所示。顶部显示屏用来显示设备的状态，包括材料、成型温度和时间等。下面的四个控制按钮主要用来控制设备的操作，可以控制设备工作时如果出现问题时的暂停、材料装载、检测以及维护。

（1）支撑制作

用 FDM 快速成型技术进行零件实体制作之前，须对零件的三维 CAD 模型做支撑的制作。因为 FDM 技术分层制作的特点和零件结构的不规则性，当零件由下而上制作时，若不进行支撑制作，当上层堆积截面大于下层截面时，上层截面超出下层截面的部

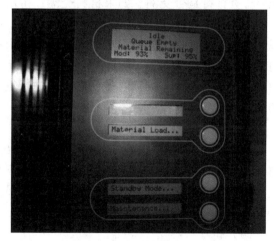

图 10-4　操作按钮

分将会处于悬空状态，导致超出的截面部分发生无支撑而下落或变形的情况。这样不但会影响零件的精度，甚至使产品成型无法进行，因此在进行零件实体制作的同时，要进行支撑的制作。

基础支撑的另一种作用是为成型过程提供了一个基准面，并且使零件模型制作完成后便于剥离工作台，保持零件模型的完整性。FDM 技术的支撑制作对零件实体成型起到了很重要的辅助作用。

（2）实体制作

切片处理后进行零件制作，在支撑的基础上，按截面外形参数，依据切片处理的高度方

向和层的高度数据，一层粘合一层，自下而上进行叠加而加工成三维实体。

5. 后处理

快速成型的后处理包括：去除支撑材料和对部分有精度要求的表面的处理，使原型零件达到精度的要求。但是在结构复杂部分的支撑材料不易去除，水溶性支撑材料的问市以及快速成型清洗剂为解决这一难题提供了帮助。在原型制作完成后，将支撑和零件实体一起剥离底座，放置于快速成型清洗机内，按比例加入清水和清洗剂，通电清洗或采用浸泡的方式均可达到理想的效果。对生成的原型有精度要求时，在保证原型外形不变的前提下，对其表面进行光整处理，主要方法有磨光、填补、喷涂等。对原型件的后处理是快速成型的重要工序，根据工件的不同形状和复杂程度，后处理的方式和打磨工具也有很大的差别，采用合理的后处理方式可得到外形美观和高精度的零件模型。

6. 成型前应注意的事项

（1）开/关机管理

FDM 成型机的电源总开关打开后机器会内部通电自检，然后再打开系统开关，机器开始运行，内部加热及做打印准备（需约 20min）。如需关闭成型机则应先关闭系统开关，让机器自行降温，此过程约 5 ~ 10min，再关闭电源总开关。

（2）材料检查

FDM 快速成型技术使用的材料尤其是支撑材料，很容易受潮，因此在上料的时候，首先要检查材料是否受潮。如果材料受潮，挤出来的料丝中会有气泡存在，影响原型表面的精度，或出现料丝的不连续性，成型无法完成。因此，未用完的材料必须密封保存于干爽的环境中，在料箱后盖中放入适量干燥剂。一旦料丝受潮，应进行烘干或抽潮的处理方可继续使用。

（3）装料

将料丝送入导料管之前，要沿料丝轴线剪出 45° 斜口，如图 10-5 所示，以便料丝容易插入送料机构及加热管，料丝露出料盘的长度依据操作人员的经验来完成。

图 10-5 剪断材料丝带

（4）挤丝

在成型过程开始之前，若成型机闲置过久，需检查两个喷头是否正常挤丝。若挤丝不畅，应立即开门检查原因，使挤丝正常。

10.4 FDM 快速成型实例

下面以手机外壳为例说明 FDM 快速成型机的操作过程。实验设备采用的是美国 Stratasys 公司的 Dimension SST FDM 快速成型机以及配套的前处理软件 CatalystEX。

1. 扫描模型和网格化处理

通过数字测量的方法得到手机外壳的点云模型，三角网格化，通过软件（如 magics）检测模型，修复网格缺陷及模型漏洞。完成后的 STL 模型如图 10-6 所示。

2. 手机模型的分层处理

（1）CatalystEX 软件中模型设置

利用 FDM 快速成型机的相关软件 CatalystEX 对模型进行分层处理。导入 STL 格式手机文件，软件界面如图 10-7 所示。在常规目录下可调节：打印层的厚度、模型材料和支撑材料的疏密程度及打印数量、零件尺寸单位、零件比例。如图 10-7 所示，方格平面为虚拟工作台，设置属性应使模型能完全放置于虚拟工作台内并能节省材料和时间。其中各参数的含义为：

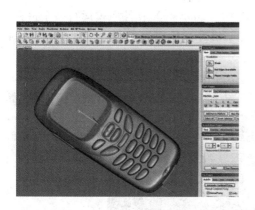

图 10-6　STL 格式的手机模型

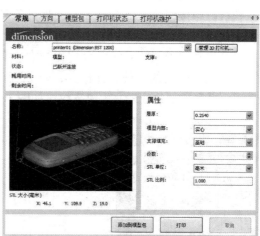

图 10-7　CatalystEX 中手机模型设置

层厚——制造零件时挤压每层材料所形成的高度。可用的层厚取决于打印机类型。层厚将影响制作时间和表面光滑度，即高度越低，生成的表面就越光滑，但制作时间也越长。

模型内部——确定对零件内部实心区域所使用的填充物类型。

实心——在需要更加坚固、耐用的零件时使用。制作时间将更长，并将使用更多材料。

半实心——内部将为"蜂窝状/孔状"。半实心还可以节省制作时间和材料用量。

支撑填充——支撑材料用于在制作过程中支撑模型材料。零件制作完成后将去除支撑材料。"支撑填充"选项将影响打印的支撑强度和制作时间。

基本——可以用于大部分零件。此选项使支撑光栅成型路径之间保持一致的间距。

半实心——最大限度地减少支撑材料的用量。"半实心"使用的光栅成型路径间距比基本支撑大得多。

最小——用于其中有些小部件需要支撑的小型零件。这个选项旨在使这些小零件上更容易去除支撑。请勿在大型零件或具有较高柱状支撑的零件上使用"最小"支撑。

剥离——类似于"半实心"支撑，但没有闭合的工具路径边界曲线。这些支撑比其他支撑形式更易于去除，但制作起来比"半实心"支撑慢。

环绕——整个模型被支撑材料所包围。通常用于细长（窄）的模型（例如铅笔）。

份数——选择要"打印"或"添加到模型包"的份数。

STL 单位——对于 STL 文件，选择"英寸"或"毫米"作为测量单位。

STL 比例——对零件进行印前处理之前，可以在制作空间内更改零件的大小。在 STL 文件中，每个零件都有一个预先定义的大小。打开文件之后，通过更改比例，可以更改根据

STL 文件生产的零件大小。

单击【方向】标签，可于【方向】选项卡内调节零件成型时的摆放方式（通过调节绕 X、Y、Z 三轴的旋转角度来调节），以最节省材料和耗时较少为原则，如图 10-7 所示为系统自动生成的加工方向，图 10-8 所示为通过方向调整得到另一种加工方向。由于图 10-7 所示方向成型更好且符合经济性原则，因此选择图 10-7 所示方向为成型方向。

（2）处理 STL

调整好方向后，在【方向】选项卡上点击【处理 STL】按钮，在文件未发送到模型包或未执行打印按钮的前提下对 STL 文件进行切片处理，并生成支撑。也可在【常规】选项卡里直接单击【添加到模型包】按钮，软件会自动对零件进行分层。CatalystEX 处理 STL 文件时，会自动将处理结果保存为 CMB 文件。CMB 文件是 CatalystEX 软件通过运行一个进程，根据 STL 文件创建的一种文件格式，向 FDM 快速成型机发送的正是 CMB 文件。执行处理 STL 后，模型被切片处理并生成支撑，如图 10-9 所示。

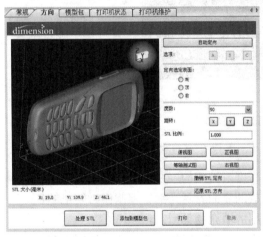

图 10-8 调整加工方向的模型显示

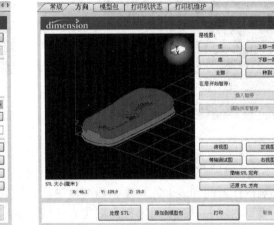

图 10-9 处理 STL

（3）添加到模型包

在【常规】【方向】和【模型包】选项卡里都有【添加到模型包】按钮。单击【添加到模型包】按钮后，CatalystEX 会将当前模型窗口中的文件添加到模型包预览窗口。多单击一次，就会向模型包多添加一份（或多份）已处理的文件。【插入 CMB】按钮可添加保存在电脑而非当前处理的 CMB 文件。【复制】按钮可在工作台允许的条件下，复制多份当前模型包。【另存为】可保存当前已处理的模型包于计算机目录下。操作者还可在【模型包】选项卡中查看零件在工作台上的摆放位置，并可通过鼠标拖动来改变位置。在【模型包】选项卡的右侧还可查看此零件所要消耗的材料情况及打印时间。单击【添加到模型包】按钮后【模型包】选项卡显示如图 10-10 所示。

3. 模型制作

在机器后方的总开关关闭的情况下将快速成型机接上电源，然后开启机器后方的总开关，打开位于右前方的电源开关，启动快速成型机，关闭机器过程与此相反，等待 3～7min 快速成型机启动完毕，顶端按钮左边的显示屏上显示 idle 状态。单击【打印】命令，将模型成型指令传送给 FDM 快速成型机。快速成型机接收到打印指令，面板会显示 "Ready to

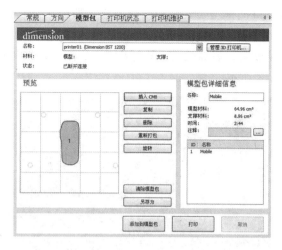

图 10-10　添加到模型包

Build"并显示文件名。按下"Start Model"按钮，机器会热机到正常制模时的温度，当热机完成后喷头会寻找当前要制作工件的成型垫的起点，系统开始制作模型。FDM 快速成型机模型制作过程：检测工作台和模型制作位置→制作支撑→开始模型制作→模型制作完成。模型制作过程如图 10-11 所示。

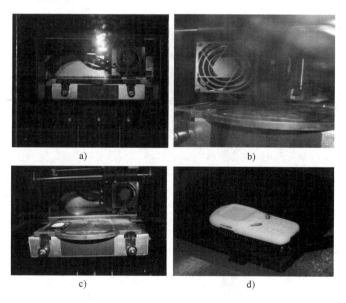

图 10-11　模型制作

a）检测工作台　b）制作支撑　c）制作模型　d）模型制作完成

4. 后处理

当模型工件完成后，面板会显示"Completed Build"已完成工件的名称，同时会出现"Remove Part"与"Replace Modeling Base"。这时可以打开工作门，将成型垫的固定器旋开，并将成型垫沿平台往外方向拉出。然后换上一个新的成型垫后，关闭工作门。这时面板会显示"Part Removed?"，只有模型移除后才可以按下"YES"。

　　FDM 快速成型机制作好的模型与支撑和成型垫紧紧粘合在一起，可通过清洗去除支撑。将如图 10-11d 所示模型整块放入清洗机中，加入适量水和碱性清洗剂，适当时间后取出，得到完整的模型实体，经过局部表面处理后，FDM 快速成型的手机模型就完成了。得到的最后的实体模型如图 10-12 所示。

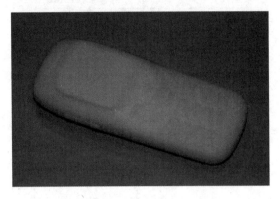

图 10-12　完成的手机实体模型

　　模型制作完成之后，按照启动机器相反的程序关闭快速成型机，并将废料桶向上提起并将它从三个固定螺钉上往自己的方向取出，清空废料桶，之后重新装入并用 3 个螺钉固定废料桶。

"两弹一星"功勋科学家：王淦昌

第 11 章

数控雕刻快速成型制造

11.1 数控雕刻快速成型系统

11.1.1 数控雕刻快速成型技术

传统的产品开发模式是产品设计开发→生产→市场开拓三者逐一开展的相对孤立的模式。该模式的主要问题是开发中所存在的问题将直接带入生产，并最终影响到产品的市场推广及销售。快速成型技术的出现，创立了产品开发研究的新模式，使设计师以前所未有的直观方式体会设计的感觉而迅速验证、检查所设计产品的结构、外形，从而使设计工作进入了一个全新的境界，改善了设计过程中的人机交流，缩短了产品开发的周期，加快了产品更新换代的速度，降低了企业开发新产品的风险，加强了企业引导消费的力度。许多产业得益于快速成型技术，比如计算机制图、玩具业、医疗、产品开发等。

减式快速成型（Subtractive Rapid Prototyping，SRP）是将三维数据模型转化为实物模型的方法之一，减式的意思即通过加工去除模型之外的材料。加工的源文件可以是任意 3D 形式的模型，包括点云、多边形网格、NURBS 曲面及实体。

应用减式快速成型技术带来的益处有：

- 提高效率同时降低成本；
- 缩短提交模型时间；
- 不会给人力资源带来额外负担；
- 可加工的原材料来源广泛；
- 生成的模型表面质量高于市场上很多类型的快速成型机生成的表面质量。

减式快速成型机的加工步骤一般可分为以下五步：

1）创建 CAD 模型。CAD 模型可以来源于 CAD 软件建模生成，也可以是逆向扫描设备生成的点云文件。

2）将 CAD 模型导入至切削软件。

3）创建刀轨。在创建刀轨之前，可调整模型的大小、切削的深度、表面质量等相关内容。

4）发送数据至 CNC 加工设备。CNC 加工设备读取导轨数据后，开始加工。

5）加工。将原材料安装在 CNC 机床上面，通过主轴旋转带动刀具去除模型之外的材料，最终生成实物模型。

本章节使用的减式快速成型机是 MDX-40 数控雕刻快速成型系统，是日本 Roland 公司出品的桌面型雕刻式快速成型设备，能够比较快速方便地在办公桌上加工模型，可作为工程师、工业设计师、教育工作者、样品设计师进行开发的桌面型减式快速成型铣削设备。其具有结构精巧、功能完备、操作便捷、使用安全等特点，适合利用各种普通材质加工产品成型并测试其结构、装配和功能。减式快速成型（SRP）与传统的增式处理（堆叠式）技术相比，具有加工材料广泛并且价格低廉、切削表面光整度高等特点。MDX-40 数控雕刻快速成型机可使用的材质包括 ABS 工程塑料、亚克力（有机玻璃）、化学木、石膏、苯乙烯泡沫塑料、模型蜡、迭尔林（聚甲醛树脂）、尼龙等，这使得工程师们能够制作功能性产品原型来测试产品是否能够实际应用。

11.1.2 数控雕刻快速成型系统组成

MDX-40 数控雕刻快速成型系统分为硬件系统和软件系统，硬件系统主要由机身本体结构、主轴电动机、丝杠、驱动器等部分组成；软件系统包括生成刀轨软件以及控制面板的工具软件。

1. 硬件系统

MDX-40 数控雕刻快速成型机的主轴采用功率为 100W 的直流电动机，转速 4500 ~ 15000r/min，最高精度是 0.002mm/步，工作范围是 305mm【X】×305mm【Y】×105mm【Z】，可选配的四轴加工附件能在无人值守状态下进行四轴控制双面或四面铣削加工。如图 11-1 所示是 MDX-40 实物图，图 11-2 所示是 MDX-40 示意图。

图 11-1　数控雕刻快速成型机实物

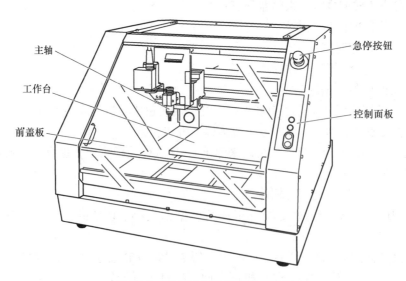

图 11-2　数控雕刻快速成型机示意

数控雕刻快速成型机的主轴部分带动刀具完成对工件的切削，工作台部分承载和固定工件，前盖板可减少噪声以及降低危险性（工作状态中一旦打开，主轴立刻停止转动），急停按钮防止突发状况的产生起强制停止的作用，控制面板中指示灯分别起指示当前工作状态的作用，上/下按钮分别控制主轴上、下移动，查看按钮可使机器暂停运转并将加工工件移动至靠近前盖板位置，以便操作者对加工情况进行检查，如继续加工需再按一次查看按钮即可回到加工状态。如图 11-3 所示是控制面板的示意图。

数控雕刻快速成型机是四轴控制，分别为 X 轴、Y 轴、Z 轴和旋转轴。使用旋转轴加工时工件可绕 X 轴旋转，可实现 0°～360°旋转加工，加工工件范围：X 轴方向最大 135mm，最大半径 42.5mm。如图 11-4 所示是旋转轴示意图。

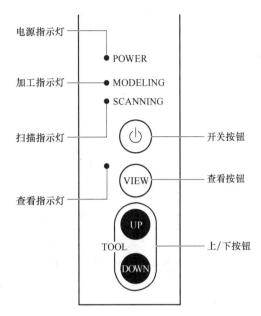

图 11-3　控制面板说明

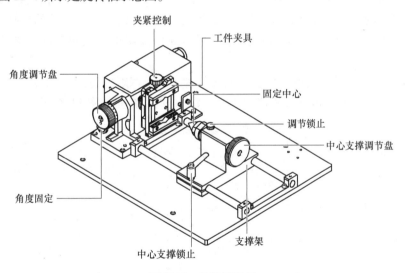

图 11-4　旋转轴说明

数控雕刻快速成型机使用旋转轴进行加工时，首先将工件固定在工件夹具与固定中心上，通过中心支撑调节盘以及角度调节盘调整到合适位置后，使用夹紧控制、角度固定、调节锁止和中心支撑锁止旋钮将工件固定。

2. 软件系统

与硬件系统配套的刀轨生成软件是 SRPPlayer 软件。SRPPlayer 软件可用来确定铣削方向、模型大小、铣削方式、创建和显示刀具路径，并可显示预览结果以及加工剩余时间，简化了加工过程并可获得光滑、精确的模型表面。软件的操作界面如图 11-5 所示。

SRPPlayer 软件的操作流程是根据右边操作菜单栏从上至下的 1—5 步顺序完成操作。

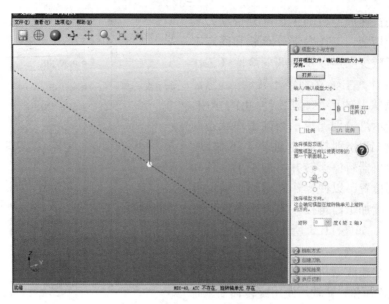

图 11-5　SRPPlayer 软件界面

【模型大小与方向】步骤可导入 STL、IGES、DXF 和 3DM 格式文件，并根据工件的大小更改数字模型的大小与方向；【铣削方式】步骤可根据加工需求调整加工精度，以达到提高效率或者提高精度的效果；在【创建刀轨】步骤输入原材料的大小、刀具的选择并创建刀轨；【预览结果】步骤可直观预览加工模型；【执行切割】步骤将生成的刀轨数据发送到机器并开始切割加工。

　　Panel 软件是与硬件系统配套的控制面板软件，Panel 软件直接控制机器的运转、移动等一些参数，可直观、方便地调整机器的作业。Panel 软件界面如图 11-6 所示。

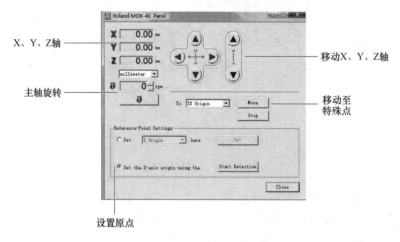

图 11-6　Panel 软件界面

　　Panel 软件界面中"XYZ 轴"显示当前主轴顶端在软件三维空间坐标中的坐标值；【主轴旋转】按钮可启动和停止主轴旋转，转速是 4500 ~ 15000r/min；【设置原点】可设置当前位置为 X、Y 轴的原点或 XY 点（即 X、Y 轴的交点）的位置，并可向下探测直至碰触压力传感器后，将碰触点位置设置为 Z 轴原点；【移动至特殊点】按钮可直接将主轴移动至 X、

Y、Z 或 XY 点位置；【移动 XYZ 轴】方向键可手动点击对应按钮移动主轴沿 X、Y 或 Z 轴方向移动。

11.1.3　数控雕刻快速成型操作流程

数控雕刻快速成型机根据加工类型可分为单面加工、双面加工以及旋转加工，每个加工类型通常分为两个阶段：粗加工和精加工。粗加工一般使用直径较大（如 6mm 左右）的平铣刀，精加工一般使用直径相对较小（如 1.5mm）的球铣刀，先进行粗加工然后进行精加工不仅可以提高加工效率，同时可以得到精细的模型表面。

单面加工操作流程如图 11-7 所示。

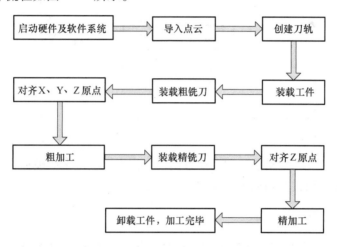

图 11-7　单面加工操作流程

双面加工相当于两个单面加工，并使用夹具或定位销钉使得上下表面的加工区域重合，避免因位置不同引起上下表面错位，加工完上表面后绕 X 轴旋转 180°开始加工下表面。

双面加工操作流程如图 11-8 所示。

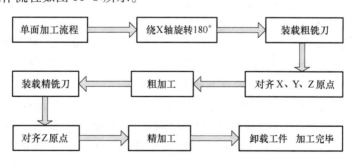

图 11-8　双面加工流程

使用旋转加工方式时，先安装旋转轴附件，安装完毕后进行精度调校。由于旋转加工和单、双面加工的工件尺寸范围不同，应选择合适尺寸工件，避免尺寸不合适导致无法安装。

旋转轴加工操作流程如图 11-9 所示。

单、双面加工与旋转轴加工有各自的加工特点，可根据不同的模型选择相对应的加工方式。

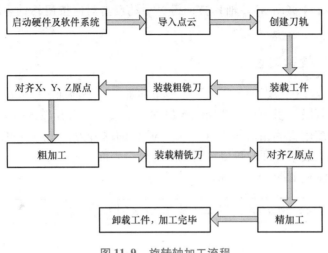

图 11-9　旋转轴加工流程

11.2 数控雕刻快速成型实例

本节将使用手机外壳数据模型和企鹅数据模型作为实训范例的模型，并通过以上两个模型分别阐述双面加工和旋转轴加工的具体操作方法。

11.2.1 双面加工操作实例

1）启动 MDX-40 数控雕刻快速成型机硬件系统、SRPPlayer 刀轨生成软件以及 Panel 控制面板软件。

2）导入模型文件，确认模型的大小与方向。进入【模型大小与方向】选项栏，单击【打开...】按钮，选择目标文件，单击【确定】按钮。在【输入/确定模型大小】处，可以手动调整模型的大小，勾选中【保持 XYZ 比例】复选框是不改变模型各方向的相对比例，本次操作中设置模型 X、Y、Z 的大小为 "46.07" "109.95" "18.99"；勾选中【比例】复选框则显示模型的百分比。【选择模型顶面】可以通过制定模型加工的上表面，以调整模型方向使要切割的第一个表面朝上；【选择模型方向】对旋转角度进行设置，使模型不会延伸到可加工范围之外。完成该选项的设置如图 11-10 所示。

3）选择铣削方式。单击【铣削方式】选项栏对铣削方式进行选择，在【选择铣削方式】选项，如需获得更好的表面勾选【更佳表面加工】单选框，如需更短时间完成加工则勾选【更短切割时间】单选框，本次操作勾选【更佳表面加工】单选框；对于平整度较好的模型勾选【有多个平面的模型】单选框，其他则勾选【有多个曲面的模型】单选框，本次操作勾选【有多个曲面的模型】单选框；在【块状工件】选项中，单面加工勾选【只切割顶面】单选框，双面加工勾选【切割顶面与底面】单选框，本次操作勾选【切割顶面与底面】单选框；双面加工需勾选中【添加模型支撑】【复选框】，并单击【编辑...】修改支撑件的宽度和高度，本次操作中支撑的宽度和高度设置为 "4mm"。完成【铣削方式】设置如图 11-11 所示。

4）创建刀轨。进入【创建刀轨】选项栏，首先根据使用的工件材料材质选择【选择工

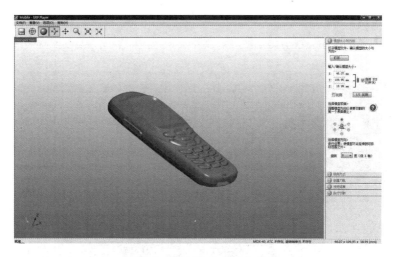

图 11-10　模型大小与方向设置

图 11-11　铣削方式设置

件材料】，本次操作选择"ABS"，如图 11-12 所示。

　　在【准备工件并输入其大小。】文本框输入准备工件材料的大小，本次范例使用的材料 XYZ 方向大小为"80""140""20"，尽量使用较贴近模型比例的准备工件，以减少材料的浪费。在【创建刀轨】处单击【编辑】按钮，单击【Ball】按钮，对加工刀具进行设置，单击【此工艺使用的刀具】下拉列表框，两次粗加工刀具为"6mm Square"，即直径为 6mm 的平铣刀；根据选择的加工材料以及刀具，系统自动配置加工参数：进给速度（1260mm/min）、主轴（8000r/min）、切入量（0.37mm）、轨迹间隔（3.6mm）、加工边距（0.2mm）。两次精加工刀具选择为"R1.5 Ball"，即半径为 1.5mm 的球铣刀，系统自动配置的加工参数是：进给速度（720mm/min）、主轴（9000r/min）、切入量（0.1mm）、轨迹间隔（0.1mm）、加工边距（0.0mm）。刀具选择如图 11-13 所示。

　　分别对粗加工的顶面和底面的"建模范围"进行设置，单击"建模范围"，勾选【添加边距】复选框，设置为"6.6"mm，勾选【制作斜面】复选框，设置为"5.00"度，单击

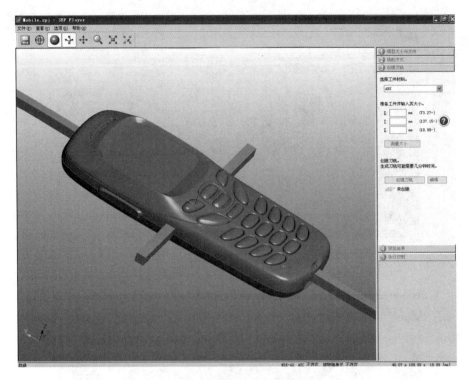

图 11-12　选择工件材料

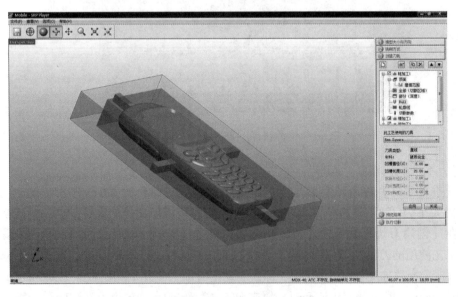

图 11-13　选择刀具

【应用】按钮,以上两个选项都是提供足够的退刀空间,以免发生碰撞,如图 11-14 所示。如"建模范围"设置空间不足,系统将自动提示重新进行设置。

设置完毕后,单击【创建刀轨】按钮,系统将根据设置自动生成刀轨文件。创建刀轨设置如图 11-15 所示。

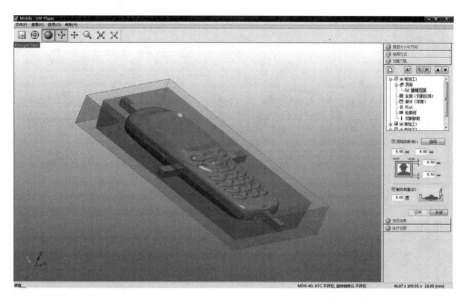

图 11-14　退刀槽参数设置

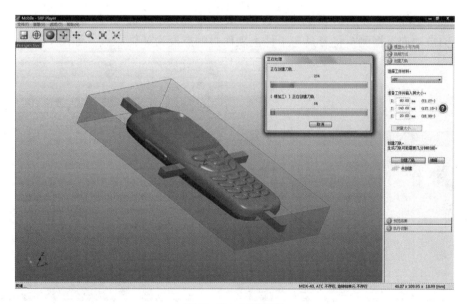

图 11-15　创建刀轨

5）预览加工结果。通过预览切割加工可预知模型切割情况，如不满意加工后的模型，可回到【模型大小和方向】选项栏进行重新调整或者选择旋转加工方式进行加工。单击【预览结果】，单击【显示模型】按钮。预览结果如图 11-16 所示。

6）执行切割。以上步骤均完成后，单击"执行切割"。如果需要保存刀轨文件，则勾选中【输出到文件】单选框，将刀轨文件保存为指定的文件。

7）装载粗刀具。系统自动弹出对话框，要求装载刀具名称为"6mm Square"，长度超过"11mm"的刀具，完成后单击【下一步】按钮。如图 11-17 所示。

8）对齐 XY、Z 轴原点。进入"Panel"控制面板软件，移动 XYZ 轴将刀具在工件平面

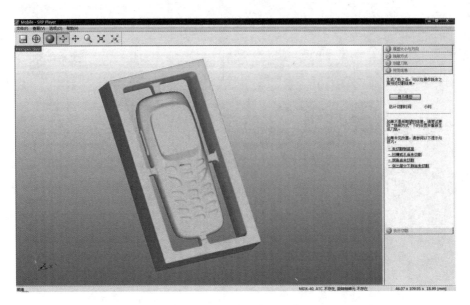

图 11-16　预览加工结果

上的投影点与工件中心重合。再选中"Setthe Z- axis Origin using the"后单击"Start Detec-tion"，主轴自动向下探测，将刀具与工件上表面碰触点设为 Z 轴原点。如图 11-18 所示。

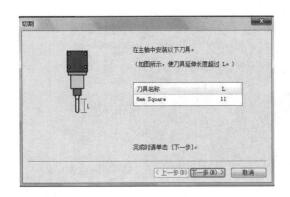

图 11-17　装载粗刀具

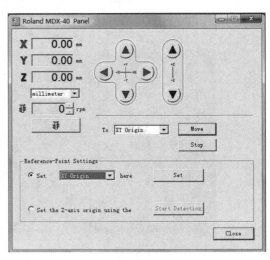

图 11-18　设置原点

9）装载工件。

10）开始顶面粗加工。进入 SRPPlayer 软件，单击【下一步】按钮，开始加工。如图 11-19所示。

11）装载精刀具。模型顶面粗加工完毕后，系统自动弹出对话框，要求装载刀具名称为"R1.5 Ball"，长度为"12mm"的刀具，完成后单击【下一步】按钮。

12）设置 Z 轴原点。具体操作参考第 8 步。

13）开始顶面精加工。

14）把顶面加工完成后的工件进行翻转，使用夹具或者定位销钉装夹工件，使得底面与顶面的加工区域重合。

15）装载粗刀具。具体操作参考第 7 步。

16）设置 Z 轴原点。具体操作参考第 8 步。

17）开始底面粗加工。

18）装载精刀具。具体操作参考第 10 步。

19）设置 Z 轴原点。具体操作参考第 8 步。

20）开始底面精加工。

21）切割完毕，卸载工件。去除加工余量，加工完成后模型如图 11-20 所示。

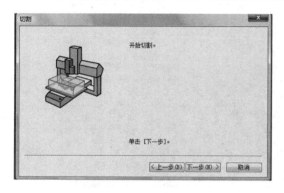

图 11-19　开始切割

图 11-20　加工完成后模型

11.2.2　旋转加工操作实例

1）启动 MDX-40 数控雕刻快速成型机硬件系统、SRPPlayer 刀轨生成软件以及 Panel 控制面板软件。

2）添加旋转轴单元。进入 SRPPlayer 软件界面，单击下拉菜单中【文件】→【首选项】命令，弹出【首选项】对话框，单击【切割机】选项卡，勾选中【旋转轴单元（R):】，下拉列表框中选取 "ZCL-40"。如图 11-21 所示。

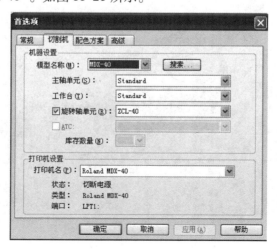

图 11-21　添加旋转轴单元

3）导入模型文件，确认模型的大小与方向。操作说明请参考双面加工范例第2步。本次操作中设置模型 X、Y、Z 的大小为"34.53""35.00""26.66"。对于旋转加工，可以忽略【选择模型顶面】。再通过【选择模型方向】对模型进行定位，完成该选项的设置如图 11-22 所示。

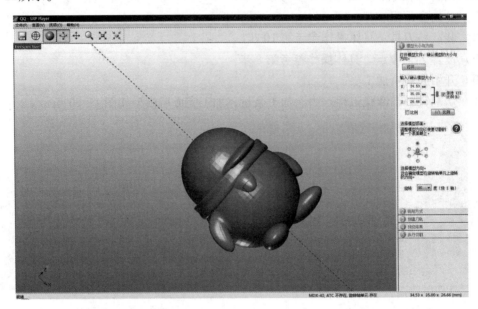

图 11-22　模型大小与方向设置

4）选择铣削方式。操作说明请参考双面加工范例第3步。本次操作分别选择【更佳表面加工】【有多个曲面的模型】【圆柱文件】单选框；【添加模型支撑】的宽度和高度为"4mm"。如图 11-23 所示。

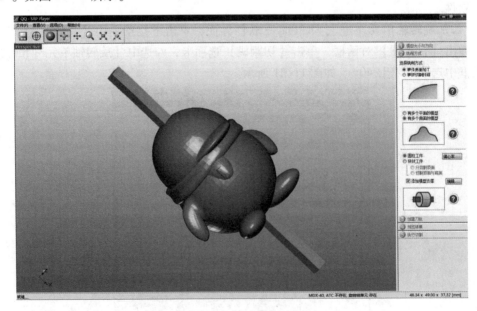

图 11-23　设置铣削方式

5）创建刀轨。操作说明请参考双面加工范例第 4 步。本次操作工件材料选择"ABS"，尺寸长度、直径分别为"133""50"；勾选【添加边距】复选框，设置为"6.6"mm，勾选【制作斜面】复选框，设置为"3.00"度。如图 11-24 所示。

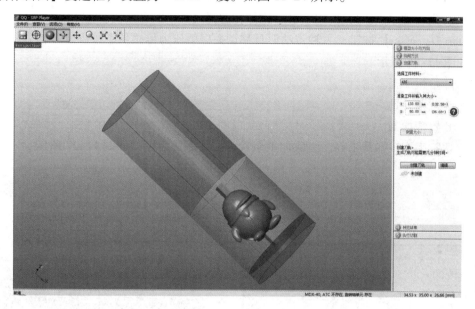

图 11-24　设置创建刀轨

6）预览加工结果。操作说明请参考双面加工范例第 5 步。如图 11-25 所示。

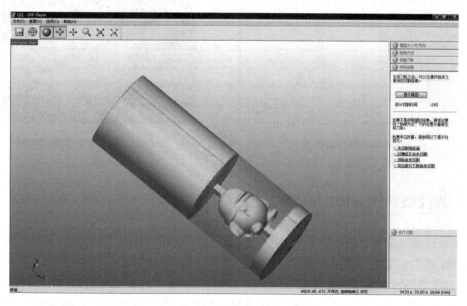

图 11-25　预览加工结果

7）执行切割。操作说明请参考双面加工范例第 6 步。

8）装载粗刀具。刀具的伸出长度超过"26mm"。

9）对齐 X、Y 轴原点。将 X 轴原点设置在工件右侧，Y 轴原点在 YZ 平面的投影点与旋转中心重合。操作说明请参考双面加工范例第8步。

10）装载工件。

11）装载粗刀具。

12）设置 Z 轴原点。启动 "Panel" 软件，选择【Set the Z-axis origin use the】单选框，单击【Start Detection】按钮，主轴带动刀具移动去碰触压力传感器，以确定 Z 轴方向的原点位置。如图 11-26 所示。

13）开始粗加工。

14）装载精刀具。

15）开始精加工。

16）切割完毕，卸载工件。去除加工余量，加工完成后模型如图 11-27 所示。

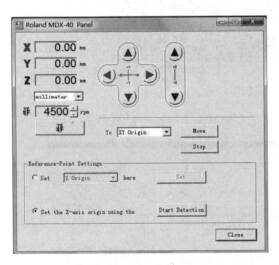

图 11-26　设置 Z 轴原点

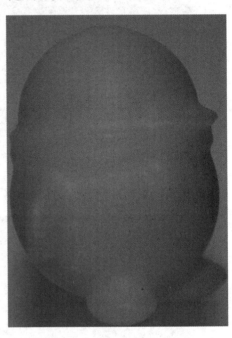

图 11-27　加工完成后模型

11.3 数控雕刻快速成型机操作注意事项

由于数控雕刻快速成型机运转时主轴高速旋转，所以存在安全性问题。以下是操作人员在长期的实践中积累的操作注意事项，供读者参考：

1）加工之前或者加工过程中需要更换刀具时，按下 "View" 按钮即 "查看按钮"。当按下 "View" 按钮时，机器自动切断与计算机的数据传送，避免计算机的误操作启动主轴旋转，从而带来损伤、损失。

2）按照系统提示安装刀具的伸出长度，避免因刀具的伸出长度不足而无法加工到足够深度。

3）旋紧刀具。避免因刀具松动引发加工精度不足甚至机器损坏。

4）固定住工件。避免因工件松动导致加工错误甚至机器损坏。

5）每次换刀都要对齐 Z 轴原点，因为换刀后 Z 轴原点位置已改变，需要重新对齐。

6）设置"支撑"时根据材料选择支撑的尺寸，避免因支撑尺寸过小而强度不足，导致无法承受纵向切削力，在加工过程中支撑断裂。

7）创建刀轨中编辑粗加工时，根据刀具的直径设置【添加边距】，并在【制作斜面】中设置一定的角度，给予足够的退刀空间。避免因退刀空间不足导致刀具与机器的损坏。

第 12 章

3D打印技术及系统

12.1 3D 打印技术概况

3D 打印（3D Printing）技术作为快速成型领域的一项新兴技术，目前正成为一种迅猛发展的潮流。3D 打印技术是一种以计算机辅助设计模型（CAD）为基础，采用离散材料（液体、粉末、丝等），通过逐层打印的方式来构造物体的技术。与传统的去除材料加工技术不同，因而又称为增材制造（Additive Manufacturing，AM）。3D 打印技术将多维制造变为简单的由下至上的二维叠加，从而成型出传统制造方法难以或无法加工的任意复杂结构，且耗材少，加工成本低、生产周期短，支持多种材料类型，可以制作出具有石膏、塑料、橡胶、陶瓷等属性的产品模型。3D 打印综合了数字建模技术、机电控制技术、信息技术、材料科学与化学等诸多方面的前沿技术知识，具有很高的科技含量。英国《经济学人》杂志在《第三次工业革命》一文中，认为 3D 打印技术与数字化生产模式一起推动新的工业革命，将 3D 打印技术作为第三次工业革命的重要标志之一。

根据成型过程中使用的材料可将 3D 打印技术分为三种：粘接材料 3D 打印技术、光固化 3D 打印技术和熔融材料 3D 打印技术。下面分别介绍：

1）粘接材料 3D 打印技术：美国麻省理工学院于 1989 年开发的一种基于微滴喷射的专利技术，也是最早开发的一类 3D 打印技术。其成型原理是由喷墨打印头按照计算机所设计的模具轮廓向粉末成型材料喷射液体粘结剂，使粉末逐层打印并重叠粘结成型制件，如采用彩色粘结剂，则可制作出全彩的原型件。

2）光固化 3D 打印技术：同样基于微滴喷射技术，但由液态光敏树脂代替粉末材料作为成型材料，原理是将光敏树脂按照计算机所设计的轮廓逐层喷出，并通过紫外光迅速固化成型。喷头沿平面运动的过程中，将喷射树脂材料和支撑材料同时喷出，形成所需要的截面，并通过紫外光固化。不断重复此过程，层层累加，生成原型件。该技术将喷射成型和光固化成型的优点结合在一起，大大提高了模具成型精度，并降低了成本。但此类技术由于需要去除支撑材料，最后还需要通过后处理过程去除多余的支撑材料。

3）熔融材料 3D 打印技术：所使用成型材料为熔融材料，通过加热材料熔融，使其按照所设计的轮廓从喷头喷出，并逐层堆积，同时喷出相应的支撑材料成型。与光固化三维快速成型打印技术过程比较类似，只是少了紫外光固化过程，过程更简洁。

12.2 3D 打印系统及流程

1. 3D 打印系统的构成

3D 打印系统主要由硬件部分和软件部分组成，软件部分的作用是对数据模型进行前处理以及驱动控制硬件系统操作；硬件部分则是由数控软件控制，实现材料分层堆积过程，形成最终产品。

3D 打印系统所用的软件所包含功能有：与建模软件或扫描设备的通信、模型数据位置调整、数据分层切片、生成控制指令、打印过程监控。3D 打印系统配套软件工作流程：与建模软件或扫描硬件通信，获得模型数据，对模型进行调整至合适大小、位置，分层切片，得到层轮廓，之后计算生成数控代码，控制硬件工作，同时监控硬件运行状态。

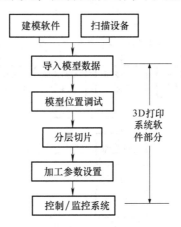

图 12-1 3D 打印技术软件系统

3D 打印系统设备的硬件系统主要由数控系统、供料系统和温控系统组成。数控系统由上下移动的工作台系统和水平面运动的喷嘴系统构成。供料系统，顾名思义，主要是用来传送模型材料和支撑材料。温控系统则是用来控制材料融化和设备的工作环境温度。

2. 3D 打印通用流程

（1）数据处理

数据处理阶段包括数据模型建立和数据模型分层。

数据模型建立是 3D 打印的起点，可以使用逆向建模方法，对样品的物理模型通过扫描工具，采集点云数据以生成三维模型数据；也可以使用三维建模软件正向设计三维数字化模型。

数据模型分层是对几何建模得到的数据模型进行切片分层处理，获得各个界面的二维界面轮廓，以便生成 3D 打印机的控制指令。数据分层的厚度由喷涂材料的属性和打印机的规格决定。

（2）堆积成型

分层完毕后的数据，传送到 3D 打印机，将打印耗材逐层喷涂或熔结到三维空间中。根据工作原理的不同，有多种实现方式：选择性激光烧结技术（SLS）、熔融沉积制造技术（FDM）、立体喷印（3DP）、光固化成型（SLA）、分层实体制造技术（LOM）等，需要根据加工要求选择合适的打印机类型以及工艺路线。

（3）后期处理

后期处理是对成型模型进行善后的修整工序，包括固化处理、剥离支撑、修整表面、上色等步骤，最终完成所需要的模型的制作。

3D 打印系统通用流程如图 12-2 所示。

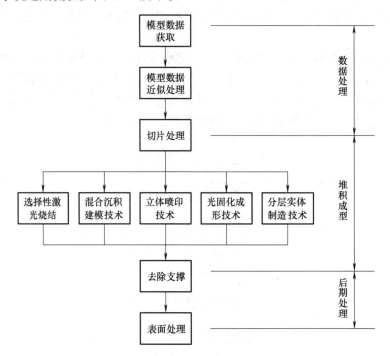

图 12-2　3D 打印系统通用流程

12.3　3D 打印数据模型

3D 打印数据模型的来源有以下几类：

正向 CAD 模型数据：这是应用最为广泛的数据来源。由三维造型软件（如 UG、Pro/E、Solidworks 等）正向设计生成 CAD 模型。这种方法设计精度高，但是在自由曲面设计方面，对设计的数据模型难有直观的判断。

逆向工程数据：对已有产品的物理模型使用如三坐标测量仪、关节臂和手持式激光扫描仪等工具进行扫描，获得点云数据。可根据需要对这些点云数据进行进一步编辑处理，生成新的三维模型，或直接生成 3D 打印机可识别操作的数据文件。这种方法是根据实物模型反向求出数字模型，所以对模型能有直观的判断，但受扫描仪器限制，模型精度仍有提高的空间。

数学几何数据：这种数据来自实验数据或数学几何数据，然后用快速 3D 打印系统将这些用数学公式表达的曲面制作而成。

断层扫描数据：通过人体断层扫描（ComputedTomography，CT）或核磁共振（Nuclear Magnetic Resonance，NMR）获得断层扫描数据，这种数据都是真三维的，即物体内部和表面都有数据。也可以打印工业 CT 扫描得到的工件内部结构。

自从 20 世纪 80 年代以来，STL 文件格式一直是行业默认的将 CAD 数据转换成为适合 3D 打印文件的工业标准。由于通过正逆向设计得到的数据模型往往并不能直接被 3D 打印机识别操作，需要将原来数据模型的文件格式转换为能被 3D 打印机识别的通用格式——STL 文件格式。

STL 文件格式是由 3D Systems 公司于 1988 年制定的一个接口协议，是一种为快速成型制造技术服务的三维图形文件格式。STL 文件由多个三角形面片的定义组成，每个三角形面片的定义包括三角形各个顶点的三维坐标及三角形面片的法矢量，三角形顶点的排列顺序遵循右手法则，如图 12-3 所示。

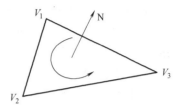

图 12-3　STL 文件格式

按照数据储存形式的不同，STL 文件可以分为文本文件（ASCII 码）和二进制文件（BINARY）两种格式。为了保证 STL 文件的通用性，这两种文件格式均只保存实体名称、三角面片个数、每个三角形的法矢量以及顶点坐标值这四大类信息，而且两种格式之间可以互相转换而不丢失任何信息。

BINARY 格式文件以二进制形式储存信息，具有文件小（只有 ASCII 码格式文件的 1/5 左右）、读入处理快等特点；ASCII 码格式文件则具有阅读和改动方便，信息表达直观等特点。因此，两者都是目前使用较为广泛的文件格式。

STL 的 ASCII 格式如下：

solid filename//文件路径及文件名

facet normal $N_x N_y N_z$//第一个三角面片法向量的 3 个分量值

outer loop

vertex $V_{1x} V_{1y} V_{1z}$//三角面片第一个顶点的坐标

vertex $V_{2x} V_{2y} V_{2z}$//三角面片第二个顶点的坐标

vertex $V_{3x} V_{3y} V_{3z}$//三角面片第三个顶点的坐标

end loop

endfacet//第一个三角面片定义完毕

……　　//定义下一个三角面片

endsolid filename//整个文件结束

二进制 STL 文件用固定的字节数来给出三角面片的几何信息。文件起始的 80 个字节是文件头，用于存储零件名；紧接着用 4B 的整数来描述模型的三角面片个数，后面逐个给出每个三角面片的几何信息。每个三角面片占用固定的 50 个字节，依次是 3 个 4B 浮点数（角面片的法矢量），3 个 4B 浮点数（1 个顶点的坐标），3 个 4B 浮点数（2 个顶点的坐标），3 个 4B 浮点数（3 个顶点的坐标），最后 2B 用来描述三角面片的属性信息。一个完整二进制 STL 文件的大小为三角形面片数乘以 50，再加上 84B。

STL 的二进制文件格式如下：

UINT8 ［80］//文件头

UINT32//三角面片数量

foreach triangle//

REAL 32〔3〕//法线矢量

REAL 32〔3〕//三角面片顶点 1 坐标

REAL 32〔3〕//三角面片顶点 2 坐标

REAL 32〔3〕//三角面片顶点 3 坐标

UINT16//文件属性统计（Attribute bytec ountend）

End

STL 文件在快速成型领域被广泛应用主要在于它具有以下优势：

1）文件生成简单：几乎所有 CAD 软件均具有输出 STL 文件功能，同时还能控制输出的精度。

2）具有简单的分层算法：由于 STL 文件数据简单，分层算法相对简单得多。

3）模型易于分割：当成型的零件很大而很难在成型机上一次成型时，则通常将模型分割成较小易于制造的部分，而 STL 文件能较简单地将模型数据分割。

同时，STL 文件由于用三角网格来描述几何形体，也带来一些劣势：

1）精度损失：因为 STL 文件只是三维曲面的近似描述。另一方面，STL 文件中的顶点坐标都是单精度浮点型，而在 CAD 模型中，顶点坐标都是双精度浮点型。所以在 CAD 文件转换成 STL 文件时会造成一定的误差。

2）数据冗余：STL 文件有大量的冗余数据，因为三角形的每个顶点都分属于不同的三角网格，在描述每一个网格时，顶点坐标会被重复存储多次。同时，面片的法向量也非必要信息，因为它可通过顶点坐标计算得到。

3）信息缺失：STL 文件缺乏三角面片之间的拓扑信息，这将造成信息处理和分层的低效。同时，STL 文件无法记录模型的颜色、纹理、材质等信息。

4）错误与缺陷：STL 文件由于记录方式过于简单，在转换的过程中，面片数据也将出现错误和缺陷，如面片重叠、畸变、缺失，拓扑关系歧义等。在使用过程中需对有缺陷的 STL 文件进行修复方可使用。

在实际应用中对 STL 模型数据有要求的，尤其是在 STL 模型广泛应用的 RP 领域，对 STL 模型数据均需要经过检验才能使用。这种检验主要包括两方面的内容：STL 模型数据的有效性和 STL 模型封闭性检查。有效性检查包括检查模型是否存在裂隙、孤立边等几何缺陷；封闭性检查则要求所有 STL 三角形围成一个内外封闭的几何体。

此外，针对 STL 格式无法保存模型颜色、纹理、材质、拓扑关系等数据的不足，美国材料与试验协会（American Society for Testing andMaterials，ASTM）和国际标准化组织（ISO）以目前 3D 打印机使用的"STL"格式为基础，研究发展了一种新的数据格式形式——AMF（Additive Manufacturing Format）。

与 STL 中通过直接记录三角形的位置来描述物体不同，AMF 文件格式首先记录构成物体的三角形的所有顶点，其次记录各个顶点构成的三角形。由于所有的顶点只被记录了一次，所以 AMF 文件格式比 STL 文件格式的效率更高。AMF 文件格式在 STL 文件格式的基础上，通过增加平面的切线，使得记录曲面成为可能。

在记录网格的基础上，AMF 文件格式增加了〈material〉关键字，用来记录打印的原料。打印原料由成分〈composite〉、颜色〈color〉、材质〈texture〉等关键字进行描述，不同的 3D 打印机可以根据各自的能力选择打印。

这种格式已逐渐被 CAD 软件以及 3D 打印机生产厂商所支持，预计有望在未来代替 STL 文件格式。

12.4 Cube X 3D 打印系统

12.4.1 Cube X 3D 打印机介绍

Cube X 3D 打印机采用的工艺为熔融沉积制造法，3D 打印时首先需要对零件的三维 CAD 模型按照一定的厚度进行分层切片处理，生成控制 3D 打印机喷头移动轨迹的二维几何信息。喷头在计算机的控制信息作用下，进行零件堆砌所需的运动，送丝机构把丝状材料送进热熔喷头，加热头把热熔性材料（ABS、PLA 等）加热至一定温度成熔化状态时，同时，喷头挤压出成型材料，成型材料很快沉积固化为精确的零件薄层。通过升降系统下降来完成接下来的新薄层，这一过程反复进行，层层堆积，紧密黏合，自下而上逐渐形成一个完整的三维零件实体。3D 打印的工艺原理如图 12-4 所示。

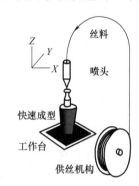

图 12-4 3D 打印机的工艺原理图

此节主要是对 3D Systems 生产的 Cube X 3D 打印机进行具体介绍。Cube X 3D 打印机有三个喷嘴，它可以在十八种颜色中自由选择三种颜色同时进行打印；打印材料有 PLA 和 ABS，可以根据所需要的打印模型的性能来选择相应的材料。打印的模型最大可达到 275mm × 265mm×240mm。如图 12-5a 所示为其外形图，图 12-5b 所示的为 Cube X 3D 打印机内外部结构图，图 12-6 为操作面板中的主要按钮。

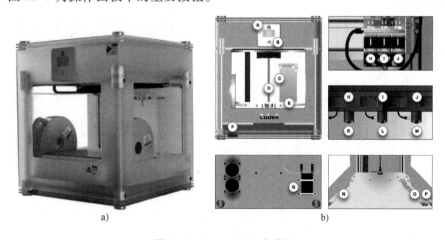

图 12-5 Cube X 3D 打印机
a）外形 b）结构
A、B—操作按钮 C—喷嘴清理器 D—Z 主轴 E—工作台 F—USB 接口 G—电源
H、K—喷头1 I、L—喷头2 J、M—喷头3 N、O、P—喷头1、2、3 的模型材料盒安装基座

① TOUCHSCREEN：通过单击触屏底下的箭头切换主菜单，若返回，点按功能按钮。
② PRINT：浏览存储器里的 Cube X 文件，选择需要打印的文件。

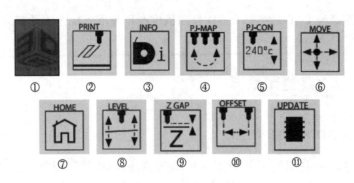

图 12-6　主要操作按钮

③ INFO：显示打印过程中材料盒状态和打印状态。

④ PJ-MAP：交换喷嘴。

⑤ PJ-CON：手动控制调节喷嘴温度和转速。

⑥ MOVE：在 X/Y/Z 方向上移动喷头位置。

⑦ HOME：喷头复位。

⑧ LEVEL：调整工作台相对喷嘴至水平位置。

⑨ Z GAP：设置打印第一层时的喷嘴与工作台间的距离。

⑩ OFFSET：设置两个喷嘴间的相对距离。注意，不要轻易使用此按钮，否则会影响多材料打印的质量。

⑪ UPDATE：更新 Cube X 软件。

12.4.2　Cube X 3D 打印机操作流程

1. 操作流程

一般来说，3D 打印成型过程主要包括四个步骤：建模、分层、成型和后期处理，具体流程如图 12-7 所示。

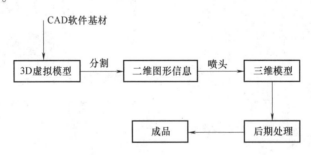

图 12-7　3D 打印机操作流程

（1）建模。3D 打印成型操作通常是建立在 CAD 软件生成的三维实体模型的基础之上，因此，首先要利用 CAD 设计软件（如 UG、Pro/E 等），按照构思设计出三维模型；另外也可利用数字测量方法对已有的实物模型进行扫描，并直接根据点云数据设计三维模型。

（2）分层。3D 模型并不能直接操作 3D 打印机。当 3D 模型输入到计算机中以后，需要通过打印机配备的专业软件 Cubex 来进一步处理，即将模型切分成一层层的薄片，每个薄片的厚度由喷涂材料的属性和打印机的规格决定。Cube X 3D 打印机的配套软件可设置的分层层厚有 0.1mm、0.25mm、0.5mm。对零件三维模型进行分层处理是 3D 打印技术的一个很重要的环节，无论是通过 CAD 造型还是通过逆向建模软件生成，都必须经过分层处理，才能将成型数据输入到 3D 打印机中。

（3）成型。3D 打印机的零件造型过程包括两个方面：支撑的制作和零件实体制作。

在分层阶段，将模型放置在 3D 打印机配套的软件中，根据模型的结构特征，选择是否需要支撑材料，当上层堆积截面大于下层截面时，超出下层截面的部分将处于悬空状态，导致超出的部分发生无支撑而下落或变形的情况。这样不但会影响零件的精度，甚至使产品成型无法进行，因此在进行零件实体制作的同时，要进行支撑的制作。另一种基础支撑的作用是为成型过程提供一个基准面，并且使零件模型制作完成后便于剥离工作台，保持零件模型的完整性。3D 打印技术的支撑制作对零件实体成型起到了很重要的辅助作用。在打印的区域内，喷头沿着由 Cube X 软件计算出的精确路径，挤出液态的模型和支撑材料，零件一层一层由下到上成型。

Cube X 3D 打印机操作比较简单，如图 12-8 所示，顶部的触摸屏用来显示设备温度、材料、时间等，将 U 盘插入到 Cube X 3D 打印机的 USB 接口中，在打印机操作面板中选中所保存的模型，单击打印即可。

（4）后处理。3D 打印技术的后处理包括：去除支撑材料和对部分有精度要求的表面的处理，使原型零件达到精度的要求。但是结构复杂部分的支撑材料不易去除，可选择水溶性的材料作为支撑材料，在原型制作完成后，将支撑和零件实体一

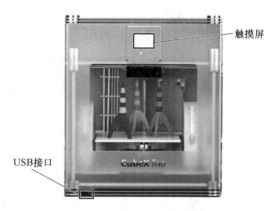

触摸屏

USB接口

图 12-8　Cube X 3D 打印机实物图

起剥离底座，放置于清水和清洗剂中，采用浸泡的方式就可以把支撑材料去掉。对生成的原型有精度要求时，在保证原型外形不变的前提下，对其表面进行光整处理，主要方法有磨光、填补、喷涂等。对原型件的后处理是快速成型的重要工序，根据工件的不同形状和复杂程度，后处理的方式和打磨工具也有很大的差别，采用合理的后处理方式可得到外形美观和高精度的零件模型。

2. 成型前注意事项

（1）开关机管理

首先打开 3D 打印机的电源总开关，机器将会通电自检，然后再打开系统开关，机器开始内部加热到预设温度（需约 1min），读取模型加工时间，此时间由模型的切片层数决定。如需关闭成型机，直接关闭总电源。

（2）材料检查

3D 打印机使用的支撑材料容易受潮，因此在上料的时候，首先要检查材料是否受潮。如果受潮，挤出来的料丝中会有气泡存在，影响原型表面的精度，或者出现料丝的不连续性，成型无法完成。因此，未用完的材料必须保存在干爽的环境中。

（3）装料

将料丝送入导料管之前，要沿料丝轴线剪出 45°斜口，以便料丝容易插入送料机构及加热管，料丝露出料盘的长度依据操作人员的经验来完成。

（4）挤丝

在成型过程开始之前，若成型机闲置过久，仪器自行检查喷头能否正常挤丝。若挤丝不畅，应立即检查材料是否装载正确。

12.4.3 Cube X 3D 打印机实例

本节以常用的连杆为例，说明 Cube X 3D 打印机的操作过程，实验设备是 3D Systems 生产的 Cube X 3D 打印机及配套软件 CubeX。实训的主要的试验内容是：熟悉应用 Cube X 软件及 3D 打印机的操作面板—掌握 3D 打印机的操作步骤（开机、装材料、面板操作、机器维护等）—导入设计模型文件—处理 STL 文件—参数设置—打印完成自己设计的零件。

1. 对扫描数据的处理

通过三维测量得到连杆的点云模型，并通过逆向软件（如 Geomagic Studio、Geomagic Design Direct 等）对模型进行检测、修复、重建，最终完成后的 STL 模型如图 12-9 所示。

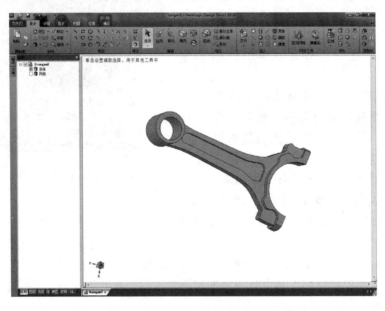

图 12-9　完成建模后的 STL 格式的连杆模型

2. 连杆模型的分层处理

1）利用 Cube X 3D 打印机的配套软件 CubeX 对模型进行分层处理，在 Cube X 中有【home】【view】【settings】三个菜单栏，选择【home】菜单栏下的 Open Model 命令，导入连杆模型的 STL 文件。软件的界面如图 12-10 所示，主要有菜单栏、工具栏、显示窗口栏和细节显示栏。

以下分别介绍每个菜单栏中的主要工具栏中图标的含义。

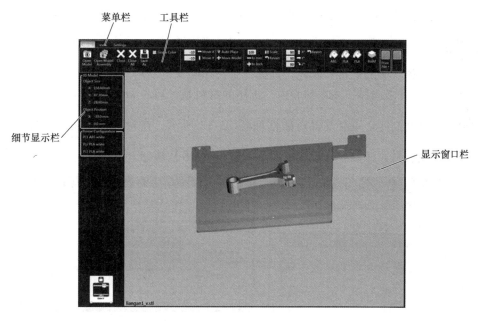

图 12-10　Cube X 中连杆设置界面

：打开 STL 格式的文件模型。

：当要导入的模型为多个零部件组合而成的，需要选择此命令打开。

：选中模型，然后单击此按钮可以删除模型。

：把设置好的模型保存为 STL 类型，方便后期再制作时的直接使用。

：选中模型，然后单击【Move X】或者【Move Y】，模型会向相应的方向移动，每步移动的距离默认为 10mm，用户可以根据自己的需要输入移动距离，当输入负值时，模型会向相反的方向移动。

：首先选中模型，然后单击此按钮，并用鼠标左键可以将模型拖动到适合的位置，操作完成后，分别单击该按钮和模型即可。

：此命令用于缩放模型的比例，默认导入的比例为 100%，可以根据实际需要选择合适的比例，对于 STL 文件，选择 "mm" 或者 "inch" 作为测量单位。

：选中模型，并选择相应的轴，可以将模型旋转到合适的方向。

在【view】菜单栏下，主要有以下工具：

：选中此按钮，可以放大或者缩小成型区域。

：根据需要，选择相应的视图。

在【settings】菜单栏下，主要有以下工具：

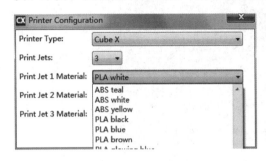：单击此按钮，会弹出如图 12-11 所示对话框，在 Cube X 3D 打印机中有三个打印喷头，根据材料盒中的材料和颜色，选择每个打印喷头的材料，在该系统中有 "PLA" 和 "ABS" 两种材料可供选择。在本实验中，选用的材料是 "PLA white"。

：选择此工具会弹出设置对话框如图 12-12 所示，在对话框中可以设置切片的速度、厚度、填充材料等参数。待设置完成后，单击【OK】按钮。

图 12-11　打印喷头设置对话框　　　　　图 12-12　切片设置对话框

2）通过调整连杆的方向，将其放置在成型区域的最佳位置，如图 12-13 所示。

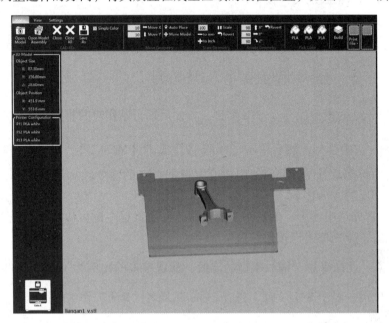

图 12-13　调整位置后的连杆模型

3）对模型进行分层处理，即将模型切分成一层层的薄片。选择【home】菜单栏下的工具栏中的 命令，会弹出切片对话框如图 12-14a 所示，待检查无误后，单击【Build】按钮。也可以修改切片的参数，软件会自动的对模型进行切片处理，切片后的模型如图 12-14b所示。

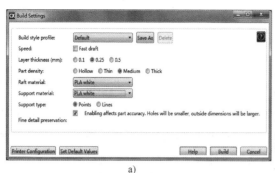

a)　　　　　　　　　　　　　　　b)

图 12-14　连杆模型切片处理

a）切片对话框　b）切片后的模型

4）保存模型。单击 ![Save As]，默认保存类型为 STL，将切片后的模型保存在 U 盘中。

3. 连杆模型的打印

1）开始打印前，可以在成型面板上涂上一层 3D 打印机打印胶水，方便打印完后取下模型，涂完后，将 U 盘插入到 Cube X 3D 打印机的 USB 接口中，在打印机操作面板中选中所保存的模型，单击打印即可。

2）如图 12-15 所示是打印机的初始状态，打印开始后，打印喷头在 XY 平面上移动，通过升降系统下降来完成 Z 方向上的新薄层，这一过程反复进行，层层堆积，紧密黏合，自下而上逐渐形成一个完整的三维零件实体的打印。

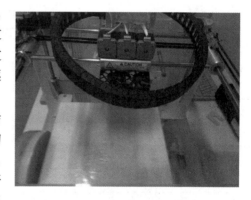

3）当连杆模型打印完成后，操作面板上会显示打印完成，打印机会自动复位，回到初始的打印状态，这时可以关闭电源，先取下成型面板，然后轻轻用配套的小铲子取下成型面板上的连杆模型，最终打印完成后的连杆模型如图 12-16 所示。

图 12-15　打印机初始状态图

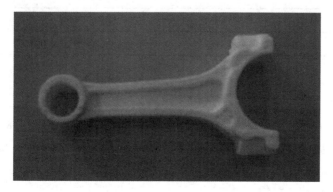

图 12-16　打印出的连杆模型

12.5 Einstart 3D 打印机系统

12.5.1 Einstart 3D 打印机介绍

Einstart 3D 打印机是杭州先临三维科技股份有限公司生产的桌面 3D 打印机,该公司是一家专业提供三维数字化技术综合解决方案的国家火炬计划高新技术企业,其专注于三维数字化与 3D 打印技术,为制造业、医疗、文化创意、教育等领域的客户提供设备。

Einstart 3D 打印机采用的工艺为熔融沉积制造法,该打印机的原理是将打印材料高温熔化挤出,并在成型后迅速凝固,因而打印出的模型结实耐用。

3D 打印前首先需要将零件的 CAD 模型导入到 Einstart 3D 打印机的配套应用软件 3Dstart 软件中,3Dstart 软件可以打开 *.stl、*.hex、*.mst 格式文件。导入模型后通过软件进行分层切片处理,生成控制 3D 打印机打印头和打印平台运动的移动路径。同时,送丝机构把丝状材料送入打印头,当打印头加热至一定温度时,热塑性材料(PLA、ABS)成熔融状态。3D 打印时,热塑性材料在熔融状态下被挤出机挤压,经喷嘴挤出,形成连续、均匀的丝状成型材料。打印头在计算机的控制信息作用下,进行零件堆砌所需的运动,成型材料很快沉积固化为精确的零件薄层。Einstart 3D 打印机的相关规格参数见表 12-1。

表 12-1 Einstart 3D 打印机规格

名　　称	参数/种类
构建尺寸	160mm × 160mm × 160mm
层厚控制	0.15 ~ 0.25mm
喷嘴直径	0.4mm
运动速度	80mm/s
垂直构建速度	30cm^3/h
定位精度	0.01mm
打印材料	PLA
设备尺寸/重量	300mm × 320mm × 390mm/9.5kg
通信	USB、SD 卡
喷嘴数目	1 个

12.5.2 Einstart 3D 打印系统组成及功能

Einstart 3D 打印系统主要由软件部分和硬件部分组成。其中,软件部分主要用于生成满足打印 3D 实体模型需要的打印头和打印平台移动轨迹,实现路径规划。硬件部分主要根据规划路径进行打印,生成 3D 实体模型。

1. 软件部分组成及功能

Einstart 3D 打印系统的软件部分主要是 3Dstart 软件。操作界面主要包括:①菜单区;

②功能区；③信息栏；④快捷导向区；⑤视图区；⑥状态区。如图 12-17 所示。

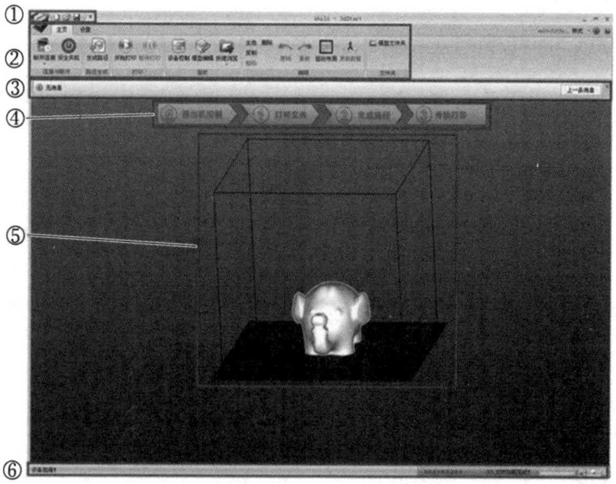

图 12-17　3Dstart 软件操作界面

（1）菜单区主要用于模型文件的新建、打开以及保存。

（2）功能区包含两个界面：主页和设置。

"功能区"主页界面如图 12-18 所示，可实现的功能如下：

图 12-18　主页界面

1）连接设备或断开连接。

2）将 Einstart 3D 打印机安全关机。

3）对导入模型分层，生成路径。

4）开始打印或停止打印。

5）暂停打印或恢复打印。

6）进行全选、删除、撤销等编辑操作。

7）直接打开模型文件夹。

8）面板操作，安装 3Dstart 软件的计算机与打印设备连接后，可通过 3Dstart 软件控制打印机设备。面板操作包括：设备控制面板、模型编辑面板和快捷浏览三个部分。

设备控制面板界面如图 12-19 所示，可实现如下功能：

a）可控制打印平台移动的方向、速度、模式；可对挤出机进行控制；可对风扇进行开、关控制。

b）可对喷嘴、喷头的温度进行控制。

模型编辑面板界面如图 12-20 所示，可实现如下功能：

a）显示当前模型在 X、Y、Z 轴的最大尺寸。

b）调整当前视图；调整光照角度。

c）移动模型在平台上的位置；模型定位到平台上；模型定位到平台中心。

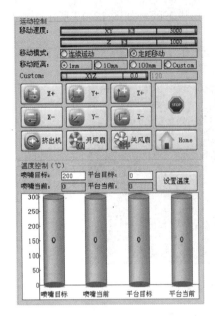

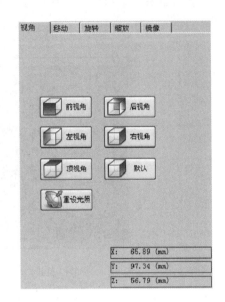

图 12-19　设备控制面板界面　　　　图 12-20　模型编辑面板界面

d）以 X、Y、Z 轴为旋转轴，进行任意角度的模型旋转。

e）缩放模型尺寸。

f）镜像当前模型。

快捷浏览可使文件夹以文件树的形式显示，使操作者快速、方便的查找所要导入的模型，如图 12-21 所示。

设置界面如图 12-22 所示，可实现的功能如下：

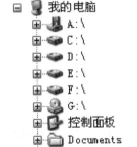

图 12-21　快捷浏览界面　　　　　图 12-22　设置界面

1）视图显示控制。显示或隐藏状态栏和信息栏。

2）模型显示控制。显示或隐藏模型路径、层片路径、模型面、模型线和设置模型颜色。

3）程序运行控制。自动查询温度；自动开始打印；程序语言显示。

4）模型打印控制。可执行打印完成后是否自动停止加热；打印完成后是否自动关机。

5）硬件。固件更新；设置 Z 轴高度；平台调平。

6）SD 卡。可使 Einstart 3D 打印机读取 SD 卡中已规划好的轨迹信息；将模型文件以及在 3Dstart 软件中对模型规划的轨迹信息保存到 SD 卡。

（3）信息栏用于显示程序运行时相关提示信息。

（4）快捷导向区按 3Dstart 软件操作流程提供挤出机控制、打开模型文件、生成路径和开始打印四项功能，便于操作人员快速找到各项常用设置界面，节省操作时间。

（5）视图区可显示 3D 实体模型的虚拟图像，并直观的反映出打印完成后 3D 实体模型与打印平台的位置关系，便于操作人员对模型、打印位置进行编辑，进而打印出合理的 3D 实体模型。

（6）状态区用于显示所连接打印设备的运行状态及当前操作完成情况；生成路径后，可显示完成模型打印所需的时间；开始打印后，可显示已打印的时间，便于操作人员了解各项操作时间，进而做出合理时间规划。

2. 硬件部分组成及功能

Einstart 3D 打印系统的硬件部分如图 12-23 所示，主要包括：①框架；②操作面板；③打印平台；④打印头（含喷嘴）；⑤散热风扇；⑥料盘架；⑦SD 卡座；⑧USB 插座；⑨电源接口。

① 框架：起支撑、保护作用。

② 操作面板：开机；控制电动机；打印 SD 卡中的模型。如图 12-24 所示。

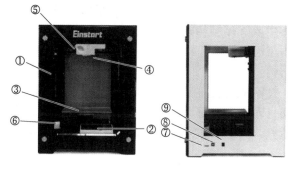

图 12-23　Einstart 3D 打印机

图 12-24　操作面板

③ 打印平台：支撑打印模型。

④ 打印头（含喷嘴）：加热热塑性材料；挤出熔融状态下的材料。

⑤ 散热风扇：降低电动机温度。

⑥ 料盘架：支撑材料丝盘。

⑦ SD 卡座：插入 SD 卡。

⑧ USB 插座：插入数据线，连接安装有 3Dstart 软件的计算机。

⑨ 电源接口：接电源线，可接交流 100～240V，50～60Hz 电源。

12.5.3　Einstart 3D 打印机操作

1. 3D 打印机操作步骤

使用 Einstart 3D 打印系统打印模型，主要包括四个步骤：导入模型、路径规划、打印成型和后期处理，具体流程如图 12-25 所示。

图 12-25　Einstart 3D 打印系统操作流程

（1）导入模型

3D 打印模型可以通过正向 CAD 软件造型，也可以由逆向软件（如 Geomagic Studio、Geomagic Design Direct 等）逆向建模生成，或者直接由扫描数据点云生成网格模型，保存为 . stl 格式的模型文件，然后导入到 3Dstart 软件中。

（2）路径规划。

该阶段主要是通过 3Dstart 软件将导入模型进行分层，生成打印模型时打印头和打印平台协同移动的三维轨迹信息（包含：支撑部分和零件实体部分）。在生成路径时，操作者可根据基本设置和参数设置来对路径进行规划，从而得到符合打印要求的三维轨迹信息。生成路径后，即可进行零件实体打印。

基本设置包括打印模式、打印材料、支撑模式、打印基座和薄壁件，如图 12-26 所示。

其中打印模式有：①MODE-Midium：采用 0.25mm 层厚进行打印；②MODE-Quality：采用 0.15mm 层厚进行打印；③MODE-Standard：采用 0.2mm 层厚进行打印。

打印材料有 PLA 和 ABS 两种材料选择。材料不同，打印头加热所达到的温度也会不同，通常 PLA 材料达到熔融状态所需的温度为 195℃，ABS 材料达到熔融状态所需的温度为 240℃。

支撑模式：①无支撑是在生成路径时，不生成支撑结构；②外部支撑是在生成路径时，生成外部支撑结构，外部支撑指支撑的底面不与模型接触，而是直接生长在基座；③内外支撑是在生成路径时，生成内部和外部的支撑结构。

打印基座是在生成路径时生成模型基座，打印基座能固定模型，补偿高度误差，同时可以防止打印的实体模型与打印平板粘结，损伤打印模型表面。

薄壁件是在生成路径时，将不生成内部填充，只生成外壳结构，同时封闭底面但是不封闭顶面。

参数设置如图 12-27 所示，包含如下设置：

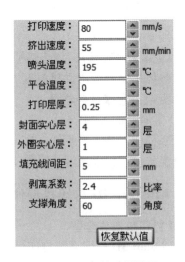

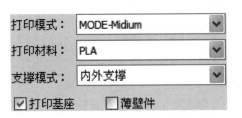

图 12-26　基本设置界面　　　　　　图 12-27　参数设置界面

打印速度：打印机 X、Y、Z 三轴的运动速度。

挤出速度：挤出机挤出熔融状态材料的速度。

喷头温度：喷头内部加热打印材料时的目标温度。

平台温度：打印平台的设定温度。

打印层厚：打印机打印一层的厚度。打印层厚修改了，相应的移动速度、挤出速度都需要相应的调整，其取值范围是 0.15~0.25mm。另外，根据打印模式不同，需选择不同的打印层厚。

封面实心层：水平方向上打印模型的外壳实心层的数目。

外圈实心层：垂直方向上打印模型的外壳实心层的数目。

填充线间距：内部填充线的间距。

剥离系数：模型与基座之间的高度，此值是相对于层厚的比率，如层厚为 0.2mm，剥离系数为 2，那么模型与基座之间的距离为 0.4mm。

支撑角度：当打印模型斜面角度大于这个设置值时，才会生成支撑结构。所设置的角度越大，模型支撑越少。

恢复默认值：将基本设置和参数设置中各项均恢复为出厂设置。

对零件三维模型进行分层处理是 3D 打印技术的一个重要环节，无论是通过 CAD 造型还是通过逆向建模软件生成，都必须经过分层处理，才能将成型数据输入到 3D 打印机中。

（3）打印成型

Einstart 3D 打印机的零件造型过程包括制作支撑部分（含有支撑结构和底座）和制作零件实体部分两个方面。

开始打印时，仅进行喷头加热，喷头和打印平台保持不动。当温度达到设定的喷头温度后，打印平台上移到要求位置，喷头沿生成的二维轨迹信息移动，并开始出丝，进行打印。支撑部分和零件实体部分一层一层的自下向上成型。打印完成后，喷头和工作台返回初始位置，打印完成。

（4）后期处理

打印完成后，因支撑部分耗材少、厚度薄，所以可以手工或借助特定工具将其拆除，即可得到完整的零件实体模型。

对生成的原型有精度要求时，可在保证原型外形不变的前提下，对其表面进行光整处理，主要方法有磨光、填补、喷涂等。对原型件的后处理是快速成型的重要工序，根据工件的形状和复杂程度不同，后处理的方式和打磨工具也有很大的差别，采用合理的后处理方式可得到外形美观和高精度的零件模型。

2. 成型前注意事项

（1）开关机管理

首先打开 3D 打印机的电源开关，通电后，再长按打印机操作面板中的 ▇ 键打开系统，然后检查打印机与计算机或 SD 卡的连接状态，连接后即可打印 3Dstart 软件或 SD 卡中已完成路径规划的模型。如需关闭 3D 打印机，应先关闭系统，再关闭电源开关。

（2）材料检查

打印前应查看丝盘中的材料，以免材料不足，影响正常打印。

如材料不足需重新换料，应先把新丝盘安装在料盘架上，将料丝一端穿进导料管，并露出一定长度（2～3cm 即可），以便料丝能够插入到打印头内，然后控制挤出机，根据系统换料的提示进行操作，如图 12-28 所示。

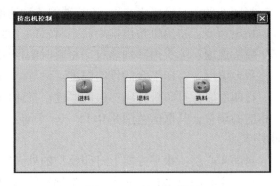

图 12-28 挤出机控制

12.5.4 Einstart 3D 打印机实例

本节以某逆向玩具模型为例，说明 Einstart 3D 打印机的操作过程。实训的主要内容是：了解 3D 打印机的操作面板；熟悉应用 3Dstart 软件；掌握 3D 打印机的操作步骤（开机、装材料、面板操作、机器维护等）；掌握如何导入设计的模型文件、规划模型路径、打印实体模型及处理实体模型。

1. 对扫描数据的处理

通过三维扫描设备（如关节臂等）对模型进行扫描得到模型的点云数据，并通过逆向软件 Geomagic Studio 对数据模型进行点阶段、多边形、精确曲面等操作，最终得到精准的玩具模型，如图 12-29 所示，并保存为 ∗.stl 格式文件。

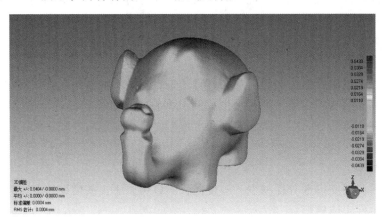

图 12-29 点云数据与多边形模型偏差对比

2. 模型打印路径规划

本节介绍使用 Einstart 3D 打印机的配套软件 3Dstart 软件对玩具模型进行路径规划。

能否规划出合理的制作路径，是打印实体模型的关键。合理的制作路径可以使打印机在较短的时间内打印出满足要求的、高质量的实体模型。具体操作如下：

（1）导入模型

打开 3Dstart 软件后，可在快捷导向区单击 **打开文件** 按钮，添加选择的模型文件，如图 12-30 所示。单击【模型编辑面板】→【移动】→【到平台、到中心】按钮，使模型移动到虚拟打印平台的中心，然后通过旋转、缩放、镜像功能编辑模型，在视图区可看到打印实体模型的三维效果图像。

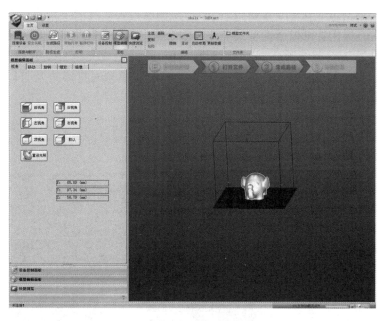

图 12-30　打开模型界面

（2）路径规划

导入玩具模型后，"生成路径"功能被激活，并打开打印机，使计算机与打印机连接。单击 **②生成路径** ，弹出【路径生成器】对话框，如图 12-31 所示。

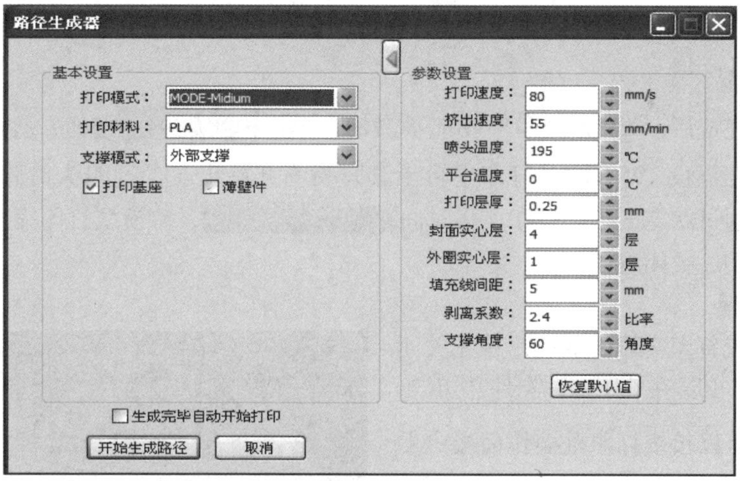

图 12-31　【路径生成器】对话框

对于【基本设置】部分，因为本玩具模型内部为实体，玩具模型外部有悬空部分（如玩具模型的鼻子、耳朵等），且打印的模型为 PLA 材料，所以对【基本设置】部分进行如下操作：打印材料→PLA，支撑模式→外部支撑。为方便将打印完成后的玩具模型从打印平台上取下，因此勾选【打印基座】复选框。

对于【参数设置】部分，取系统默认值。如对打印模型表面质量要求较高，可以适当减小打印层厚（通常可取 0.15mm 或 0.2mm），从而获得表面质量较高的打印模型。

完成设置后，操作者可根据模型大小及实践经验，判断路径生成时间及路径文件加载完成时间，如耗时过长或操作者有事需要离开，可勾选【生成完毕自动开始打印】复选框。然后单击【开始生成路径】按钮，系统便开始计算制作模型时打印头及打印平台的移动轨迹信息，如图 12-32 所示，并自动进行路径文件加载。

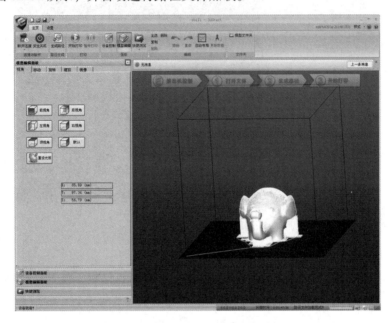

图 12-32　路径规划完成界面

3. 打印成型

路径规划完成后，"开始打印"功能被激活，单击 ▶③ 开始打印 按钮，打印头开始加热，当温度达到设定温度 195℃ 时，打印平台上移，喷嘴开始出丝，打印头沿路径规划轨迹运动。操作者可通过状态区了解打印所需时间 所需时间：0-01:47:56 ，待模型打印完成，如图 12-33 所示，取出模型，关闭打印机。

4. 后期处理

打印机完成打印实体模型后，首先关闭打印机系统，可以在 3Dstart 软件中单击 ⏻ 安全关机 图标，也可以长按打印机操作面板中的 OK 键，然后关闭打印机电源开关。

打印机关闭后，将打印平台从打印机中取出，该实体模型即为待处理实体模型，如图 12-34 所示。待处理实体模型包括玩具实体模型、支撑部分以及底座。其中，支撑部分和底座是要去除部分，玩具实体模型打印后也存在毛刺、拉丝等问题需要处理。

图 12-33　实体模型打印完成

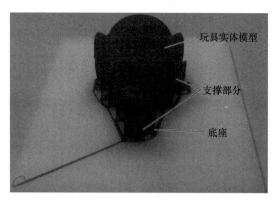

图 12-34　待处理实体模型

　　取出打印平台后，用打印机配套铲子将待处理实体模型取下。然后去除支撑部分和底座，得到玩具实体模型，如图 12-35 所示。

　　在打印过程中，由于控制、机械、外部环境等因素影响，玩具实体模型上存在毛刺、拉丝的问题，需通过专用工具进行处理。处理后，即可得到最终玩具实体模型，如图 12-36 所示。

图 12-35　支撑部分、底座与玩具实体模型分离

图 12-36　最终的玩具实体模型

第13章

Freeform触觉设计

13.1 触觉设计技术简介

多年来，在人机交互领域的研究中人们主要关注视觉和听觉，而忽略了其他感觉形态。随着计算机性能的大幅提升，计算机交互途径的局限已越来越突出，其他感觉形态的研究和应用也变得越来越重要，触觉交互作为一种新兴的人机交互手段应运而生。

触觉交互设备开辟了多种可能的应用领域，包括产品设计和制造、医疗领域应用、工作培训等。Sensable Technologies 公司的 Phantom 系列采用电子笔式的力反馈触觉交互设备，在医学、艺术等领域已经得到广泛的使用。Force Dimension 公司的 Omega 和 Delta 系列则由于采用了独特的 Delta 结构，能够实现较高的作用力输出和再现精度。针对游戏娱乐领域，Logitech 和 Microsoft 公司分别推出了名为 Force 3D 和 Sidewinder 的游戏杆，它们能够在电子游戏中获得较为真实的力反馈感觉。

作为人机交互领域的最新技术，触觉交互技术最引人注目的应用就是计算机辅助设计（CAD）。通过触觉交互界面，设计师不仅能看到模型，还可以"触摸"模型，产生更真实的沉浸感。Sensable Technologies 是世界领导级的 3D 触觉设计系统公司，一直致力于为制造业提供有效的设计方案，于 1999 年推出了 Freeform Modeling 触觉式设计系统，充分考虑了生产和应用的需要，大大减少了设计师在产品设计过程中可能遇到的困难。

13.2 Freeform 触觉设计系统

Freeform Modeling System 采用取得了世界专利的 3D Touch 技术，能够将创意、灵感、目的和意图直接表现在数字模型中，如图 13-1 所示。3D Touch 技术由机械部分 Phantom、软件系统 Ghost 与处理对象数字黏土 Virtual clay 三部分构成。其中 Phantom 是一个硬件接口，带有一个 6 自由度的操作杆（Stylus），它提供了精确的坐标输入和力反馈输出，让操作者感受到对象表面的硬度、纹理和摩擦力，达到触觉和力量反馈的目的。Ghost 是一个类似"触觉引擎"的软件系统，它可以经由复杂的计算，处理由简单到高阶的触觉运算，再由 Phantom 硬件接口输出力量，让操作者感受到力量反馈。数字黏土是 Freeform 系统处理的体素对象，结合使用者所用的力道、移动位置、材质属性等因素，将运算结果反映为屏幕上数字黏土的变化。

13.2.1　系统操作界面

启动 Freeform Modeling System，可以看到图 13-2 所示用户操作界面。操作界面主要分为 5 个版块：标题栏、菜单栏、工具模块、状态栏和视图区域。

图 13-1　Freeform 触觉设计系统

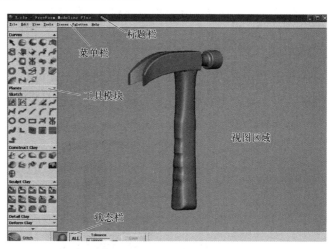

图 13-2　Freeform 触觉设计系统操作界面

1. 标题栏

标题栏位于 Freeform 操作界面的左上角，显示软件当前部件的名称。

2. 菜单栏

菜单栏位于操作窗口的左上方，由 7 个下拉子菜单组成，它们分别是 File（文件）、Edit（编辑）、View（视图）、Tools（工具）、Pieces（组件）、Palettes（工具板）和 Help（帮助）菜单。

File（文件）：包括打开或创建新的模型、存储、输入和输出模型等功能；

Edit（编辑）：包括取消上次操作、复制、粘贴、删除和插入黏土等命令；

View（视图）：可以调整对象不同角度的各个视图，可以通过 Object List（对象列表）查看处理对象的信息等；

Tools（工具）：可以调整 Clay Coarseness（黏土粗糙度），通过 Ruler（尺子）可对黏土进行测量等；

Pieces（组件）：包含创建新的组件、激活组件、分割组件和合并组件等命令；

Palettes（工具板）：显示或隐藏某个子工具模块；

Help（帮助）：可以查看某些命令的快捷键和帮助信息。

3. 工具模块

工具模块区位于软件操作窗口的最左边，包括了 Freeform 所有的功能命令，包含个 13 个子工具模块，它们分别是：Curves（构造 3D 曲线）、planes（创建平面）、Sketch（草图设计）、Construct Clay（构造黏土）、Sculpt Clay（雕刻黏土）、Detail Clay（黏土细节造型）、Deform Clay（变形黏土）、Select/move（选择/移动）、Patches/solids（曲面/实体）、Mold（出模）、Rendering（渲染）、Paint clay（着色）和 Utilities（实用工具）模块。

4. 状态栏

状态栏位置操作窗口的左下角，用于显示当前使用的工具，包含当前操作下的一些辅助命令。

5. 视图区域

创建、显示和编辑修改当前处理对象的区域。

13.2.2 力反馈设备 Phantom

如图 13-3 所示，Phantom 力反馈设备由以下几个部分构成：①金属基架；②工作指示灯；③电子笔；④手腕支撑垫；⑤连接计算机的并行端口；⑥连接第二台力反馈设备的并行端口；⑦电源接口。

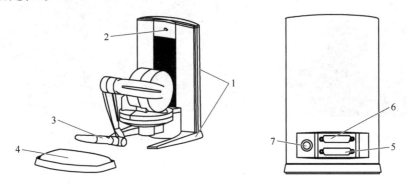

图 13-3　Phantom 组成部分

13.2.3 主要功能模块介绍

1. 构造 3D 曲线（Curves）

像其他 CAD 软件一样，Freeform 也能在三维空间中自由地构造 3D 曲线，可以对曲线进行打断、合并、镜像、偏置和复制等操作，如图 13-4 所示。不同的是，Freeform 的 3D 曲线构造工具（Curves）还可以根据已有的黏土造型构造曲线。使用绘制曲线（Draw Curve）可以直接在黏土表面构造 3D 曲线贴覆到模型表面。曲面和黏土产生 3D 曲线（Slice Clay）可以通过选择一个与黏土相交的平面进行相交来获取黏土表面的 3D 曲线。从草图中复制（Copy form Sketch）可以从绘制好的 2D 草图中复制得到 3D 曲线。

2. 2D 草图设计（Sketch）

如图 13-5 所示为 Freeform 的草图设计模块。Freeform 草图设计模块也具备了一般 CAD 软件所有的常用绘图工具，简单的比如绘制直线、圆、圆弧、椭圆、矩形等，也可以通过作控制点（Control Point Curve）来绘制 NURBS 曲线。此外还可以对 2D 曲线进行编辑操作，比如倒圆角（Round Corner）、修剪（Trim）、镜像（Mirror）、偏置（Offset）等。

3. 构造黏土（Construct Clay）

构造黏土工具可在 FreeForm 造型中快速生成各种形状的黏土，如图 13-6 所示。增加黏土（Add Clay）是 FreeForm 造型软件中常用的典型工具，使用 Add Clay 造型可以设计新增黏土的外形，如球形、柱形或锥形等。膨胀（Inflate）可以构造一些薄壁件。如其他 3D 造型软件一样，FreeForm 也能完成常见的拉伸成型（Wire Cut Clay）、旋转成型（Spin a Shape）和扫

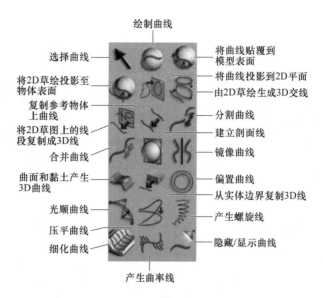

图 13-4 3D 曲线构造工具

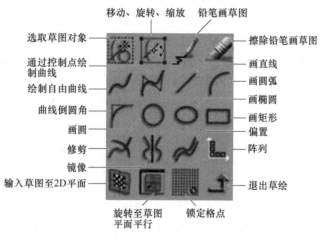

图 13-5 2D 草图设计工具

略成型（Loft a Shape）等。但 FreeForm 也提供了更多工具以实现特殊的外形，如 Toothpaste 工具的造型过程就像挤牙膏一样，按照设计者的意图移动手中的操作杆塑造外形，可实现不规则外形的造型如蚂蚁的触须等。

4. 雕刻黏土（Sculpt Clay）

FreeForm 富有创新性的特点主要体现在雕刻黏土工具上，Sculpt Clay 好比一个完整的雕刻工具箱，提供了多种功能用来实现黏土外形的雕刻，如图 13-7 所示。雕刻工具（Carve Tools）可选用不同的雕刻刀对黏土进行雕刻，当雕刻刀接触黏土时，黏土反馈的阻力可感受到黏土的真实存在。Smudge Tool 工具用于压缩变形黏土，Attract Tool 可通过有吸引力的球形雕刻刀，在黏土上吸出凸起的外形。由于 FreeForm 造型不是参数化设计，因此在造型过程中可以使用 Smooth 工具对模型进行平滑处理达到外形的美观和连接的自然，平滑工具有线平滑和面平滑，分别针对模型的转角部位和主体面部分。

213

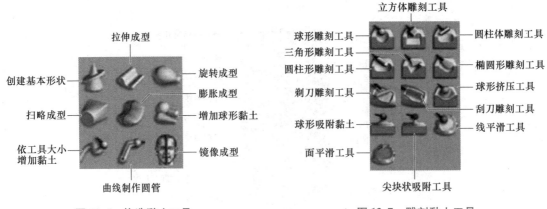

图 13-6 构造黏土工具

图 13-7 雕刻黏土工具

5. 黏土细节造型（Detail Clay）

在产品的造型过程中，尤其对于玩具、鞋业和汽车内部设计等，各种细节特征在传统 CAD 建模技术下不容易实现，FreeForm 创新性的黏土细节造型工具，弥补了上述的不足，如图 13-8 所示。凹槽（Groove）工具可通过黏土上画的 3D 曲线生成凹槽或隆起。变半径倒角（Variable Round Edge）工具可实现半径变化的倒角。黏土细节造型工具中，还有四种浮雕（Emboss）工具，分别为曲线轮廓生成浮雕（Emboss with Curve）、区域浮雕（Emboss Area）、贴材质浮雕（Emboss with Wrapped Image）和图片映射浮雕（Emboss Image），当产品的表面要设计出凹凸的花纹图案或贴材质时，合理选用浮雕工具可实现不同形式的浮雕造型。

6. 变形黏土（Deform Clay）

FreeForm 变形黏土主要利用拖拉工具和变形工具实现黏土的外形变化，如图 13-9 所示。拖拉（Tug）工具利用雕刻球的球心拖出或推入黏土，区域拖拉工具（Tug Area）则是利用在黏土上画出的轮廓线，以限制对黏土进行拖拉的区域。整体变形工具（Shape）利用对黏土上的轮廓线和控制点的操纵，实现模型的多样化变形。而区域变形工具（Deform）工具通过一个盒状的控制网格包围黏土模型，利用对网格控制点的操纵实现模型的整体变形。

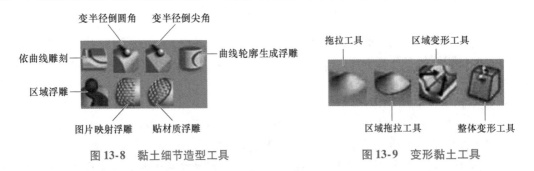

图 13-8 黏土细节造型工具

图 13-9 变形黏土工具

7. 选择/移动（Select/move）

Freeform 的选择/移动工具模块主要包括选择和移动两个部分：利用选择工具可以将单一的黏土对象分割为几个不同的部分，方便对黏土进行局部处理；利用移动工具可以将外部数据与 Freeform 的坐标系进行对齐。

Freeform 的选择工具包括五个选项，如图 13-10 所示：球形工具选择黏土（Ball Select）通过球形工具在黏土表面需要选取的区域作染色来选择；矩形框选取黏土（Box Select）可以在三维空间中作一个 3D 的立体箱来选择被包含在内的黏土；依 2D 图形选取黏土（Profile Select）是通过 2D 图形来选取，先绘制 2D 草图，选取时，垂直于草图方向且被包含在所绘制文件内的区域将被选取；选择一块独立黏土（Lump Select）通过一个球形工具来

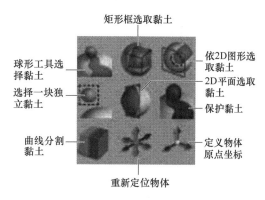

图 13-10　选择/移动工具

选择，与球形工具接触到且与其他黏土没有接触的独立的黏土将被选取；2D 平面选取黏土（Plane Select）通过选择一个与黏土相交的平面来选择。

保护黏土（Mask）命令与球形选择工具相类似，只不过被选取的区域将被保护，而不能再对其进行修改，要修改的话可以在 Mask 的状态下将受保护的区域解除。在需要对黏土进行局部修改时这个命令很有效的。

通过 3D 曲线分割黏土（Separate with Curve）可以通过在黏土表面作一个闭合的 3D 曲线来将黏土分割。在处理比较复杂的黏土造型时，可通过此命令将黏土分割为几个不同的文件进行修改。重新定位文件（Reposition Piece）可以通过平移或旋转来改变黏土的空间位置和坐标值。

8. 曲面/实体（patches/solids）

Freeform 中也具有简单的曲面造型和实体造型功能，可进行曲面或实体的建构（create）和曲面修剪（trim）等操作，还可以将实体转化为黏土（convert to clay）进行雕刻等操作，对实体造型进行再设计，如图 13-11 所示。

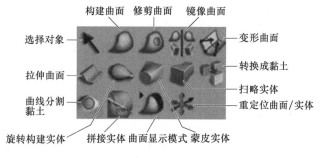

图 13-11　曲面/实体工具

除了上述几个主要的模块，Freeform 还包含有出模（Mold）、渲染（Rendering）、着色（Paint Clay）等辅助功能模块。

出模（Mold）：可通过产生分模线（Parting Line Curve）、修改脱模角度（Fix Draft Angle）、产生薄壳（Shell）以及定义分模等对设计好的黏土造型进行出模设计。

渲染（Rendering）：可通过改变材质（Material）、背景（Background）、灯光（Lighting）或其他属性对黏土或实体造型进行渲染来获得更自然更真实的模型。

着色（Paint Clay）：只能对黏土进行着色。可通过球形着色工具或喷漆工具（Airbrush）在黏土表面涂上任意的颜色。

平面（Planes）：用于创建和编辑平面。

实用（Utilities）：用于改变使用者的视觉效果，如透视（Perspective）、缩放到合适大小（Fit to view），对黏土、曲线、实体等对象进行显示和隐藏处理等。

13.2.4 系统特点

1）更真实的沉浸感。传统 CAD 造型设计软件只包含视觉或者听觉形式，因此在建模过程中缺少设计师对模型的触感。Freeform 具有独有的力反馈技术与虚拟触觉技术，填补了3D 造型软件的空白，让设计人员在设计过程中不仅能看，还能"触摸"模型，可以感受到模型表面的形状变化。

2）丰富的表现形式。设计者进行构思时，往往会考虑绘图以及生产难度等因素，会限制设计者的想法。而 Freeform 的可塑性以及丰富的表现模式等特性，可以使设计人员不再需要考虑几何参数和操作界面等问题。

3）方便控制材料属性。大部分实体模型都需要加热剂或激活剂，才能够改变材料的软硬程度和材料属性，而使用 Freeform 软件进行设计时，只需要进行简单操作便可以控制材料的硬度以及曲面的平滑度。

4）数据交换方便。Freeform 可通过 *.stl、*.igs 等数据格式与其他正逆向 CAD 软件进行数据交换。在逆向工程中，可利用 Freeform 的优势与 Geomagic Studio、Imageware、Catia 或 UG 等正逆向 CAD 软件进行数据交换，进一步缩产品开发周期，实现产品快速创新。

13.3 基于 Freeform 的数据修复实例

光学扫描是目前逆向工程中表面数字化的主要方法。使用光学扫描仪测量时，由于模型表面反光、遮挡和操作人员操作水平等因素影响，模型一些细节特征扫描结果不太理想，容易造成部分特征的丢失，导致无法进行最后的重建工作，或者得到的三维模型失真。通过 Freeform 对模型表面数据点云进行快速修复，可得到完整的模型表面数据，有利于进行下一步的曲面反求建模工作。

测量数据在导入 Freeform 时，系统会提示将其自动转换成数字黏土形式，结合系统命令可以很方便地对数字黏土进行雕刻和修改。操作者可以直接对数字黏土进行雕刻，就好像自己拿着雕刻刀在真实的环境中对真实的黏土进行雕刻一样。当雕刻刀碰到"黏土"时，系统会及时的给予连续的力反馈，就好像真的触摸到黏土表面一样。和其他软件不同的是，在导入数据时，系统会自动将一些体外孤点删除掉。但是仍然会有部分体外孤点不能被自动删除，这时可以使用选择工具（Select），选择所有，然后反选模型主体，最后单击 Delete 键即可删除所有的体外孤点。

Freeform 提供了类似于大多 CAD 软件都具备的指令，如拉抻（Wire cut）、旋转（Spin）、放样（Loft）、镜像（Mirror）、扫掠（Sweep）、凹槽（Groove）、凸台（Emboss），也有自己独特的命令，如膨胀（Inflate）、变形（Deform）、平滑（Smooth）等，可以直接对特定的数字黏土区域进行修改。Freeform 还提供了对点云数据的复制粘贴功能，如果模型上有相同的形状，就可以在修复完成其中一个之后，选择系统提供的复制、粘贴功能，对选定的数字黏土区域直接进行复制，从而避免重复的操作。

完成修复后的数据可以通过 ∗.stl 格式文件直接输入快速成型机，加工出精确的产品实物模型，大大提高快速成型效率。由于在数据修复方面独特的功能，以及在自由曲面设计方面的随意性和创造性，Freeform 也可以被很好地应用于基于点云数据的曲面造型再设计。

下面以一飞机模型为实例说明如何利用 Freeform 进行模型表面数据的修复。

1）导入 ∗.stl 格式文件。通常将外部文件导入 Freeform 时，需要将其转换为黏土格式，并选择黏土的精度。黏土类型主要有两种，实心的和空心的，而精度则可以自定义。精度越高，模型越精确，但精度的高低一方面取决于模型的类型，另一方面取决于机算机的配置。表面细节多且需要将其保留时精度选择高些，但会造成计算量增大，机算机处理速度相对变慢。实际处理时可将精度适当调低些，方便进行数据修复，等数据修复完后再将精度适当提高。如图 13-12 所示，导入飞机模型 plane.stl 文件，选择实心黏土，精度为 0.5mm。

图 13-12　初始模型

2）分割黏土。对于飞机等对称模型，只需对其一半进行修复，最后进行镜像（Mirror）操作即可。对于飞机模型等形状复杂的黏土，在逐步修复的过程中，往往希望对其某一部分进行单独操作，以免破坏其他部分的形状，或者不希望受到周围黏土的影响，这时需要对黏土进行分块。当需要修复的区域完成以后，再将其合并到主体中。可以依平面整齐分割，也可以依 3D 曲线随意分割。在需要分割的地方作一条封闭的 3D 曲线，然后选择【Separate with curve】（以三维线段分割黏土）命令即可，如本例中，将机翼、机轮等部分分割后如图 13-13 所示。

3）膨胀黏土。对于一些薄壁件，如飞机模型中的机翼部分，可以用"膨胀"（Inflate）生长黏土的方式进行修复。首先在模型上对照着黏土边界描出机翼的轮廓线，如图 13-14 所示。Freeform 提供了全面的绘图工具，操作者手握电子笔可以很方便地绘制出准确的 2D 图形。当电子笔的"笔尖"接触到绘图平面时，系统会传递一个反馈力，就好像拿着笔在纸面上绘画一样，然后执行【膨胀】命令。当光标接触到机翼轮廓线时，会出现一只"手"，这时只需要移动电子笔轻轻的拖拉，使轮廓线生长出一定的厚度，如图 13-14 所示。参照原模型的机翼反复调整该黏土的厚度和位置，使其尽量重合，再将原模型的该部分删除。

4）变形。运用变形（Deform）的方法对于平面和自由形体区域的修复极其有效，比如机身的平面区域，如图 13-15 所示。首先在需要修复的平面区域上定义四条边界线，然后执行变形下的【Shape】（成型）命令，系统会自动地将其修复平滑。如图 13-15a 所示，机身侧面平面局部有明显的凹凸不平，利用 Deform 修复后结果如图 13-15b 所示。可以看到，使用Deform方法可以快速修复模型表面，且得到的表面光滑度很好。

图 13-13　分割黏土

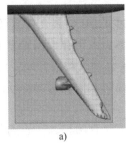 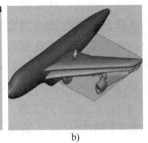

a)　　　　　　　　b)

图 13-14　以"膨胀"方式长出黏土

a）机翼的轮廓线　b）膨胀

5）平滑。运用平滑（Smooth）可以让模型表面更加光顺和美观，如图 13-16 所示。在修复任何形体都需要用到这个指令，平滑又分为局部平滑和全局平滑。平滑还受到精度的影响，精度越低，平滑时黏土模型受到的影响越大。因此在精度较低，且黏土模型细节较多，曲率变化较大时不宜用平滑。如图 13-16 所示，对飞机模型尾翼和机体连接处进行局部平滑操作，得到更为光顺的表面。

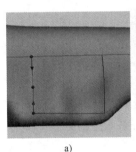 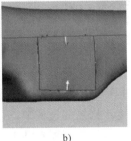

a)　　　　　　　　b)

图 13-15　用变形的方法进行修复

a）变形前　b）变形后

图 13-16　局部平滑

6）旋转、拉伸。对飞机模型中像机轮、探照灯等旋转体，可像其他 3D 造型设计软件一样进行旋转、拉伸等操作得到。

最后进行镜像操作，得到一个飞机黏土模型的完整模型，将其精度提高为 0.1mm，再进行适当的全局平滑，得到最后的黏土模型，如图 13-17 所示，保存为 ∗.stl 格式文件。

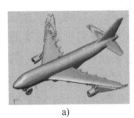 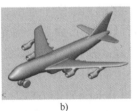

a)　　　　　　　　b)

图 13-17　修复模型效果

a）修复前模型　b）修复后模型

13.4　基于 Freeform 系统的造型设计实例

Freeform 系统不仅能作为一种辅助手段应用于反求工程，还可以直接作为一个重要的反求建模手段。Freeform 反求建模过程大致为：点云数据→黏土造型→曲面构造→输出曲面/实体数据。即首先将测量好的模型表面点云数据导入 Freeform 系统中，将其转换为黏土造型进行数据修改/修复，或直接在 Freeform 中构造特定造型的黏土，然后在黏土表面铺面，最后将曲面缝合，输出曲面或实体。

拟合曲面需要的边界线通常为 3~4 条，可直接在黏土表面由 3D 曲线构造工具模块中的 Curves（3D 曲线）命令来构建。需要注意的是，利用 Freeform 进行反求建模时，为使重构的曲面误差尽量小，构建的边界线必须使其贴附于黏土，此时只需结合使用 3D 曲线构造工具模块中的 Fit curve（贴附曲线）命令，或在状态栏中选中"Fit Curve"（贴附曲线）即可。同样，在利用上述方法得到的边界线进行曲面反求重构时，必须在状态栏中选中"Fit Clay"（贴附黏土）辅助命令，使曲面贴附于黏土。

Freeform 系统还提供了一种曲面反求重构的方法：Auto Surfacer（自动曲面重构）。但此命令并不包含在 Freeform 操作界面中，而是在文件输出（Export Model）时弹出的对话窗口选项中，如图 13-18 所示。具体操作路径为：【文件】→【输出模型】→【保存类型】→【Autosurfacer】。

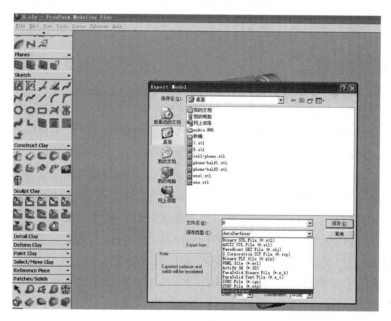

图 13-18　Autosurfacer 窗口

Autosurfacer 的过程为自动的，不需要人工干预，用户只需在自动辅面之前定义曲面的数量和控制点即可，如图 13-19 所示为 Autosurfacer 得到的铁锤外表面。此方法的优点是全过程自动化，缺点是构建的曲面不是很规则，适用于比较复杂的模型，如工艺品。

目前传统的 CAD 软件例如 CATIA、UG、Soliworks 等，具有非常强大的实体和曲面造

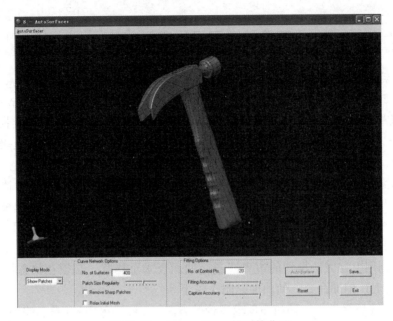

图 13-19　Autosurfacer 得到的曲面

型设计功能，大多数机械产品都是经过这些软件设计得到的。但是一些形状比较复杂的实体，通常都是由多个简单的部件和一些复杂的部件构成，而比较复杂的部件又通常是一些造型奇特或表面不规则的自由形体，使用上述软件进行设计时要花费较多的时间和精力。

尤其对于目前市面上很多产品比较注重人性化，比如鼠标、铁锤手柄等等，还需要考虑到使用的舒适度，过多的考虑参数的问题会限制设计师的设计灵感。

Freeform 最大的特点就是"自由"，可以对黏土造型进行任意的雕刻和修改，使用 Freeform 系统代替/结合传统的 CAD 造型设计软件进行产品的概念设计，不仅能缩短产品开发周期，还能充分发挥设计师的想象力，轻易设计出比较复杂或不规则的形体。

本节以铁锤为实例，说明如何在 Freeform 上进行黏土造型和曲面反求建模设计，再与其他 CAD 软件上设计的部件进行合并，得到一个完整的实体。设计总体思路：对于需要精确设计的锤头，可在 CATIA 或 UG 等软件中进行参数化设计；对于不需要严格的参数，而是更多考虑使用的舒适度的锤柄部分，可以在 Freeform 中设计好黏土造型，再进行曲面的反求建模；最后将两部分进行合并，输出一个完整的曲面/实体造型。

具体过程如下，对于正向设计中的锤头部分，本文不再作详细描述。

1）在 CATIA 中设计铁锤的锤头部分，如图 13-20 所示，并将该实体以 *.step 格式导入 Freeform 系统中。

2）进行铁锤手柄的设计。做手柄的轮廓线，然后使用【Inflate】（膨胀）命令，将其膨胀。如图 13-21 所示。

3）使用【Deform】（变形）命令，调整手柄整体的大小和形状。然后将变形箱缩小到原来的一半，对手柄的上半部分进行调整，如图 13-22 所示。

4）作一闭合的轮廓线，将锤头中与锤柄相接触的部分转化为黏土，如图 13-23 所示。

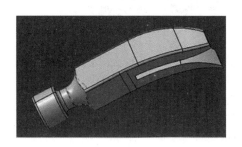

图 13-20　CATIA 中设计好的锤头部分

图 13-21　膨胀

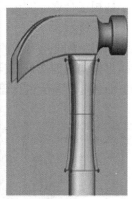

图 13-22　Deform 变形调整

5）将新转化的黏土部分与手柄进行合并，成为一个黏土，并对接合处进行平滑和形状调整，让其更光滑，如图 13-24 所示。由于只对手柄操作，这时可将锤头隐藏起来。

6）为了在使用铁锤时，手柄部分握着更舒服，且不易滑出，通常在手柄下半部分设计出符合手指的凹槽。在 Freeform 中作这个部分更简单更快速，只需作一组闭合的轮廓线，再使用局部变形（Shape）功能，反复调整到需要的形状即可，如图 13-25 所示。

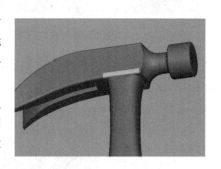

图 13-23　实体转化为黏土

图 13-24　平滑连接处

221

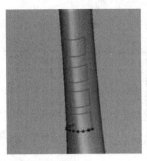

图 13-25　局部变形（Shape）

7）由于手柄部分是对称的，因此在对其铺面时，只需要铺一半，再进行镜像操作即可。提取锤头和手柄相接合部分的边界轮廓线，以及手柄的对称中心轮廓线，将多余的线打断并删除，如图 13-26 所示。

8）在黏土表面做边界线，为了使下一步铺的面效果更好，边界线的划分应合理的布局。以一个面的边界线构成四边形，且相邻边界接近 90°为最佳。曲率变化小的区域，曲面可以适当做大些，曲率变化较大的区域，应当做更多的曲面，如图 13-27 所示。

图 13-26　做边界轮廓线　　　　　　　图 13-27　黏土表面作曲面边界线

9）检查所作的边界线没有问题之后，开始自动铺面，然后将做好的面镜像到另一半。如图 13-28 所示。

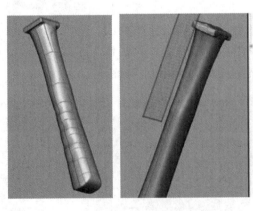

图 13-28　镜像曲面

10）将锤头调出，开始缝合成一个完整的实体。在 Freeform 中，缝合曲面时系统会自动将多个曲面连接而成的封闭的曲面组转化成实体，因此这一步只需将所有的曲面进行缝合。

单击【缝合曲面】按钮（stitch patch），选择所有曲面，将缝合精度设为 0.1mm，最后结果如图 13-29 所示。

图 13-29　缝合曲面

11）将 Freeform 中的文件通过 *.igs 和 *.step 格式输出，并导入 CATIA 中查看模型的曲面和实体状态，如图 13-30 所示。

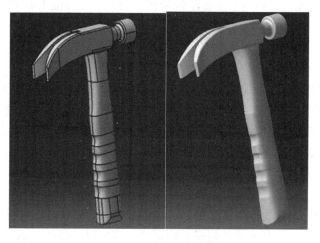

图 13-30　CATIA 中曲面和实体显示

第14章

3-matic 数字化设计技术

14.1 3-matic 软件简介

3-matic 是由 Materialise 公司研发出品的，一种能够实现从产品设计到产品制造的工具软件。其创新性解决方案的核心理念体现在 Anatomical CAD 上，它彻底改变了从产品设计准备到产品研发制造流程之间的不断反复的过程，形成了一种以正向工程为主的企业设计开发流程。

14.1.1 3-matic 软件原理

3-matic 软件运用 Anatomical CAD 的基本原理，将几何模型体表示为离散的单个三角面片的集成体，能够直接对点云和 STL 数据进行重建和操作设计。在传统的 CAD 软件中，几何模型通常是由曲线和曲面等构成的，而 3-matic 软件中的几何体，是由大量三角面片组成的。如果将传统 CAD 模型比作模拟的连续信号，则 3-matic 软件中的模型就可看作离散的数字信号，如图 14-1 所示。

基于该原理的优势，3-matic 可以将不同格式的点云或网格文件合并在一起，进行文件修复，为一些无法在 CAD 软件中直接处理的数据提供了一个可选的快速处理方式。还可以实现在传统 CAD 软件中针对连续几何模型的复杂的修复设计操作，加快了模型的准备时间。此外，针对 STL 文件做 FEA 的前处理工作，3-matic 可以方便地提取、分割模型的目的特征，并且对其进行网格修改、优化等操作，便于更快地得到优良的 FEA/CFD 的数据模型，这样避免了繁杂耗时的 FEA/CFD 前处理工作。

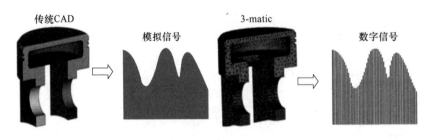

图 14-1 传统 CAD 和 3-matic 中几何体的格式对比

14.1.2 3-matic 的主要功能优势

（1）STL 模型的设计修改和修复功能

3-matic 具有强大的 STL 编辑处理功能，可以直接从扫描的点云数据开始进行设计。具有对 STL 三角片曲面进行移动、拉伸、旋转、阵列、沿曲线扫描、抽壳、曲面偏移等 CAD 操作的功能。3-matic 还具有强大的 STL 错误修复功能，可以在不损模型的基础上修复 STL 文件的错误。

（2）FEA/CFD 前处理功能

FEA/CFD 分析可分成三个阶段，即前处理、求解和后处理。一个好的 FEA/CFD 软件应包括优秀的前、后处理功能，能够在前处理时方便快捷地简化零件模型。这恰好是目前许多仿真分析软件面临的一个十分棘手的问题。3-matic 软件提供了可以专门针对 STL 网格的简便的 FEA/CFD 前处理技术，使用 FEA/CFD 分析以后客户可以直接得到最佳结果。由于 STL 文件是由离散的三角片面网格拟合而成，因此做小特征清除、修改、模型简化等 FEA 前处理时，该软件具有其独特的无可比拟的优势。

（3）STL 模型的模具设计功能

3-matic 具有高度自动化的针对 STL 文件进行模具设计的功能。可以非常方便地定义零件的分模线、分模面，从而加快模具设计流程。

如图 14-2 所示为 3-matic 的功能解析图。

图 14-2 3-matic 的功能解析图

实体模型的扫描数据、Pro/E 等 CAD 数据及 STL 数据均可导入 3-matic 软件中，其中点云数据处理模块可以对导入的 *.xyz、*.asc、*.txt 等格式的文件进行标记、抽样、分离、扫描注册、数据网格化等操作；数据修复模块可以完成 STL 文件法向修复、孔封闭、缝隙缝合、多壳体修复等功能；设计更改模块则是通过草图和 CAD 等模块的功能，实效快速完成设计的要求；CAE 的前处理工作是通过快速网格优化，实现模型的简化，亦可导出 FEA/CFD 分析需要的网格数据；完成操作的 IGES、STEP、STL 等数据可以直接导出用于 CAD、RP 或 CAM 等用途。同时，3-matic 软件可以容易的实现多种点云数据、STL 数据及 CAD 数据之间的转换。

14.1.3 与传统逆向工程的工作流程对比

传统的逆向软件中不能很好地进行 CAD 设计更改等操作，需要导入常用的 CAD 软件中再进行下一步的数据处理。而逆向工程软件多采用的通用格式为 STL 格式，因此在完成整个产品逆向设计过程中，需要多次地实现在 STL 数据格式和 CAD 数据格式之间的转化。如图 14-3 所示为产品的扫描数据经过一般的逆向工程流程得到成品的示意图。

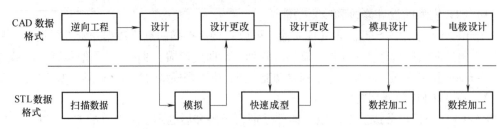

图 14-3　传统逆向工程的工作流程图

由于 3-matic 软件具有可以直接对点云数据及三角面片进行操作的优势，可以不经过数据格式转换，通过 3-matic 可以更方便地完成从产品的扫描数据到快速成型或加工得到最终成品，因此 3-matic 也被称为正向工程软件。其工作流程图如图 14-4 所示。

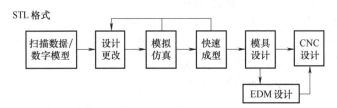

图 14-4　3-matic 工作流程图

14.2　3-matic 软件界面

3-matic 软件（网络版）需要运行服务器，先打开服务器，然后从计算机桌面上单击图标进入软件。软件的工作界面如图 14-5 所示，包括标题栏（Title bar）、菜单栏（The menu bar）、工具栏（Tabbed toolbars）、绘图区（3D view）、提示栏（Log window）、导航树（Data base tree）、属性栏（Properties page）及操作栏（Operation page）。

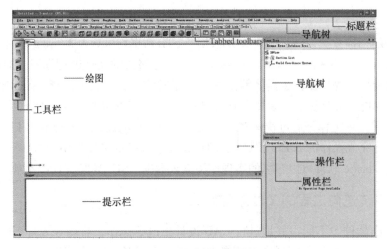

图 14-5　软件的工作界面

　　菜单栏用于调用 3-matic 各功能模块及命令，工具栏方便各具体模块命令快捷使用；绘图区（3D view）区域用来显示图形；提示栏（Log window）对已进行操作给予反馈；导航树（Data base tree）包含场景树（Scene tree）和项目内容树（Database tree）；属性栏（Property page）提供所选择元素的各项属性；操作栏（Operation page）显示每个命令的具体操作，包括参数修改、确定命令等。

14.3　3-matic 功能模块

　　3-matic 的文件编辑和操作处理是通过各功能模块完成的，主要包含的模块如下：

　　文件（File）：包括处理文件的各项命令，如新建、打开、保存、导入、导出等操作。导入与导出不仅支持常见通用格式，如 STL、Iges 等，也支持常见三维软件的格式，如 Catia、Unigraphics 等。

　　编辑（Edit）：包括编辑模型和特征的各项操作命令，如撤销、选择、平移、坐标系变换等操作。

　　视图（View）：包括控制模型显示与选择显示的命令，如平移或旋转视图、放大与缩小、隐藏与显示等。

　　点云（Point Cloud）：包括点云处理的各项命令，如点云标记、删除标记点云、减噪、采样、网格化等操作。

　　草图（Sketcher）：包括草图操作各项命令，如建立草图、投影曲线、约束等功能。与大多正向软件的草图功能一样，可以进行精准的二维图形绘图，并通过 CAD 模块中的拉伸等功能生成三维模型。

　　CAD：包括实体建模的多项命令，分布尔操作和 CAD 操作两大类。布尔操作包含布尔和、布尔交等；CAD 操作包含拉伸、旋转、扫掠、倒圆角等。

　　曲线（Curve）：包括创建与编辑曲线的各项功能，如创建曲线、投影与提取曲线、曲线分割面等。创建的曲线有两大类：附着曲线与自由曲线，前者是由逐段三角面片的边构成，曲线附着在实体表面；后者是由三角面片点与点的连线构成。创建曲线常用在在 CAD、补洞等操作中。

　　变形（Morphing）：包括局部变形和全局变形两大类功能。在此模块下，可以方便地进行自由形状的设计改变。

　　标记（Mark）：由于软件中的模型都是以三角面片的形式表现的，标记这些三角面片是选中对其操作的前提，此模块提供了多种标记的方式，如标记三角面片、标记平面、球面等。

　　曲面（Surface）：包括曲面操作的各项功能，如筛选出小的曲面、分割曲面等。

　　修复（Fixing）：包括对模型修复的各项功能，如修复法向、填缝、补洞、修复槽、光滑等操作。利用修复功能可以对有错误的 STL 文件进行修复（洞、偏边、交叉边），以进行下一步的操作。

　　图元（Primitives）：包括创建基本解析图形元素及将其转换成三角面片式图形元素的各项功能。

　　测量（Measurement）：包括测量操作的各项功能，如测量长度、角度、半径等。

重划网格（Remeshing）：优化已有的 STL 模型来满足进一步操作要求，如 FEA 和 CFD。能够快速简单地将尖锐的三角形换转成比较规则的三角形。包含重新划分网格的各项工程，如检查、自动重新划分网格、细化、分析等功能。

14.4 基于 3-matic 的数据修复实例

为了让读者更好地了解 3-matic 的修复应用过程，本节以钣金件的扫描点云为例，说明如何利用 3-matic 进行模型表面数据的修复。

1. 数据的获取

利用关节臂扫描仪对钣金件进行扫描，将得到的点云数据保存为 banjin.xyz 格式，然后将其导入 3-matic 软件，如图 14-6 所示。

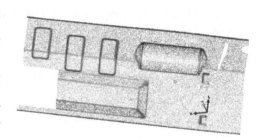

图 14-6　点云数据

通常由非接触式的光学扫描仪得到的点的数量过多，会明显影响处理数据的速度，而且在修复的过程中也不需要全部的点，因此需要对扫描数据整体的点进行采样，然后经噪声消除、网格化等操作之后转化为三角面片数据。

转化得到的三角面片格式可能会有红色面片或黄色的线，如图 14-7 所示（浅色多边形为黄色线，深色多边形为红色面片），默认灰色是三角面片的正确状态。如果看到红色面片，表示面片的法线反向，使用自动调整法向（Auto Adjust Normal）命令，使所有的三角平面法向一致；如果看到黄色线，表明有错误边界，使用缝合（Stitch）命令，可以修复面片之间的小缝隙；大的缝隙就是洞，需要使用补洞功能（Fill Hole Normal）。经过以上修复调整后可得到如图 14-8 所示的数据。

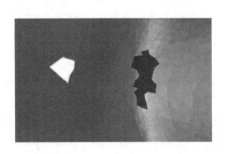

图 14-7　缺失和反向的三角面片

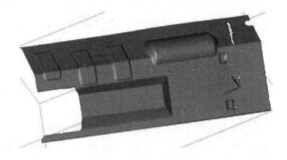

图 14-8　初步三角面片数据

2. 表面的修复

钣金件表面往往会因腐蚀或撞击等原因有突起，扫描得到不理想的数据，如图 14-9a 所示，需要对该部分修复平整。首先对不平整的部分进行标记，有多种标记方式可用，如三角面片标记（Mark triangle）、矩形标记（Rectangular Mark）、波浪刷标记（Wave Brush Mark），然后将标记部分删除（Delete），最后使用洞的填充（Fill Hole Normal），即得到如图 14-9b 所示平整表面。

图 14-9　不平整表面的修复

a）修复前的表面　b）修复后的表面

3. 边界的修复

由于钣金件本身边界区域的缺失或扫描时的误差，通常会因为局部点云的缺失，在数据网格化后会生成不完整的边界，如图 14-10a 所示，这时就需要对钣金件不规则的边界区域进行修整及完善。利用曲线功能模块的曲线拉直命令（Straighten Curve），在右键菜单中选择曲线的起点和终点，确定需要拉直的边界线段，然后即可得到完好的边界线，如图 14-10b 所示。特别需要注意的是，当选择曲线的起点和终点时，应当保证选择的起点和终点均在原来的边界上，否则会得到倾斜的边界。

图 14-10　不完整边界的修复

a）修复前的边界　b）修复后的边界

4. 圆孔特征的修复

扫描钣金件时会难以避免的得到不规则的圆孔，如图 14-11a 所示，需要对其修复。首先对不规则的圆孔进行洞的填充命令，然后绘制草图定位画圆，再利用 CAD 操作对该圆拉伸使之成为如图 14-11b 的实体，最后将拉伸体与钣金件实体进行布尔减（Boolean Subtraction）命令，钣金件上即可得到图 14-11c 中规则的圆孔。

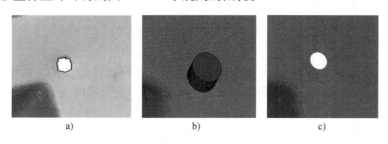

图 14-11　圆孔特征的修复

a）修复前　b）拉伸　c）修复后

5. 部分缺失特征的复原

利用光学扫描仪扫描钣金件时，通常难以对凸起或凹陷等较大曲率部位得到很好的扫描结果，当扫描数据点缺失或误差较多时，则难以通过简单的洞的修补操作复原，如图 14-12a 所示。如此情况则需要通过绘制草图，通过投影情境线（Context Curves）及绘制曲线命令重新构建该特征。对于不便一次性确定草图平面的情况，可以构造辅助草图面实现。

首先在垂直于凸起边缘的方向新建草图（New Sketch），如图 14-12b 所示，再通过导入草图（Import）命令，将凸起边缘的轮廓线导入草图，截取需要的曲线部分，并将其转化为草图线（Convert to Sketch Curves），如图 14-12c 所示即为绘制的草图线。下一步回到三维视图，选择 CAD 工具栏中的拉伸命令（Extrude），对草图曲线进行沿垂直于草图方向的拉伸，然后对得到的拉伸体进行修剪，采用局部布尔（Local Boolean）命令，即可得到如图 14-12d 所示的完整复原特征。

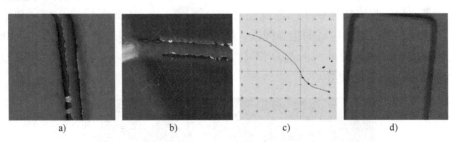

图 14-12　扫描缺失特征的修复

a）修复前　b）新建草图　c）投影的草图线　d）修复后

6. 保存或导出文件

完成以上修复后，即可得到如图 14-13 的数据。3- matic 可以将修复后的数据另保存为默认的 ∗.mxp 格式文件，也可以导出 ∗.stl、∗.igs 等常用格式文件。如有需要，还可以将实体的一部分特征作为子文件导出。原文件和子文件均可保存为点云、网格及三角面片格式的文件。

图 14-13　修复完成的数据

14.5　基于 3- matic 的 STL 模型再设计实例

为了让读者更好地了解 3- matic 的逆向应用及修复与再设计的过程，本节以一个卡通模型为例，说明如何利用 3- matic 进行模型表面数据的修复与再设计。

1. 点云处理与对齐

通过关节臂扫描仪获取哆啦 a 梦模型的点云数据，由于模型底部也有特征，一次扫描难以得到完整的点云数据，需分两次扫描。将得到的点云数据（见图 14-14）直接导入 3- matic 软件，在"point cloud"模块下先进行点云处理。去除噪声点，这样可以保证在网格化的过程中准确；由于点云数量巨大，需对点云进行采样，这样可保证后续操作的顺畅性，根据模型特点选择采样方法及比例，以保证足够的点云生成网格模型。

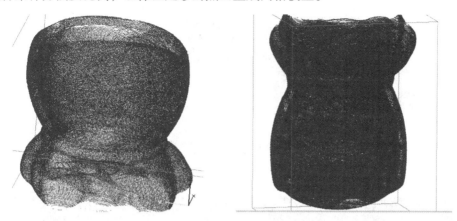

图 14-14　点云数据

将两次扫描数据分别网格化后，通过"N 点对齐"（N Points Registration）和"全局对齐"（Global Registration）可将两次扫描结果融合，如图 14-15 所示。

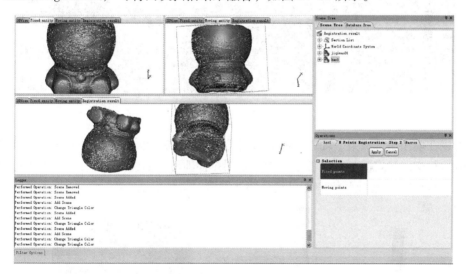

图 14-15　网格化对齐操作图

2. 修复

得到完整的网格化模型后，观察零件，会发现零件上有很多红色区域。红色是面片反面的默认颜色，正常的 STL 格式文件的面片背面是指向零件内部的。如果不是这样，表明面片反向，需要修复。选中零件，用修复工具栏下的"自动修复反向"命令（Auto Adjust Normal），面片方向恢复。然后选择"缝补"命令（Stitch），此功能可以修复面片之间的小缝隙。通过缝补操作后，仍然有很多大洞需要修补，需用补洞操作（Fill Hole Normal），如图 14-16 所示。

3. 再设计与快速成型

对模型修复成功以后，可以再对其进行新的设计，根据原有模型的功能特点，在模型底部建立一个草图平面，画出一个"GDUT"的 logo，然后在三维窗口中通过拉伸功能

（Extrude）生成，如图 14-17 所示。

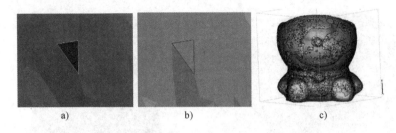

图 14-16　修复模型

a）补洞前　b）补洞后　c）修复模型

图 14-17　生成 logo

也可以在模型手部放置一面旗帜，先在选定地方生成一根 8mm 长的圆柱作为旗杆，再用草图截取相交线确定旗帜放置位子，画出草图拉伸即可，如图 14-18 所示。将最后得到的 STL 文件导入 FDM 快速成型机中即可进行快速制造，得到模型实物。

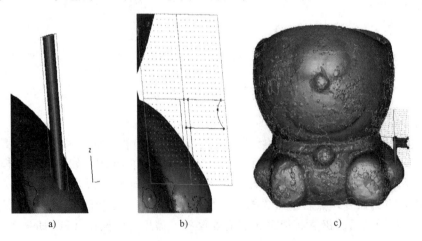

图 14-18　模型的再设计

a）生成圆柱　b）旗帜草图　c）最后结果

逆向工程技术综合应用

第15章

逆向工程技术综合应用实例

15.1 逆向工程技术工程应用实例

本节结合生产实际，以熊猫早读机为例展示逆向工程技术在生产过程中的作用，让读者能通过实际生产过程了解和掌握逆向工程技术的综合应用。考虑到知识的系统性，本章对前面章节未出现的知识将作简要介绍，让读者对逆向工程技术各个环节有系统的认识。逆向工程技术综合应用过程如图 15-1 所示。

有订单生产（Make-to-order）指的是企业根据客户订单的需求量和交货期限来安排生产，使企业减少库存、降低风险；无订单生产是指企业洞察市场需求形势，提前生产产品并发放样品等待订单。有订单生产常常由客户提供产品模型、图样及技术要求，是正向工程与逆向工程的结合。无订单生产常出现在刚刚起步、知名度不高的中小型企业及区域性家庭小作坊中，有时也出现在因经济、市场不景气而生产力过剩的大企业中。无订单生产虽然存在滞销、库存等风险，但在产品开发、市场价格、发展客户、调整资源等方面具有极大的灵活性。所以，从节约研发成本，抢占市场空间等方面考虑，逆向工程是无订单生产的首选，它使企业在市场竞争中具有更大的主动权和发展空间。常见的区域性企业及产品有：景德镇陶瓷、浙江义乌小商品、汕头澄海玩具等。

本章实例熊猫早读机是采用无订单生产方式。逆向创意过程如图 15-2 所示。

15.1.1 数据采集阶段

数据采集的信息包括模型信息与数字信息。模型信息指实物模型或手板；数字信息指点云数据及网格、特征曲线。

1. 手板模型

（1）手板的概念

手板就是在没有开模具的前提下，根据一个或多个实物模型的外观或结构，对某些特征进行改进而制作出新模型，是逆向工程的第一步。故"手板"也称"首板"，是用来检查外观或结构合理性的功能样板。

随着社会竞争的日益激烈，产品的开发速度日益成为竞争的主要因素，而手板制造恰恰能有效地提高产品开发的速度。正是在这种情况下，手板制造业便应运而生，成为逆向工程中相对独立的行业而蓬勃发展起来。

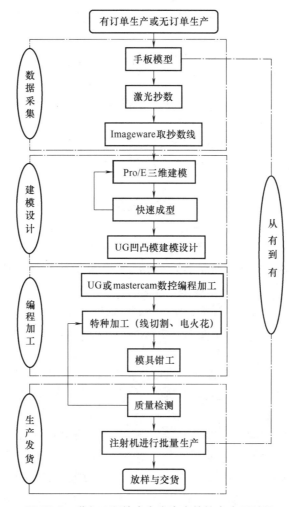

图 15-1　逆向工程技术在生产中的综合应用过程

图 15-2　熊猫早读机逆向创意过程

（2）制作手板的必要性

1）检验外观设计。手板不仅是可视的，而且是可触摸的，以实物的形式把设计师的创意直观地反映出来，避免了"画出来好看而做出来不好看"的弊端。因此手板制作在新产品开发，产品外形推敲的过程中是必不可少的。

2）检验结构设计。因为手板是可装配的，所以它可直观地反映结构的合理性，安装的难易程度。可便于及早发现问题，解决问题，减少开模风险。

3）使产品面世时间大大提前。由于手板制作的超前性，可以在模具开发之前利用手板及仿模，生产出产品作宣传，甚至作前期的销售、生产准备工作，及早占领市场。

（3）手板的分类

1）按照制作的手段分为手工手板和数控手板。①手工手板：主要用手工制作的手板，如图15-3所示的熊猫早读机油泥手板为手工手板；②数控手板：主要由数控机床完成的手板。根据所用设备的不同，数控手板又可分为快速成型（Rapid Prototyping，RP）手板和数控雕刻（CNC）手板。

RP手板的优点是速度快，而CNC手板的优点是表面质量高，尤其在其完成表面喷涂和丝印后，甚至比开模具后生产出来的产品还要光彩照人。因此，CNC手板制造在手板制造业得到了越来越多的应用。

从图15-1逆向工程的生产流程看，手工手板是真正的"首板"，而数控手板实际是在三维建模基础上的快速成型。可见，随着先进制造技术的高速发展，加工阶段的技术已日渐成熟，概念设计阶段——"手板"，已在逆向工程中变得越来越重要。

2）按照制作所用的材料分为油泥手板、塑胶手板和金属手板。①油泥手板：其原材料为油泥，常用于文体用品、仿真人物雕塑、工艺品泥塑、儿童玩具等的设计与制作；②塑胶手板：其原材料为塑胶，常用于电视机、显示器、电话机等的设计与制作；③金属手板：其原材料为铝镁合金等金属材料，常用于笔记本计算机、MP3播放机、CD机等的设计与制作。

（4）熊猫早读机油泥手板的制作

手板材料中，油泥为最常见，常温下质地坚硬细致，可精雕细琢，适合精品原型、工业设计模型制作。对温度敏感、微温可软化塑形或修补，常用的制作工具有雕刻刀、电吹风等。图15-3为熊猫早读机的油泥手板模型。

本熊猫早读机手板模型的制作过程主要有以下几步：①将一张立体效果正面图平放在桌面上；②把准备好的精雕油泥用电吹风吹软；③用雕刻刀把精雕油泥铺到图片上（注意不能铺出图形边界线）；④对照其他立体图片，将其立体效果雕刻出来，并与正面图样分离；⑤再用精雕油泥跟雕刻刀将产品修平、修细，把边角修圆滑，产品即完成。

2. 激光抄数

激光抄数是由三维激光扫描机对已有的样品或模型进行准确、高速地扫描，得到三维表面数据，配合逆向软件进行曲线及曲面重构，最终生成IGES模型。IGES数据可传给一般的CAD系统，如UG、Pro/E等，再进一步进行修改和再设计。本熊猫早读机通过天津思瑞激光抄数机（见图15-4）进行扫描。

图15-3 熊猫早读机油泥手板模型

图15-4 激光抄数机

激光扫描时一般把手板模型喷上一层涂漆，再用支架支撑并放在工作台上，注意模型的关键部位能被详细准确扫描。再将数据导入到 Imageware 中，以便作进一步处理。整个数据转换过程为：实物几何数据→模拟数据→数字数据。由此可见，激光扫描是逆向工程生产流程的首要环节。

本熊猫早读机油泥手板模型的激光扫描点云如图 15-5 所示。

3. Imageware 取抄数线

Imageware 具有强大的点处理功能和线处理功能，通过把点云进行拟合，构造出满足后续正向软件进行复杂曲面造型设计要求的网格和特征轮廓线，是正逆向结合建模的重要组成部分。

本熊猫早读机通过 Imageware 取抄数线后的结果如图 15-6 所示。

图 15-5　激光扫描点云　　　　　　　图 15-6　Imageware 取抄数线结果

15.1.2　建模设计阶段

1. Pro/E 三维建模

Pro/E 三维建模，主要包括曲面建模、特征细化、组件装配等，在整个逆向工程生产流程时，组件装配是决定产品开发成败的关键。在大型企业，三维建模设计时，组件装配常由专人专职负责完成。软件中零件的装配与实际零件的装配原理基本相同，如两个零件在同一方向上只应有一个接触面。并且零件的许多配合特征是在装配图中创建，避免实物产品装配时表面互相发生干涉。本熊猫早读机中的上下盖零件如图 15-7 所示。组件装配图如图 15-8 所示。

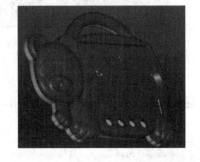

图 15-7　熊猫早读机的上下盖零件　　　　图 15-8　熊猫早读机的组件装配图

2. 快速成型

在实际生产中，快速成型是比较重要的。有人曾经画过一个天真活泼的"baby 娃娃"

项链，电脑屏幕上看很好，客户也很满意。结果产品从模具中生产出来时，像呆板机器人的项链，没办法，只能重画、模具重做，损失可想而知。而这只是一个外观造型方面的例子，假如涉及配合方面，问题肯定是更多。所以，在 CAD/CAM 技术已经比较成熟时，大家把注意力放在针对产品设计检验的 CAE 和快速成型上。

RP 技术能自动、快速、精确地从 CAD 文件直接制造零件。快速成型技术在制造业中已成熟地应用于产品设计评估与校审、产品工程功能试验、厂家与客户或订购商的交流手段等领域。通过 RP 技术可有效地缩短产品的研发周期，减少产品开发中手工手板的局限和失误，提高产品成功率。目前，RP 技术主要有增式快速成型（如熔融沉积造型）和减式快速成型两种。

（1）熔融沉积造型

熔融沉积造型（Fused Deposition Modeling，FDM），是先将 CAD 生成的三维实体模型通过分层软件分成许多细小薄层，每个薄层断面的二维数据用于驱动控制喷嘴移动，喷嘴以半熔状态挤压出成型材料，沉积固化为精确的零件薄层，以逐层固化的薄层累积成所设计的实体原型。

本熊猫早读机后盖通过熔融沉积造型快速成型如图 15-9 所示。

（2）数控雕刻快速成型

数控雕刻快速成型也叫减式快速成型（Subtractive Rapid Prototyping，SRP），是将三维数据模型转化为实物模型，减式的意思即通过加工去除模型之外的材料。加工的源文件可以是任何 3D 形式的模型，包括点云、多边形网格、NURBS 曲面及实体。

本熊猫早读机前盖数控雕刻快速成型如图 15-10 所示。

图 15-9　后盖熔融沉积造型快速成型

图 15-10　前盖数控雕刻快速成型

表 15-1 对熊猫早读机前、后盖两产品快速成型进行比较，有利于帮助读者更好发挥快速成型技术在逆向工程中的作用。

表 15-1　熊猫早读机前、后盖两产品快速成型的比较

成型产品	熊猫早读机前盖	熊猫早读机后盖
成型方式	熔融沉积（加式）	数控雕刻（减式）
成型材料	热熔性材料（ABS、石蜡等）	ABS 工程塑料、有机玻璃、化学木、尼龙
材料成本	高	低

（续）

成型特点	操作容易；后处理简单；速度快；需要同时成型支撑结构	需要操作技术；双面加工一般需要对齐；速度慢；有加工余料
产品特点	精度相对较低，成型件表面有明显阶梯状条纹	生成的模型表面质量高；制作功能性产品，测试是否能满足实际应用

3. UG 凹凸模建模

逆向工程常通过模具来实现产品的生产，而模具设计仍以曲面建模的模块为主。UG 在处理实体建模及实体分割上有较大的优越性，所以常用 UG 进行凹凸模建模设计。熊猫早读机上盖凹凸模建模设计如图 15-11 所示。

图 15-11　上盖凹凸模建模设计

用 UG 软件实现熊猫早读机下盖凹凸模建模设计如图 15-12 所示。

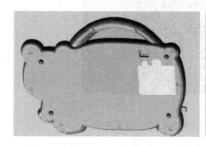

图 15-12　下盖凹凸模建模设计

15.1.3　编程加工阶段

1. UG 或 masterCAM 数控编程加工

数控编程中，UG 与 masterCAM 是目前应用最广的软件。masterCAM 编程的特点是快捷、方便，并以简单易学而成为初学数控编程者之首选，也是国家各级考证单位常选用的软件。UG 的特色是复杂曲面的加工，这一特色在半精及精加工刀路上尤为突出，并以功能强大而著称，它的三维造型设计、凹凸模设计、数控编程各功能模块都被广泛应用。

（1）熊猫早读机上盖凸模的 UG 数控编程加工

下面是熊猫早读机上盖凸模用 UG 软件进行编程的粗、精加工。为节约成本，毛坯采用线切割组合件，如图 15-13 所示。

用 ϕ30mm R5 圆鼻铣刀进行型腔轮廓粗加工，如图 15-14 所示。

图 15-13　线切割组合件毛坯

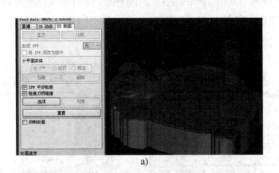

a)

b)

图 15-14　上盖凸模型腔轮廓粗加工过程

a）上盖凸模型腔轮廓仿真粗加工过程　b）上盖凸模型腔轮廓实物粗加工过程

用 ϕ8mm R1 圆鼻铣刀进行加工的上盖凸模精过程如图 15-15 所示。

图 15-15　上盖凸模仿真精加工过程

用 ϕ1.5mm 球铣刀进行上盖凸模清角精加工如图 15-16 所示。

上盖凸模加工结果如图 15-17 所示。

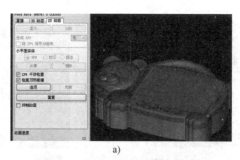

a)

b)

图 15-16　上盖凸模清角精加工过程

a）上盖凸模仿真清角精加工过程　b）上盖凸模实物清角精加工过程

上盖凹模加工结果，如图 15-18 所示。

图 15-17　上盖凸模加工结果

图 15-18　上盖凹模加工结果

（2）熊猫早读机下盖凹模 masterCAM 数控编程加工

下面介绍熊猫早读机下盖凹模用 masterCAM 软件进行编程的粗、精加工。

用 $\phi25R5$ 的圆鼻铣刀进行曲面挖槽仿真粗加工，如图 15-19 所示。

用 $\phi8R1$ 的圆鼻铣刀曲面挖槽仿真精加工，如图 15-20 所示。

用 $\phi2mm$ 的球铣刀进行清角仿真精加工，如图 15-21所示。

下盖凹模数控铣加工结果如图 15-22 所示。

下盖凸模数控铣加工结果如图 15-23 所示。

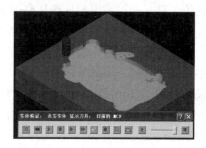

图 15-19　曲面挖槽仿真粗加工

241

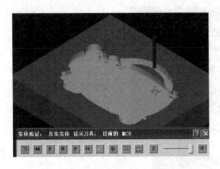

图 15-20　曲面挖槽仿真精加工

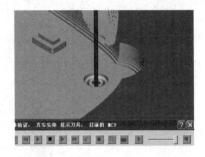

图 15-21　球铣刀清角仿真精加工

图 15-22　下盖凹模数控铣加工结果

图 15-23　下盖凸模数控铣加工结果

2. 数控特种加工

模具加工中最常用的特种加工是电火花和线切割加工。自从 20 世纪 50 年代苏联拉扎林科夫妇研究开关触点受放电火花腐蚀损坏的现象以来，电火花和线切割加工以其加工方式的特殊性，在数控加工家族中的重要地位一直没有动摇。

（1）数控电火花线切割加工

1）线切割加工的概念。线切割加工是一种直接利用电能和热能进行加工的工艺方法，用一根移动着的导线（电极丝）作为工具电极对工件进行切割，故称线切割。线切割加工中工件和电极丝的相对运动是由数字装置控制实现的，所以，又称数控线切割加工或简称为线切割加工。

2）线切割加工原理及机床。通过一条钼丝（或铜丝）做电极的一端并且来回运动，另一电极就是工件，在加工时钼丝（或铜丝）和工件并不直接接触，而是在之间形成一定的间隙构成了短路，通过短路时放出的热量将工件熔化。钼丝和工件之间的间隙就是平时说的火花位。它是通过放电将一个工件分成二件，一件是废料，另一件就是需要的工件。线切割主要用于加工模腔上的镶件，或外形不宜用其他数控机床加工的工件。

根据加工精度及电极丝的运行速度不同，电火花线切割加工通常分为高速走丝电火花线切割加工（High-speed Wire cut Electrical Discharge Machining，HS-WEDM）和低速走丝电火花线切割加工（LS-WEDM）两种。熊猫早读机模具中的电池位及模架位是由如图 15-24 所示的高速走丝电火花线切割机床所加工，机床规格为 250mm×320mm×160mm、最大切割锥度 3°。

3）熊猫早读机模具中的线切割加工部位。由于凹凸模腔配合部位须用 718$^#$ 钢，而模架用 45 钢即可，为节约成本，模具的上盖凸模和下盖凸模都采用线切割镶件组合。熊猫早读机上盖凸模模架线切割二维图如图 15-25 所示。

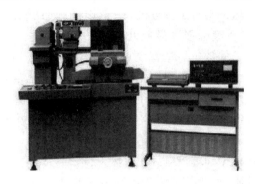

图 15-24　数控电火花线切割机床

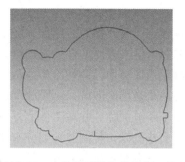

图 15-25　上盖凸模模架线切割二维图

上盖凸模模架线切割加工结果及镶件配合如图 15-26 所示。

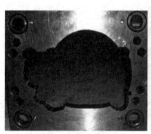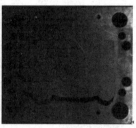

图 15-26　上盖凸模模架线切割镶件

熊猫早读机模具的另一线切割组合件为下盖凹模电池位，因为电池位属于难加工、易摩损而常更换部位，采用线切割组合件恰好能克服上述缺点。电池位线切割零件图及零件如图 15-27 所示。

图 15-27　下盖凹模电池位线切割零件图及零件

（2）电火花加工

1）电火花加工的概念。电火花加工是利用浸在工作液中的两极间脉冲放电时产生的电蚀作用蚀除导电材料的特种加工方法，又称放电加工或电蚀加工（Electrical Discharge Machining，EDM）。主要用于加工具有复杂形状的型孔和型腔的模具和零件；加工深细孔、异形孔、深槽、窄缝和切割薄片；加工各种硬质合金和淬火钢等硬、脆材料；加工各种成型刀具、样板和螺纹环规等工具。

2）电火花加工原理及机床。电火花加工是在液体介质中进行的，机床的自动进给调节装置使工件和工具电极之间保持适当的放电间隙，当对工具电极和工件之间施加很强的脉冲电压（达到间隙中介质的击穿电压）时，在介质绝缘强度最低处会将工作液击穿。由于放电区域很小，时间极短，所以，能量高度集中，使放电区的温度可高达 10000℃以上，工件表面和工具电极表面的金属局部熔化、甚至汽化蒸发。局部熔化和汽化的金属在爆炸力的作用下抛入工作液中，并被冷却为金属小颗粒，然后被工作液迅速冲离工作区，从而使工件表面形成一个微小的凹坑。一次放电后，介质的绝缘强度恢复等待下一次放电。如此反复使工件表面不断被蚀除，并在工件上复制出工具电极的形状，从而达到成型加工的目的。

电火花机床按控制装置划分有普通电火花机床和数控电火花机床，按轴数分有三轴、四轴和五轴电火花机床等。熊猫早读机模具中的眼睛、嘴巴及按钮位是由如图 15-28 所示的普通三轴电火花机床所加工，机床 XYZ 最大行程为 400mm×300mm×200mm。

3）熊猫早读机模具中的电火花加工部位。由于熊猫早读机上盖凹模型腔为 718# 硬质合金钢，而眼睛、嘴巴及按钮位又为深槽、窄缝的型腔，精度要求高但抛光加工却比较困难，故这三个部位分别用质地较软易于修整的 T1 工业纯铜铜极零件进行电火花清角加工。眼睛、鼻子及按钮位电火花加工铜极零件如图 15-29 和图 15-30 所示。

图 15-28　普通三轴电火花机床　　　　图 15-29　眼睛及鼻子电火花加工铜极零件

3. 模具钳工

逆向工程中模具加工的一般顺序为数控铣→线切割→电火花→模具钳工。作为数控加工的重要补充，模具钳工具有"节约成本，弥补不足"两方面的作用。

（1）模具钳工的作用

模具钳工能发挥车、铣、钻等普通机床的作用，有利于减轻数控机床的负担，起到降低生产成本、合理利用设备资源；模具钳工的手工刨、磨等模具配合前的人工处理工作，是数控加工的重要补充。

模具生产的产品质量与模具的精度直接相关。模具的结构，尤其是型腔，通常都是比较复杂。一套模具，除必要的机械加工或采用电火花、线切割等特种工艺加工外，余下的大量工作主要靠钳工来完成。尤其是一些复杂型腔的最终精修光整，模具装配时的调整、对中等，都要靠钳工手工完成。

（2）熊猫早读机模具生产中的部分模具钳工

1）前盖凸模钉针孔。前盖凸模上有很多不同规格的钉针孔，如图 15-31 所示。钉针孔是钉针把产品推出后模的通道，钉针孔与壁必须光滑配合且单边小于 0.02mm，而且很多模具上的孔是两个以上连接在一起的。因此，钻孔在模具装配与修理工作中，应用广泛而又重要。为了提高孔的精度和孔壁的表面粗糙度，先用麻花钻头钻出通孔，再用圆柱形直槽细铰刀进行铰孔精加工。

图 15-30　按钮位电火花加工铜极零件

图 15-31　前盖凸模钉针孔

2）前盖凹模面抛光。凹模面抛光是模具钳工的一项重要工序，一般采用电动抛光工具进行研磨。通过抛光工具和抛光剂对模面进行极其细微切削的加工，是一种超精研磨，其切削作用包含着物理和化学的综合作用。抛光剂常采用 W40、W20、W10、W5、W2.5、W1 的研磨膏，逐级提高研磨精度，直到符合加工精度要求为止。凹模面抛光结果如图 15-32 所示。

3）后盖模具的装配。后盖模具的装配是按照模具的设计要求，把模具零件连接或固定起来，达到装配的技术要求并保证加工出合格的制件。模具装配钳工是优质模具的最后一道工序，对修正前面各种加工中的系统误差起重要的作用，直接影响到整套模具开发的成败。后盖模具装配图如图 15-33 所示。

图 15-32　凹模面抛光结果

图 15-33　后盖模具装配图

4. 质量检测

质量检测是指对制造出来的样件进行几何尺寸与表面质量的检测，看制造出的产品是否能达到设计的要求。如不能满足要求，则根据误差情况对模具进行修补；如满足设计要求，则可进行批量生产。

15.1.4　生产发货阶段

1. 注塑机进行批量生产

注塑机生产是逆向工程"从有（手板模型）到有（产品）"的最后一个环节，是对各个生产环节的检验和逆向工程价值的体现。如图 15-34 所示为用于生产熊猫早读机前、后盖的捷霸 JN208E 注塑机。

图 15-34　注塑机

1）注塑机成型工作原理

注塑机的工作原理与打针用的注射器相似，它是借助螺杆（或柱塞）的推力，将已塑化好的熔融状态（即粘流态）的塑料注射入闭合好的模腔内，经固化定型后取得制品的工艺过程。注射成型是一个循环的过程，每一周期主要包括：定量加料→熔融塑化→施压注射→充模冷却→启模取件。取出塑件后又再闭模，进行下一个循环。

注射成型的基本过程是塑化、注射和成型。塑化是实现和保证成型制品质量的前提，而为满足成型的要求，注射必须保证有足够的压力和速度。同时，由于注射压力很高，相应地在模腔中产生很高的压力（模腔内的平均压力一般在 20～45MPa 之间），因此必须有足够大的合模力。由此可见，注射装置和合模装置是注塑机的关键部件。

2）半自动操作

一般注塑过程既可手动操作，也可以半自动和全自动操作。半自动操作时机器可以自动完成一个工作周期的动作，但每一个生产周期完毕后操作者必须拉开安全门，取下工件，再关上安全门，机器方可以继续下一个周期的生产。

该熊猫早读机上下盖由捷霸 JN208E 注塑机生产，采用半自动操作方式。主要工作参数为：用苯乙烯共聚（ABS）为原料；料筒温度约 160℃；螺杆转速 65r/min；注射压力约 90MPa；注射时间 5s，冷却时间 20s，全程时间 30s。

2. 放样及交货

1）发放样品

样品就是实物标准，与文字标准一起构成完整的标准形态。特别是在逆向生产中，由于根据产品进行再生产，省略研发阶段，使产品材料、性能对环境、气候的适宜性存在许多不确定因素。所以，在逆向工程中，样品的生产及发放尤为重要。如图 15-35 所示为熊猫早读机的样品。

在实施文字标准时，由于技术上的原因或经济效益方面的要求，必须采用标准样品才能达到目的，否则文字标准就无法证实。所以，样品是标准化技术发展到一定阶段的产物。不仅是无订单生产要生产并发放样品等待订单，即使有订单生产也应先生产样品并进行送达试验，当没有质量问题及其他异议时才进行大批量生产，以减少不必要的损失。

2）交货

在无订单生产中，交货是模具厂向产品开发商移交模具；在有订单生产中，交货是产品

图 15-35 熊猫早读机产品模型

开发商向客户移交产品。无论哪种生产方式,从手板、抄数、三维造型、模具设计、编程加工、模具钳工到注塑机生产的每一环节,对产品的成功移交都负有一定的责任。所以,每一生产环节都应保留原始数据,避免产品出现瑕疵时互相推卸责任。

发放样品及交货是逆向工程生产的最终目标,只有实现这个目标,整个逆向工程的产品开发流程才算完成。

3. 小结

从 3000 多年前商朝司母戊大方鼎的泥模翻制,以及 10 多年前仿型铣技术的应用,到 10 年来计算机辅助设计(CAD)与数字化加工制造技术的普及,可以说,有模具制造的地方就有逆向工程技术。

相对于正向工程,逆向工程是一个极其复杂而又值得研究和探索的综合过程。仅就本章的熊猫早读机而言,产品的设计逆向包括造型逆向、结构逆向、功能逆向、颜色逆向、包装逆向等;生产逆向包括流程逆向、工艺逆向、技术逆向等。而且,随着先进制造技术的高速发展,逆向工程技术已在产品设计开发中发挥出越来越大的作用。逆向工程的各个技术环节既独立发展又互相关联,只有了解逆向工程的各个技术环节,并进行科学合理地综合运用,才能充分发挥逆向工程技术在不同情况下的最佳作用,真正成为驾驭技术的主人。

15.2 计算机辅助检测工程应用实例

轮胎胎面花纹对车辆性能有着重要影响,决定着车辆操纵性、制动/驱动性、滚动阻力、磨耗、排水和噪声等特性,直接关系到车辆的使用性能、行驶里程和安全性。轮胎花纹圈是轮胎模具的主要零件,直接影响硫化轮胎花纹的质量,是模具设计制造中最重要的工作内容。随着人们对汽车综合性能要求的不断提高,对轮胎模具设计制造和检测的要求也越来越高。

轮胎胎面花纹处于双曲圆弧面上,是具有三维形状结构的复杂形体,传统的检测手段是利用游标卡尺、深度尺和线切割样板等工具来测量和检验轮胎花纹(花筋和花沟)的宽度、深度和轮廓度,这种检测方法难度大、效率低、精度不易保证,而且无法实现对花筋、花沟等特征的三维轮廓检测。

随着光机电一体化技术、计算机技术和检测技术的发展，三维光学扫描技术正蓬勃发展起来。三维光学扫描技术主要用于对物体空间外形进行扫描，获得物件表面点的三维空间坐标，以获得物件的三维轮廓。它具有精度高、速度快、使用方便等特点。三维光学扫描技术的出现和发展为空间三维信息的获取提供了全新的技术手段。

鉴于传统的检测方法很难满足轮胎模具生产和验收的需求，人们在研究轮胎模具设计和三维光学扫描技术的基础上，提出了基于三维光学扫描技术的轮胎模具检测方法，实现轮胎花纹三维形状检测的数字化、可视化，以解决常规检测手段检测难、耗时长、精确度不高的问题，并使检测结果更为直观。

15.2.1 传统检测方法

轮胎可分为斜交线轮胎和子午线轮胎两大类，子午胎相比斜交胎具有较多的优势，斜交胎在夹缝中生存，子午胎风头日劲，子午胎取代斜交胎将成为一种趋势。在我国，目前的轮胎子午化率已达到70%，但与发达国家相比仍有较大的差距，这将给国内子午胎的发展带来很大的替代空间，这就加剧了子午胎的主要成型设备——活络模（见图15-36）的竞争，包括价格的竞争、交货期的竞争，更重要的是质量的竞争。

子午线轮胎模具是高技术含量、精密机械加工产品，模具的结构复杂，造成轮胎模具的检测难度大、周期长，尤其是对花纹块（即活络块，见图15-37）的检测更显得困难重重。轮胎胎面花纹决定着车辆操纵性、磨耗、排水和噪声等诸多特性，实际加工后的花纹的几何形状和参数必须符合轮胎花纹总图的要求，模具的圆跳动要求也较高，加上轮胎花纹都是由多个曲面组成的复杂形体，传统的检测手段无法满足当前轮胎模具加工和验收快速、精确的检测需求。使用游标卡尺、量规等常规工具来检测轮胎模具，劳动强度大、效率低。专用量规制造成本高，使用麻烦，即使是非常熟练的测量人员也难以获得稳定、精确的测量结果。如何有效地提高曲面零件的检测效率和检测精度是科学研究和实际生产中亟待解决的问题。

图15-36 子午线轮胎活络模具

图15-37 花纹块

对轮胎模具关键零件花纹块的检测，花纹形状是使用花纹截面样板和塞尺来检验，样板放得下且不透光，则表示尺寸合格，如图15-38所示。但样板只是某个截面处的2D比较，对于形状较复杂或不规则的花纹，样板是没办法进行全面检验的；对于圆跳动的检测是利用三坐标测量机或TIR专用检测仪在模具上采集50个点左右的有限个点的坐标值来判定模具的圆跳动，如图 15-39 所示。但用这种只对极有限个测量点的测量来评定圆跳动的检测方法精确度较低，检测结果也不直观。

图 15-38　花纹块检测

图 15-39　三坐标检测仪检测

随着加工制造技术的发展，尤其是现在越来越多的产品（飞机、汽车、家用电器、办公用品等）在造型上具有更多的不规则型面，在空间结构上越来越复杂。因此，对于产品的质量检测（尺寸、形位检测），尤其是带有自由曲面的、结构复杂的产品检测，采用常规的检测手段或者专门制作专用测量设备显然是不合适宜的。因此，势必就要提出新的手段和方法来解决这方面的问题。

15.2.2　数据采集

近年来随着计算机、光学和电子技术的飞速发展，新的三维测量技术不断涌现，采用光学技术获取被测量物体三维信息的方法是当前发展极为迅速的一个领域。

光学扫描测量技术便是近年来发展迅速的一种新技术，已成为空间数据获取的一种重要技术手段。它是集光学、机械、电气控制和计算机技术于一体的高新技术，主要是利用激光快速对物体空间外形和结构进行逐点扫描测量，从而获取物体表面上亿万个点的空间坐标和颜色信息。再通过计算机对测量数据的拼接完成整个物体表面形状的拟合，最终将实物立体准确复现。与传统的测量手段相比，光学扫描技术有自己独特的优势：数据获取速度快，实时性强；数据量大，点位密集，精度较高；主动性强，能在各种环境下工作；全数字特征，信息传输、加工、表达容易等，光学扫描测量技术是目前工程应用中最有发展前途的三维数据采集方法。

1）首先对轮胎模型表面喷施着色剂进行着色处理，以增强模型表面的漫反射，使 CCD 能正常工作。然后再在其表面粘贴标记点，通过粘贴标记点的方法进行空间定位，实现对不同角度扫描数据的拼接。如图 15-40 所示。

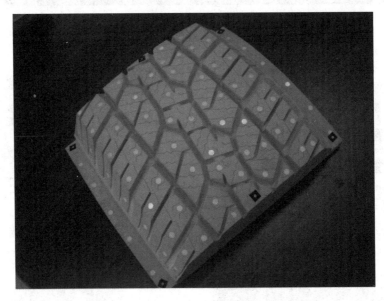

图 15-40　着色和粘贴标记点后的模型

2）对 REVscan 手持式激光扫描测量硬件系统进行组配。启动 VXscan 软件，对模型配置颜色，并设置所需空间大小。在软件里面设置一定的空间大小，使生成的模型数据都在空间里面显示。单击【View】命令，然后对扫描参数进行设定。单击工具栏【Record Scan】按钮，开始扫描。使软件处于接收数据状态，按住扫描仪的触发器使扫描仪开始扫描。扫描过程中如发现模型的部分区域在空间之外，单击【Stop Scan】按钮暂停扫描。单击【View】命令然后单击【Surface】按钮或者单击模型在空间的中心位置；如该操作仍然无法使模型完全处于空间内，则增大空间大小或者单击【Move Volume】按钮，通过鼠标左键手动对空间位置进行调整。如图 15-41 所示是扫描过程中的点云数据。

3）扫描数据预处理。完成扫描后，单击【File】→【Save Facets】命令保存文件格式为＊.XTL 格式，并导出＊.ASCII 样式文件。在 Geomagic 的 Qualify 模块中通过【File】→【Open】命令导入零件的点云＊.ASCII文件。通过 Selection Tools 中的"矩形"（Rectangle）"椭圆"（Ellipse）或"索套"（Lasso）方式选择点云中的"坏点"，再用【Points】命令中"Erase"工具删除这些"坏点"。如图 15-42 所示是处理完的点云数据。

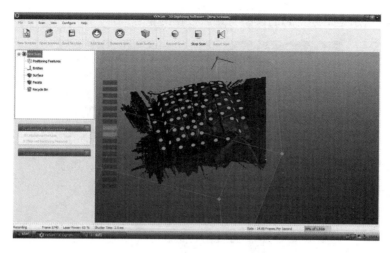

图 15-41　扫描过程中的点云数据

15.2.3　CAD 模型导入与数据对齐

单击【File】→【Import】命令导入 CAD 模型，Geomagic 支持 IGES、STEP 等文件格式。单击【Tools】→【Alignment】命令可选择点云与 CAD 模型的对齐方式，Geomagic 提供最佳拟合、基准对齐、RPS 对齐等方式。使用的对齐方式取决于零件结构以及 CAD 模型的数据情况。

针对此轮胎模型的特点，采用基准对齐和最佳拟合

图 15-42　保存后的点云数据

两种方法进行对齐。经比较两种对齐方法，采用最佳拟合效果更好。如图 15-43 所示是对齐后的效果。

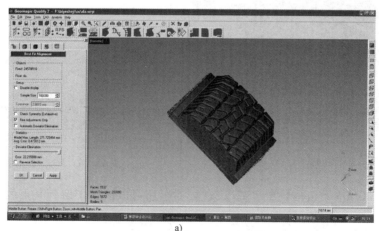

a)

```
Statistics
Model Max. Length: 271.725454 mm
Avg. Error: 0.473812 mm
```

b)

图 15-43　最佳拟合对齐

a）最佳拟合对齐后效果　b）对齐后的偏差

251

如图 15-44 所示是最终得到的模型与点云数据的重合图形。

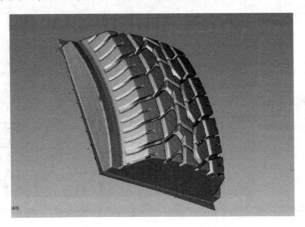

图 15-44　模型与点云数据的重合

15.2.4　点云数据与 CAD 模型比较

1. 3D 分析

单击【Analesis】→【3D Compare】命令，可将点云与 CAD 模型进行三维比较，生成一个点云与 CAD 模型之间误差的彩色的 CAD 模型，如图 15-45 所示。将显示出的点进行着色处理，以显示出哪些点超过公差范围；哪些点在公差范围内；哪些点小于公差，通过着色的点公关分布图可直观、快速地查看检测零件的精度。如图 15-46 所示是检测零件的精度范围，其标准偏差为 0.2275mm。

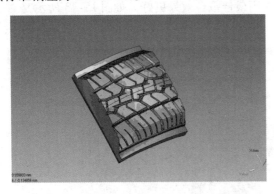

图 15-45　彩色的 CAD 模型

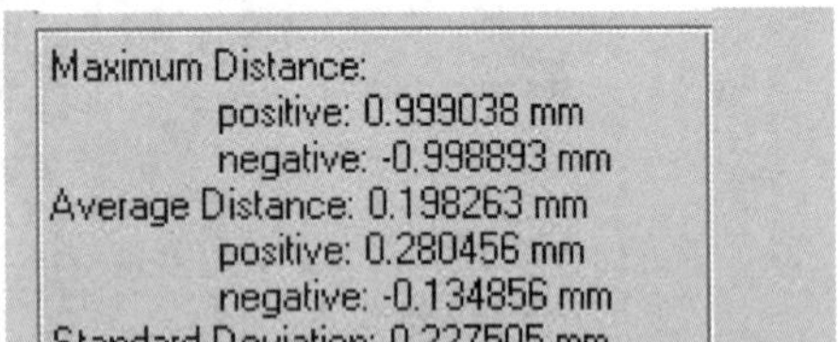

Maximum Distance:
positive: 0.999038 mm
negative: -0.998893 mm
Average Distance: 0.198263 mm
positive: 0.280456 mm
negative: -0.134856 mm
Standard Deviation: 0.227505 mm

图 15-46　3D 检测精度范围

利用【Create Annotations】命令进行 3D 标注，还可以清楚了解到某点的偏差情况，如图 15-47 所示。

由彩色图谱可直观、快速地了解到误差基本都在 −0.2 ~ +0.2 一带；由 3D 标注可得出具体点的具体偏差值，如点 "A008" 的 XYZ 坐标方向的偏差分别为：Dx = 0.044、Dy = 0.006、Dz = 0.027。

2. 2D 分析

首先确定 2D 截面位置。如图 15-48 所示。

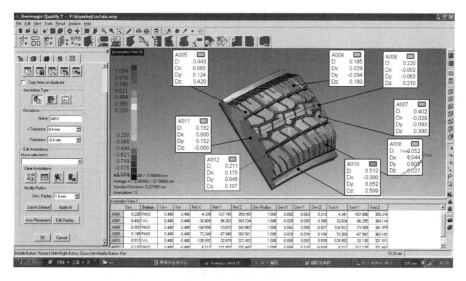

图 15-47　3D 标注

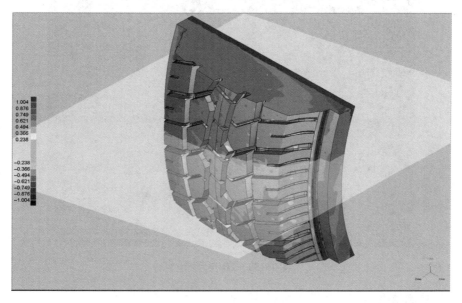

图 15-48　截面位置

单击【Analysis】→【2D Compare】命令，将点云与 CAD 模型的横截面进行比较，如图 15-49所示，显示出点云与 CAD 模型横截面之间的偏差。

与 3D 分析同样的道理，由彩色图谱可直观地看出偏差的大概分布情况，由 2D 标注可得出相应点的具体的偏差值。然后根据公差要求便可判定工件是否合格。

当然，三维光学扫描测量方法同样也能实现对宽度、深度等检测项目的测量。运用【Section Through Object】命令截取一个平面，再用【Create 2D Dimensions】命令对所得截面上的几何图形进行标注，便可快速、准确地得到相应尺寸数值。如图 15-50 所示是对纵向花沟宽度、深度和锥度的检测。

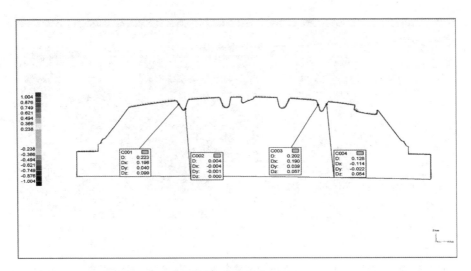

图 15-49   2D 标注

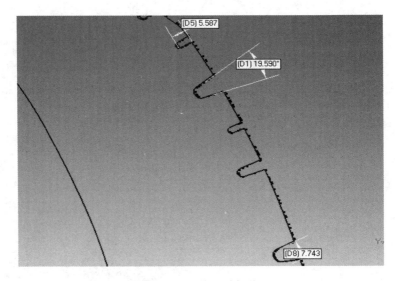

图 15-50   2D 尺寸标注

3. 输出检测结果

在做完误差分析之后，需要导出误差检测报告。单击【Create Report】命令选择报告的存储位置，名字以及报告的格式。单击【OK】按钮，自动生成检测报告。报告的形式如图 15-51所示。

实验证明，三维光学扫描测量系统能够既准确又快速地完成轮胎花纹复杂形状的检验。其操作过程简单，功能强大，在轮胎模具检测中的应用是可行和有效的。

与传统检测方法相比较，三维光学扫描测量技术打破以往采用样板检验只能实现特定位置的 2D 定性分析的局限，实现了轮胎花纹三维特征的 3D 定量检测，解决了生产中复杂花纹形状检测难这一重大难题，使检测质量和检测效率有大幅的提高，同时数字化的检测手段还可直接输出准确、直观的检测报表，为生产加工和产品验收提供科学的评定依据。

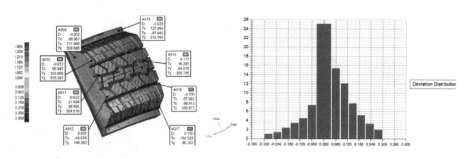

图 15-51　报告形式

因此，基于光学扫描的计算机辅助检测技术应用可极大地缩短产品检测周期，提高检测结果的精度，为企业节省大量的时间和资金，从而赢得客户的认可并获得更大的市场。

15.3　逆向工程技术创新设计实例

逆向工程技术为学生开展针对个性化创新设计的课外科技实践提供了途径。基于逆向工程技术的创新设计，即通过三维扫描系统对实物原型进行数字化扫描，对扫描得到的点云数据进行处理后重建 CAD 模型，最后将其导入三维软件进行创新设计，得到新的产品模型。这种产品创新设计方法不仅吸收了实物原型的先进设计技术，而且可以发挥学生的主动性和想象力，设计出具有特色的个性化产品模型。下面列举两个本科生进行创新设计的操作实例。

15.3.1　个性化 U 盘设计

步骤 1　实物模型的数据采集

数据采集是指通过特定的测量方法和设备，将实物表面形状转换成空间数字化数据，从而得到逆向建模以及尺寸评价所需的点云数据。本实例中使用关节臂式测量机对哆啦 A 梦玩具的实物模型进行数据采集。如图 15-52a 所示为哆啦 A 梦玩具的实物模型。由于表面细节较多，一次扫描无法得到整个模型的点云数据，需进行多次扫描。分别以站立、左侧卧和右侧卧三个摆放方向来进行扫描，图 15-52b、c、d 为扫描的三组点云数据。

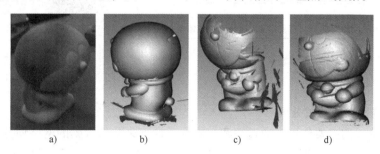

图 15-52　表面数字化数据

a）实物模型　b）数据 1　c）数据 2　d）数据 3

步骤 2　点阶段处理

在数字化过程中，会采集到一些无关的数据（如实验台表面），同时扫描数据量大，伴有大量的噪声，所以点处理阶段主要是对点云进行整理、减少噪声并进行采样，从而得到一个完整、理想的点云数据，并封装成可用的多边形数据模型。处理流程如图 15-53 所示。

对采集到的三组数据分别进行点处理后，利用三组数据公共点的联系应用"手动注册"功能，将三组数据合并为一组数据，然后进行封装，使之成为一个多边形模型，如图 15-54 所示。

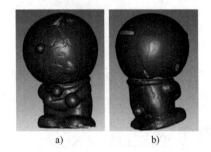

a)   b)

图 15-54 封装后的模型
a）视图 1 b）视图 2

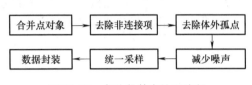

图 15-53 点阶段基本处理流程

步骤 3 多边形阶段处理

多边形处理阶段是在点云数据封装后进行破洞补填、边界修补、重叠三角形和多边形编辑等一系列的处理，从而得到一个完整的理想多边形数据模型，为后续的曲面拟合打下基础。处理流程如图 15-55 所示。

多边形模型的表面有时会出现凸出或者凹孔等不需要特征，可用"去除特征"命令删除所选择的不规则的三角形区域，并用一个更有秩序且与三角形连接更好的多边形网格代替。模型效果如图 15-56 所示。

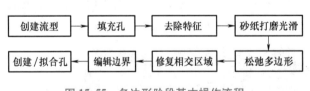

图 15-55 多边形阶段基本操作流程

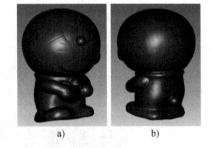

a)   b)

图 15-56 多边形处理后的模型
a）视图 1 b）视图 2

步骤 4 精确曲面阶段处理

精确曲面阶段的主要作用是通过探测轮廓线、曲率来构造规则的网格划分，准确地提取模型特征，从而拟合出光顺、精确的 NURBS 曲面。主要流程如图 15-57 所示。

此模型的曲面比较多，轮廓线的选择、编辑过程也很复杂，通过一般的方法来得到 NURBS 曲面工作量会比较大。然而 Geomagic Studio 14 版软件提供了一个便捷的功能——自动拟合曲面，只要运用这个功能，就可以直接拟合出一个 NURBS 曲面，效率更快，但精度不高，适合精度要求不高的造型设计。拟合成 NURBS 曲面效果如图 15-58 所示。

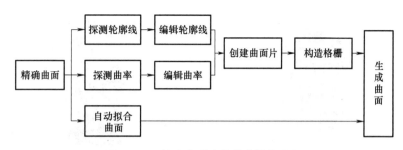

图 15-57　精确曲面阶段基本操作流程

步骤 5　导入正向建模软件进行产品创新设计

1. 导入模型文件

重建模型的格式为 * . wrp，为了对重建的模型进行下一步设计，需要将模型文件转换成能够导入三维 CAD 软件中的格式。Geomagic Studio 软件提供了可以将模型由 * . wrp 格式转为 * . iges 格式的功能，通过 * . iges 格式就可以将重建模型从逆向软件导入正向的三维 CAD 软件中。导入模型如图 15-59 所示。

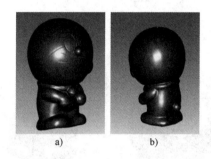

图 15-58　拟合成 NURBS 曲面的效果

a）视图 1　b）视图 2

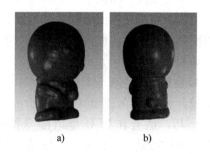

图 15-59　导入模型

a）视图 1　b）视图 2

2. 实体造型

将重建的曲面模型导入到正向设计软件后，由于模型是由多个曲面片组成的，故首先要在正向设计软件中进行缝合曲面，并将曲面模型转化为实体模型，然后根据设计需求对模型进行渲染和缩放。主要的流程如图 15-60 所示。

图 15-60　实体造型流程图

在缝合曲面时，由于组成模型的曲面片过多，所以不能选择一次命令就将所有曲面片都缝合起来，而是应该选择分开几块缝合，之后将几块大的曲面再缝合为一个整体，如图 15-61 所示。在创建剪裁面将模型的头部剪裁出来时，先创建一个 3D 草图，在哆啦 A 梦的脖子处确定两点。为了使得之后创建的面更好地分割出头部，在确定第三个点之前，用线工具连接已经确定的两个点，旋转模型，使连接线与脖子接近重合，确定第三个点在脖子上且尽量接近线，然后生成如图 15-62 所示的基准面。

257

图 15-61　模型分块缝合

图 15-62　创建基准面

在对模型裁剪并转化成实体后，需要将曲面进行分割、渲染。即需要将哆啦A梦模型的后脑勺、脸部、眼睛、嘴巴、鼻子和胡子都分割出来，然后才能在曲面上渲染不同的色彩，突出哆啦A梦模型的头部各器官的轮廓。要在同一曲面上渲染两种或两种以上的色彩，需要在曲面上创建分割线，把一块曲面分割为几块曲面，再分别进行色彩渲染，如图15-63所示。

a)　　　　　　　　b)

图 15-63　渲染后的实体模型
a) 视图 1　b) 视图 2

3. U盘结构的创新设计

本设计将哆啦A梦的外观赋予U盘，其结构小巧，适合作为U盘以随身携带，另外，其外观可爱，作为饰品，更是非常合适。哆啦A梦U盘既美观，又可将U盘隐藏起来，一物两用，是一件综合性的产品，体现了学生创新设计的思维。其结构图如图15-64所示。

a)　　　　　　　　b)

图 15-64　U盘结构图
a) 上半部分　b) 下半部分

15.3.2　基于鼠型玩具的削笔刀创新设计

步骤1　基于手持式扫描仪的数据采集

手持式扫描仪的扫描流程可简单概括为：贴标机点→着色→扫描→输出点云。实例中的鼠型玩具属于常规尺寸大小的工件，在表面上直接粘贴定位点以满足扫描仪完成全方位扫描的要求，从而可通过自身定位点的拼接完成整个扫描工作。如图15-65所示为完成着色和贴标记点步骤的鼠型玩具。通过手持式激光扫描仪完成对玩具点云数据采集后，以 * . stl 文件格式保存，如图15-66所示。

步骤2　多边形阶段处理

对在点云阶段处理完成的点云数据进行封装处理操作，创建三角形网格，即可进入多边形阶段，操作流程同实例一。对于模型有三角形未填充到的部分则使用"填充孔"功能。填充孔功能提供了两种填充方法：全部填充和填充单个孔，其中填充单个孔包含填充内部孔、填充边界孔，搭桥填孔三种方式。孔填充的效果如图15-67所示

图 15-65　玩具实物图

图 15-66　*.stl 格式文件图

步骤 3　形状阶段处理

首先利用"探测曲率"功能找出多边形数据中的曲率线。在此基础上，利用"构造曲面片"功能在多边形数据上自动生成四边形网格，如图 15-68 所示。由于生成的四边形网格往往呈现不规则的网状，使用"移动面板"功能将其排成比较规则的网格面。然后利用"构造格栅"功能在每一个网格内建立 UV 参数线，最后使用"拟合曲面"功能拟合得到曲面模型，如图 15-69 所示。

a)　　　　　　　b)

图 15-67　模型数据缺失孔填充效果

a）数据缺失　b）填充孔效果

图 15-68　四边形网格

步骤 4　导入正向建模软件进行产品创新

1. 导入模型文件

将拟合的曲面模型以 IGES 格式文件导出，在 UG 软件上生成其实体模型。利用 UG 三维软件对其进行造型、功能等的创新设计，实现新型手摇削笔器产品的快速设计。导入模型如图 15-70 所示。

2. 曲面缝合及模型实体化

在曲面缝合时，需要保证面的模型无误且所有面的边界均连续且重合，无空洞。考虑到生成产品后的质量问题，可以将模型适当的进行加厚处理，加厚效果如图 15-71 所示。

图 15-69　拟合曲面模型

3. 手摇削笔器的创新设计

现在市场上的手摇式转笔刀大多数造型简单，样式单调，而现在的学生都有一种猎奇的心理，都比较喜欢一些造型奇特或者功能新型的用具。因此，本实例将以鼠型的存钱罐造型为基础，对转笔刀进行创新设计。

　　分析目前市场上手摇削笔器文具的组成部分，在 UG 软件上完成摇杆、刀柄、刀具、手柄、手柄螺栓和铅笔屑保存罐的组件建模，接下来将组件与组件、组件与主体进行装配。其创新设计流程如图 15-72 所示。

图 15-70　导入模型

图 15-71　加厚效果

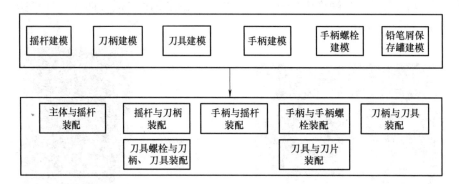

图 15-72　创新设计流程

　　其中，摇杆与刀柄的整体建模效果如图 15-73 所示。

　　建模完成后，按照顺序依次将组件与组件、组件与主体进行装配，形成一个整体。至此，基于鼠型存钱罐的创新设计——手摇式削笔刀也就完成了，其整体设计效果如图 15-74所示。

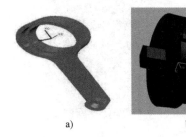

a)　　　　　　　　b)

图 15-73　建模效果图

a）摇杆整体效果　b）刀柄整体效果

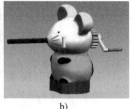

a)　　　　　　　　b)

图 15-74　设计效果

a）内部设计效果　b）整体设计效果

参 考 文 献

[1]   张学昌. 逆向建模技术与产品创新设计 [M]. 北京：北京大学出版社. 2009.
[2]   成思源，余国鑫，张湘伟. 逆向系统曲面模型重建方法研究 [J]. 计算机集成制造系统，2008，14 （10）：1934-1938.
[3]   柯映林. 反求工程 CAD 建模理论、方法和系统 [M]. 北京：机械工业出版社，2005.
[4]   金涛，童水光. 逆向工程技术 [M]. 北京：机械工业出版社，2003.
[5]   余国鑫，成思源，张湘伟. 典型逆向工程 CAD 建模系统的比较 [J]. 机械设计，2006，23 （12）：1-3,10.
[6]   成思源，张湘伟，张洪，等. 反求工程中的数字化方法及其集成化研究 [J]. 机械设计，2005，22 （12）：1-3.
[7]   张湘伟，成思源，熊汉伟. 基于照片的实体建模方法的现状及展望 [J]. 机械工程学报，2003，39 （11）：23-27.
[8]   成思源，张湘伟，张洪，等. 基于视觉的三维数字化测量技术与系统 [J]. 机床与液压，2006 （5）：125-127.
[9]   杨雪荣，张湘伟，成思源，等. 三坐标测量机与线结构光传感器集成系统的测量模型 [J]. 中国机械工程，2009，20 （9）：1020-1023.
[10] 王霄. 逆向工程技术及其应用 [M]. 北京：化学工业出版社，2004.
[11] 机械设计手册编委会. 机械设计手册：第六卷 [M]. 北京：机械工业出版社，2007.
[12] 黄诚驹. 逆向工程综合技能实训教程 [M]. 北京：高等教育出版社. 2004.
[13] 杨雪荣，张湘伟，成思源，等. 基于 CAD 数模的零件自动检测 [J]. 工具技术，2009，43 （7）：115-117.
[14] 杨雪荣，张湘伟，成思源. 基于三坐标测量机的曲面数字化方法研究 [J]. 工具技术，2009，43 （6）：109-111.
[15] 杨雪荣，成思源，马登富，等. 基于三坐标测量机实验教学的探索与实践 [J]. 实验室研究与探索，2011 （11）：112-115.
[16] 金观昌. 计算机辅助光学测量 [M]. 2 版. 北京：清华大学出版社，2007.
[17] 殷金祥，陈关龙. COMET 系统的特点分析及其测量研究 [J]. 计量技术，2003 （12）：22-24.
[18] 余国鑫，成思源，张湘伟，等. COMET 系统及其数字化测量策略 [J]. 机械设计与制造，2008 （8）：177-179.
[19] 成思源，黎波，张湘伟. 基于 COMET 测量系统的逆向工程实验教学 [J]. 实验室研究与探索，2010，11：90-92.
[20] 吴问霆，成思源，张湘伟，等. 手持式激光扫描系统及其应用 [J]. 机械设计与制造，2009，11：78-80.
[21] 成思源，刘俊，张湘伟. 基于手持式激光扫描的反求设计实验 [J]. 实验室研究与探索，2011，8：153-155.
[22] 成思源，彭慧娟，郭钟宁，等. 基于关节臂扫描的计算机辅助检测实验 [J]. 实验室研究与探索，2013，2：70-73.
[23] 成思源，吴问霆，杨雪荣. 基于 Geomagic Studio 的快速曲面重建 [J]. 现代制造工程，2011，1：8-12.

［24］ 蔡敏，成思源. 基于 Geomagic Studio 的特征建模技术研究［J］. 机床与液压，2014，21：142-145.

［25］ 成思源，杨雪荣. Geomagic Studio 逆向建模技术及应用［M］. 北京：清华大学出版社，2016.

［26］ 成思源，杨雪荣. Geomagic Design Direct 逆向设计技术及应用［M］. 北京：清华大学出版社，2015.

［27］ 蔡闯，成思源. 基于 Geomagic Design_ direct 的截面特征提取与逆向建模［J］. 组合机床与自动化加工设备，2015，9：42-44.

［28］ 王乔，成思源，杨雪荣，等. 基于 Geomagic Design Direct 的正逆向混合建模创新设计［J］. 组合机床与自动化加工技术，2016（5）：59-61.

［29］ Alberto F Griffa. A paradigm shift for inspection：complementing traditional CMM with DSSP innovation［J］. Sensor Review，2008，28（4）：334-341.

［30］ 邹付群，成思源，李苏洋，等. 基于 Geomagic Qualify 软件的冲压件回弹检测［J］. 机械设计与研究，2010（2），79-81.

［31］ 梅敬成. 怎样缩短周期、设计制造高精度、低成本的冲压模具［J］. 塑性工程学报，2002，9（4）：25-28.

［32］ 何金彪. 基于 ThinkDesign 回弹补偿功能的模具设计［J］. CAD/CAM 与制造业信息化，2008（12）：44-45.

［33］ 罗序利，成思源，李苏洋，等. 基于特征线的回弹补偿研究［J］. 机床与液压，2014，17：14-17.

［34］ Kunwoo Lee. CAD/CAM/CAE 系统原理［M］. 袁清珂，张湘伟，译. 北京：电子工业出版社，2006.

［35］ 赵萍，蒋华，周芝庭. 熔融沉积快速成型工艺的原理及过程［J］. 机械制造与自动化，2003（5）：17-18.

［36］ Choi D S，S H Lee，B S Shin，et al. A new rapidprototyping system using universal automated fixturing with feature-based CAD/CAM［J］. Journal of Materials Processing Technology，Vol，113，No. 1-3，pp. 285-290，2001.

［37］ 刘伟军. 快速成型技术及应用［M］. 北京：机械工业出版社，2006.

［38］ 朱建军，徐新成，赵中华. 快速成型工艺研究［J］. 实验室研究与探索，2013，32（8）：261-264.

［39］ 成思源，周小东，杨雪荣，等. 基于 3D 打印技术的实验教学［J］. 实验室研究与探索，2015，8：158-161.

［40］ 吴怀宇. 3D 打印：三维智能数字化创造［M］. 北京：电子工业出版社，2014.

［41］ 成思源，洪树彬，杨雪荣. 逆向工程技术综合实践［M］. 北京：电子工业出版社，2010.

［42］ 中国机械工程学会. 3D 打印打印未来［M］. 北京：中国科学技术出版社，2013.

［43］ 梁仕权，成思源，张湘伟，等. 结合触觉交互的 CAD 反求建模与再设计［J］. 现代制造工程，2010（2）：1-3.

［44］ 梁仕权，成思源，张湘伟，等. 基于 Freeform 的逆向工程数据修复［J］. 工具技术，2009（11），84-86.

［45］ 马路科技顾问股份有限公司. 整合产品开发新创举——FreeForm 触觉式设计系统［J］. CAD/CAM 与制造业信息化，2006（1）：44-46.

［46］ 吴艳奇，成思源，张湘伟，等. 基于 FreeForm 的 CAD 模型细节添加与修改［J］. 机械设计与制造，2010（5）：93-95.

［47］ 赵璐芳，成思源，张湘伟. 基于触觉交互系统的造型设计综合性实验［J］. 实验室研究与探索，2011（8）：11-14.

［48］ 王学鹏，成思源，李田，等. 基于 3- metic 的 RE/RP 直接集成与再设计［J］. 机械设计与制造，2013（6）：248-250.

［49］ 刘伟军. 逆向工程原理·方法及应用［M］. 北京：机械工业出版社，2009.

［50］ 成思源，杨雪荣. Geomagic Qualify 三维检测技术及应用［M］. 北京：清华大学出版社，2012.

［51］ 俞淇，丁剑平，张安强，等. 子午线轮胎结构设计与制造技术［M］. 北京：化学工业出版社，2006.

［52］ 邹付群，成思源，李苏洋，等. 运用3D数字化模型的轮胎花纹检测［J］. 现代制造工程，2011. 8：22-24.

［53］ Tamas Varady, Michael A Facello, Zsolt Terek. Automatic extraction of surface structures in digital shape reconstruction［J］. Computer-Aided Design, 2007, 39（5）：379-388.

［54］ 杨雪荣，成思源，郭钟宁. 基于自主式项目驱动的逆向工程技术教学改革与实践［J］. 实验技术与管理，2016，33（1）：179-182.